中国农业适应气候变化的区域模拟

秦耀辰　宁晓菊　崔耀平　翟石艳 等 著

科学出版社

北京

内 容 简 介

本书基于地球系统科学理论，综合分析气候变化对全球农业，特别是中国农业的影响，整理气候变化-农业适应性模型，讨论中国农业适应气候变化的相关问题；根据中国农业气候资源的变化特征模拟气候变化对主要粮食作物物候、适宜生长区的影响及南北气候过渡带上干旱灾害对农业生产的扰动，探讨粮食作物生长对气候变化的自然适应；在对农业适应性决策行为模拟的基础上展开调研，分析农户的种植决策适应和灌溉适应。

本书可作为地理科学、大气科学、农业资源与环境、生态学、土地资源管理、城乡规划等相关专业通用的教学参考书，也可作为相关科研人员的专业阅读书籍。

审图号：GS 京（2022）0289 号

图书在版编目（CIP）数据

中国农业适应气候变化的区域模拟/秦耀辰等著. —北京：科学出版社，2023.6
ISBN 978-7-03-075703-6

Ⅰ. ①中… Ⅱ. ①秦… Ⅲ. ①气候变化–影响–适应性–农业生产–研究–中国 Ⅳ. ①S162

中国国家版本馆 CIP 数据核字(2023)第 102362 号

责任编辑：朱　丽　赵　晶/责任校对：郝甜甜
责任印制：吴兆东/封面设计：图阅社

科 学 出 版 社 出版
北京东黄城根北街 16 号
邮政编码：100717
http://www.sciencep.com

北京九州迅驰传媒文化有限公司印刷
科学出版社发行　各地新华书店经销
*
2023 年 6 月第 一 版　开本：787×1092　1/16
2024 年 9 月第二次印刷　印张：19
字数：450 000
定价：195.00 元
（如有印装质量问题，我社负责调换）

前　言

　　农业作为人类文明一种古老而持久的经济活动，在地球表层系统中强烈受制于环境因素作用，在全球气候变化日趋显著的现阶段，适应气候变化成为农业面临的重大问题。随着对气候变化影响认识的深入，政府间气候变化专门委员会(IPCC)的评估报告逐渐重视适应的效应，强调农业生产适应气候变化的重要性。IPCC认为，适应是应对已经存在或者预期发生的气候突变或效应，减少其损害或者利用其机会，自然或者人为系统做出调整。在农业生产系统，农业对气候变化的适应强调作物生长自身的适应和农业生产相关利益主体采取的适应措施。如果农业适应措施得当，则可以减少气候变化对粮食产量的不利影响，适应的效果相当于目前粮食产量的15%~18%。

　　当前全球气候变化主要表现为平均气温增加和降水不确定性，具体到不同地域则呈现出日平均气温变动的幅度存在季节差异和昼夜差异，极端气温存在分布差异和趋势差异，以及极端降水量的极值分布、时段分布存在差异等，这使得区域的农业气候资源呈现多样化变化趋势，对农业生产带来不同方面的影响。已有研究表明，气候变化对低、中和高纬度地区，沿海和内陆地区农业生产的影响存在差异。普遍认为，气候变化有利于高纬度地区的农业生产，不利于中、低纬度地区的农业生产，会加剧落后地区农户生计风险。同时，气候变化下C3和C4作物对光、温、水等要素生长需求的阈值差异以及农业生产社会经济要素的投入等，无疑增加了气候变化对农业生产系统影响的复杂性。因此，农业生产适应气候变化的基础是厘清气候变化下农业生产水热要素的变化特征及影响，多方位、多视角地全面剖析农业生产系统在气候变化下的震荡强度。

　　中国是人类古文明发祥之地，农业古老、厚重，农业的稳定发展是中华五千年文明得以延续的物质基础。虽然改革开放以来工业化、信息化快速发展，农业在国民经济中的比重下降，但是农业的基础地位不可动摇，中国农业在养育庞大人口、确保全球人类生计安全方面具有举足轻重的地位。受中国经济发展格局的影响，中国的农业种植格局与气候禀赋资源分布格局并不完全一致，造成中国粮食主产区主要分布在秦岭—淮河以北水热气候资源并不充沛的北方地区。现阶段受气候变化的影响，中国农业气候灾害频率增加，尤其是北方大部分地区极端气候事件出现频率增加，春季作物物候期提前，部分地区土壤盐渍化明显，少数有利影响集中在东北地区水稻种植面积大幅度增加，水稻单产增加。显然，在中国开展农业生产适应气候变化研究，对提高中国粮食生产系统的稳定、更精准地应对气候变化尤为必要。

　　当前中国农业适应气候变化研究通常分为两种类型：一是关注气候变化及极端气候变化的变率和特征，它们对作物物候和产量的影响，关注作物自身的自然适应；二是关注农业气候资源禀赋较差地区的农户生计安全问题,侧重于分析农户对气候变化的感知、采取的决策和行动,关注人的社会适应。显然,前者侧重于农业生产的自然生态系统,后者侧重于农业生产的社会经济系统,忽略了农业生产是一个人工、环境复合的生态系统。加之这些研究通常在时空尺度上无法统一,无法在统一口径上得到农业生产系统,尤其是粮食生产系统在气候变化下的适应效应,因此很难展开因地制宜、因时制宜的农业适应活动。

鉴于此,我们在长期从事区域系统模拟和农业可持续性研究的基础上,结合国家重点基础研究发展计划(973 计划)"气候变化经济过程的复杂性机制、新型集成评估模型簇与政策模拟平台研发"项目任务,整合团队力量撰写出《中国农业适应气候变化的区域模拟》一书。本书力求全面、系统、科学地使用多种方法模拟气候变化对中国粮食作物种植的影响,粮食作物对气候变化的自然适应和典型地区农户对气候变化的适应决策,不仅可以丰富中国农业适应气候变化研究的方法体系,而且可以促进农业地理学与区域农业可持续发展理论和方法的进一步深化和拓展。

本书从气候变化影响模拟—作物生长的自然适应模拟—农户决策的社会适应模拟出发,系统地分析中国农业适应气候变化的相关问题。全书共 12 章,包括三部分:第 1~第 2 章为第一部分,综述气候变化对全球农业生产的影响、中国气候变化的基本特征、气候变化与中国农业的复杂性关系,整理气候变化-农业适应性模型模拟,分析中国农业适应气候变化的相关问题。第 3~第 9 章为第二部分,在分析农业气候资源的变化特征、农业用地的气候作用的基础上,使用模型模拟气候变化对主要粮食作物物候的影响、气候变化对主要粮食作物适宜生长区的影响,分析作物生长对气候变化的自然适应。在此基础上,对中国南北气候过渡带的范围进行地理表达和定量探测,分析极端降水气候事件和不同尺度的干旱灾害对南北过渡带农业生产的扰动。第 10~第 12 章为第三部分,在对农户适应性决策行为模拟的基础上,对中国的中原典型农区——河南省展开调研,利用第一手材料分析农户的种植决策适应和灌溉适应。

本书由河南大学秦耀辰教授,河南财经政法大学宁晓菊博士,河南大学崔耀平教授、翟石艳副教授、周生辉副教授和李阳博士后,郑州旅游职业学院李亚男博士,南阳师范学院李旭博士,中山大学张荣荣博士与中共山西省泽州县委党史研究室赵凯娜硕士等共同完成。具体编写分工如下:第 1 章 1.1 节由宁晓菊、李阳执笔,1.2 节由李阳、周生辉、宁晓菊执笔,1.3 节由宁晓菊、李亚男、秦耀辰、李旭执笔,1.4 节由翟石艳、宁晓菊、李阳执笔;第 2 章由翟石艳、宁晓菊执笔;第 3 章由宁晓菊、周生辉、崔耀平、张帅帅执笔;第 4 章由崔耀平、路婧琦、田丽执笔;第 5~第 8 章由宁晓菊执笔;第 9 章由李亚男、秦耀辰执笔;第 10 章由翟石艳执笔;第 11 章由张荣荣、秦耀辰执笔;第 12 章由赵凯娜、秦耀辰执笔;最后由秦耀辰、宁晓菊、崔耀平统稿定稿。

本书在前期研究和撰写过程中,得到了多方的支持与帮助。973 计划项目跟踪专家中国工程院院士丁一汇研究员、中国科学院院士林群研究员、中国社会科学院学部委员汪同三研究员，973计划项目首席科学家、中国科学院科技战略咨询研究院王铮研究员，河南大学李润田教授、华东师范大学许世远教授给予许多指导、鼓励和支持；973计划项目组的同事以及河南大学低碳发展模拟团队的合作者，在近10年的研究过程中持续提供许多支持和帮助；科学出版社对本书的出版给予大力支持。在此，一并表示衷心的感谢！

适应气候变化，农业首当其冲；面向"双碳"目标，中国已在路上。中国农业适应气候变化的研究需要发展区域模拟方法，本书的撰写与出版，必将汇入中国农业适应全球气候变化的科学探索中，期待着在这一过程中发展农业适应气候变化科学的新方向。

由于时间仓促和水平所限，本书不足之处在所难免，敬请读者批评指正。

作　者

2021年12月

目　　录

第1章 绪 论

1.1 气候变化对全球农业生产的影响

根据 IPCC 多次评估报告发现自 1861 年开始全球地表温度增加，整个 20 世纪全球地表温度增加了 0.6±0.2℃，1951~2010 年全球地表温度的平均升温速率是 0.12℃/10a，IPCC 第五次评估报告估计 1983~2012 年可能是过去 1400 年中最暖的 30 年(IPCC, 2007, 2014)。以温度增加和降水变动为特征的全球气候变化会造成自然系统、生物系统、人类健康等多方面的震荡。农业作为一项严重依赖于自然资源的生产活动，在气候变化下表现出更为明显的脆弱性和易损性。这源于温度和降水的变化改变了农业生产的环境条件，农作物生长所需的光、热、水、土适宜范围发生了变化，影响农作物生长和物候期，继而造成产量波动。农业作为人类社会的衣食之源、生存之本，是最基本的物质生产部门，也是国民经济和社会发展的基础，农业生产提供的食物等基本生活资料关乎人类生存、发展和社会稳定。因此，分析气候变化对农业生产的影响，探寻应对气候变化的农业发展和适应性策略，对确保农业产量稳定和农业可持续发展至关重要。

1.1.1 气候变化下全球农业水热条件的时空分布

研究全球降水的时空变化，有利于气候变化战略的制定和实施。基于欧洲中期天气预报中心(European Centre for Medium Range Weather Forecasts，ECMWF)制作的全球最新大气再分析降水数据，采用地理信息系统(Geographic Information System，GIS)统计分析法和趋势分析法，分析 1980 年以来全球多年平均降水空间格局及其变化(图 1-1)。研究发现，年降水总体呈现出由赤道向两极递减的纬度地带性分布规律。同时，全球范围内降水具有显著的空间异质性分布规律，北半球多雨区集中在东亚、南亚和东南亚的低纬度地区，以及欧洲西海岸、北美洲东海岸、南美洲中北部以及非洲中西部地区等。全球少雨区主要集中在非洲北部的撒哈拉沙漠—阿拉伯半岛—伊朗高原—中亚—蒙古高原一线，此外大洋洲中西部也是全球较为典型的少雨区。

世界上大多数半干旱地区都具有农牧交错的特征，农牧交错带形成的主要气候因素就是降水，本书通过提取 1980 年以来各个年份的全球 400mm 等降水量线，得出近 40 年全球 400mm 年降水波动带的空间位置(图 1-2)。全球 400mm 年降水波动带的分布与四大农牧交错带的空间位置较为一致，不同的是，降水波动带所涵盖的空间更为广泛，除上述四大区域之外，西伯利亚北部、非洲和南美洲南部、澳大利亚中西部地区也广泛分布，其中，400mm 年降水波动带在澳大利亚呈现出典型的环状分布。

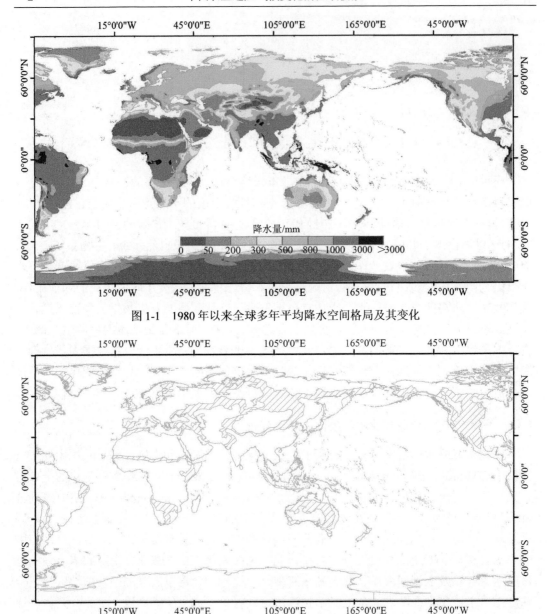

图 1-1　1980 年以来全球多年平均降水空间格局及其变化

图 1-2　1980 年以来全球 400 mm 年降水波动带的空间位置

气候变化下，全球农业水热气候条件发生不同程度的变化，其空间组合效应呈现明显的区域化特征。对于低纬度地区，未来的增温将会带来非洲热带地区降水的增加，给非洲低收入国家的农业生产带来不利影响(Zinyengere et al.，2013)；在南亚和东南亚地区则表现为季风和非季风期分别增加的洪水和干旱风险，使农业生产风险增加。例如，1961～2010 年非季风期（11 月至次年 4 月），降水的减少使得孟加拉国经历了 19 次干旱事件，未来升温影响下孟加拉国将会出现大量的冰川融水和季风期更频繁、更大量和更长期的洪水，以及非季风期增加的干旱，它们使得孟加拉国到 2030 年降水总量增加 5%～

6%(Habiba et al., 2012)。为印度贡献 44%食物的雨养农业区也会受到气候变化的严重影响(Misra, 2013)。在东南亚的泰国,经常发生的季节性干旱影响泰国 40%人口的生计(Pavelic et al., 2012)。与之相邻的越南也在经历越来越严重的干旱和水短缺(Trinh et al., 2013)。升温影响下,马来西亚的降水多在–30%~30%变动(Alam et al., 2013)。Brunetti 等(2001)发现,气候变化下,欧洲 45°N 以北地区冬季降水天数出现频率和强度均会增加,冬季平均降水增加 10%~30%,增大了该区域农业可用水供应;然而,欧洲南部降水频率则会下降,冬季和夏季平均降水量均会下降,减少的水供应和增加的灌溉用水需求使得南欧地区农业生产脆弱性增加(Falloon and Betts, 2010)。

对于高纬度保水性好的重黏土土壤地区,适度升温给作物生长提供了更加有利的生长环境(Popova and Kercheva, 2005)。例如,Qian 等(2013)认为,相比于 1961~1990 年,2040~2069 年加拿大作物生长期会延长,其中暖季、冷季作物和越冬作物生长季开始时间分别提前 11 天、13 天和 13 天,暖季、冷季作物和越冬作物生长季结束时间分别推迟 10 天、11 天和 13 天。世界上大多数干旱或半干旱地区,如中东、非洲、澳大利亚、美国南部、南欧等在气候变化下都趋向于气温上升、降水和融雪减少,变得更为干旱(Ragab and Prudhomme, 2002)。Sayer 和 Cassman(2013)研究认为,气候变化下非洲干旱半干旱地区只有 5%的作物可以使用灌溉水。另外,气候变化不仅使得干旱半干旱地区直接减少农业生产用水、增加区域蒸发量,同时温度上升强化作物的蒸腾作用,土壤内部水分向上移动造成盐分向土壤表层聚集,增加土壤盐碱化的风险,更加不利于农作物生长(Ragab and Prudhomme, 2002)。因此,气候变化下,世界 1/3 的灌溉土地将会面临盐碱化风险(Schwabe et al., 2006)。

1.1.2 气候变化对全球主要粮食作物种植的影响

小麦、玉米和水稻作为主要的粮食作物,在全球分布很广泛,三者占全球作物种植面积的46%。其中,小麦主要分布在南北半球的温带地区,占全球作物种植面积的22%。当前小麦在美国大平原、加拿大平原诸省、印度河和恒河谷地、哈萨克斯坦和俄罗斯边境以及澳大利亚南部广泛种植,在欧洲、南美洲南部、非洲东部部分地区和中国东部也有较多分布;水稻主要分布在热带和亚热带地区,当前水稻主要分布在南亚和东南亚,其次是亚马孙河流域、美国南部和澳大利亚南部;玉米是适宜种植范围最广的作物,其种植范围可以从 50°N 跨越到 45°S,玉米种植密度最高的地区是美国、中国东北、东非大裂谷和东欧,其次是南美、西欧、印度和中国东南部(Leff et al., 2004)。在我国,小麦的种植分布可以划分为北方冬麦区、南方冬麦区和春麦区 3 个麦区,集中产区位于东北、西北-华东北部片区和西南东北部地区(Zhang et al., 2014);水稻在我国的种植存在一季、两季或三季稻的差异,其中,东北及北方稻作区主要种植一季稻,长江流域兼种一季稻和两季稻,华南大部分地区种植两季稻,部分地区如海南省可种植三季稻(王品等,2014);我国也形成了东北(黑龙江)—华北—西南(广西),包括十几个省(自治区、直辖市)的狭长玉米种植带(郭庆海,2010)。

农业水热气候条件的变化改变了很多作物的热胁迫、水胁迫以及其他胁迫,使得很多作物的适宜生长环境发生改变,进而影响到作物的空间分布和产量。首先,热带地区很多作物将会达到其对温度敏感程度忍受的上限，造成农作物产量的下降。例如，加纳地区的雨养农业由于增温和变干，2050 年其粮食产量将会下降 10%～20%(Thornton et al.，2006)。在 2℃情景下，北欧气候状况接近最优生长条件，北欧作物适宜种植区向北迁移，作物生产力也有所提高；在南欧，热量的增加和干旱发生频率的增加，导致作物适宜生长区缩小和作物生产力下降(Falloon et al.，2010；Moriondo et al.，2010)。从干湿差异看，湿润地区降水增多会增加洪涝灾害发生的风险，强化农作物生长的水胁迫(Alam et al.，2013)。在干旱半干旱地区减少的降水会加剧作物的蒸腾作用(Ragab and Prudhomme，2002)。显然，部分地区农业水热气候条件会因为温度和降水的变化更适宜作物生长，但是气候变化下受益地区和受益作物比例要小于风险增加地区和受损作物比例。在 A1B 情景下，2071～2100 年全球作物适宜种植面积均会发生变动，其中玉米和小麦的适宜种植面积变动会远大于水稻与大豆，未来水稻种植也将面临更高的水热胁迫风险(Edmar et al.，2013；Ramirez-Villegas et al.，2013)。因此，温度和降水的变动，改变全球大部分区域大多数作物的水热胁迫，影响农作物的气候生产潜力和产量，对农作物生产构成威胁。

1. 气候变化对小麦种植的影响

在全球气候变化下，温带地区的升温和降水变动会影响小麦生长的水热条件，不过影响的方向、程度则存在明显的区域特征，部分地区有利于小麦的生长，但是部分已经是最适水热条件的区域的小麦生产力则会降低。例如，印度的恒河平原作为当前最适小麦生长区，到 2050 年该区域 51%的面积会因为较高的蒸发和灌溉、较低的降水等，使得小麦热胁迫增加、生长期缩短(Ortiz et al.，2008)。但是对巴基斯坦的历史数据进行分析后发现，虽然气候变化会使该区域小麦产量出现一些震荡，不过总体上气候变化不能影响该区域的小麦产量(Janjua et al.，2014)。美国东南部地区未来气候变化会导致小麦产量的大幅下降，这主要是因为春化阶段过高的温度降低了冬小麦的产量(Tsvetsinskaya et al.，2003)。在加拿大，温度和 CO_2 浓度升高促进了小麦根、茎、叶的生长，提高了叶片光合速率和氮素的吸收与利用，加之加拿大土壤保水性较好，2040～2069 年加拿大西部春小麦和冬小麦会分别增产 37%和 70%(Falloon et al.，2010)。到 2050 年，埃塞俄比亚降水的变化对小麦产量没有造成明显影响，同时上升的 CO_2 浓度会利于提高小麦产量(Muluneh et al.，2015)。总体上，气候变化使得适宜小麦生长的气候环境可以扩张到 65°N 的北美洲和欧亚大陆(Ortiz et al.，2008)。

2. 气候变化对玉米种植的影响

玉米种植在气候变化下也受到一定程度的影响。模拟发现，美国大多数地区的玉米产量在气候变化下会变得不稳定，相对于 1980～2000 年，当前玉米种植区的玉米总产量在 2030～2050 年平均下降 18%，其产量变异系数也会增加 47%(Urban et al.，2012)。美国东南部地区的气候变化对玉米产量影响显著，尤其是玉米籽粒乳熟期降水的变动(Tsvetsinskaya et al.，2003)。对于中美洲巴拿马，未来增温会促进玉米早熟，秋季玉米产量会在玉米生长季末遭受到较高的水胁迫，总体上产量的变化与生长季降水总量有很强的相关关系(Ruane et al.，2013a)。到 2050 年，墨西哥 6.2%的区域是玉米种植适宜区，25.1%和 31.6%的区域分别是玉米中度和有限适宜区(Rivas，2011)。对意大利北部地区玉米生产进行情景模拟发现，大多数情景增加的温度和减少的降水导致蒸发和灌溉需求增加，带来玉米产量的下降和水足迹的增加。增加的 CO_2 浓度可以降低部分水需求，但是不能明显影响水足迹和玉米产量(Bocchiola et al.，2013)。在意大利南部，模拟预测未来玉米生长季最低温和最高温都会增加，而降水会减少 23.8mm/a(Monaco et al.，2014)。

根据实验观测数据，发现非洲地区的增温和玉米产量呈一种非线性关系。当白天温度为 30℃时，温度每上升 1℃，最优的雨养条件下玉米产量下降 1%，干旱条件下玉米产量下降 1.7%。在气候变化下，非洲最优雨养条件下 65%的区域会因为增温而减产，干旱条件下 100%的地区会减产(Lobell et al.，2011)。进一步分析整个非洲大陆增温与降水、标准化降水蒸散指数(SPEI)的减少对玉米产量的影响，发现气候变化对玉米产量的消极影响一直在持续增加。1961~2010 年，玉米生长季温度每上升 1℃，导致 8 个国家玉米产量减少 10%、10 个国家玉米产量减少 5%~10%，但是在 4 个相对贫穷的国家玉米产量增加 5%。平均降水减少 10%，导致 20 个国家玉米产量减少 5%。SPEI 下降 0.5，导致 32 个国家玉米产量减少 30%。较高的平均温度或降水或 SPEI 的变动可能带来非洲玉米产量的较大变动(Shi and Tao，2014)。气候变化对南非西部较干旱地区有消极影响，增温导致半湿润地区(年降水量为 552mm)玉米产量减少 30%，但在相对湿润地区(年降水量为 903mm)增温可以增加玉米产量(Walker and Schulze，2008)。不过，Lobell 等(2008)认为，受气候变化的影响，2030 年南非玉米总产量将会减少 30%。对于加纳，1961~2000 年玉米播种时间已经从 5 月 1 日推迟到 6 月 15 日，推迟了 6 周，这抵消了气候变化的消极影响并使玉米产量增加 8.2%(Tachie-Obeng et al.，2013)。在埃塞俄比亚，半湿润/湿润地区 CO_2 浓度的增加和气候因素使得玉米产量增加 59%，但是半干旱地区玉米产量减少 46%(Muluneh et al.，2015)。在尼日利亚，年际降水对玉米产量具有显著的正向影响，花期和乳熟期的干旱可以使玉米减产 40%~90%，纵观整个玉米生长期，80%的玉米会因为干旱而减产(Ammani et al.，2012)。

在中亚，所有气候模式下伊朗各类品种玉米从种植到开花的时间和花开持续时间都在缩短，其中开花时间在 0.5%~17.5%变动，花开持续时间在 5%~33%变动。未来 100 年，伊朗不同品种的玉米产量都会减少，减少幅度在 6.4%~42.15%。考虑到灌溉的影响后，伊朗玉米产量在不同灌溉机制下会在–61%~48%变动(Moradi et al.，2013)。对于印度，玉米种植会受到季风期上升的大气温度的不利影响，但是增加的降水可以抵消部分不利影响。冬季玉米产量会由于上升的温度而减少，考虑到灌溉的效应，降水的变化不再是冬季玉米产量的主要影响因素，在季风期玉米产量则存在明显的区域差异(Byjesh et al.，2010)。

3. 气候变化对水稻种植的影响

当前已有很多研究关注气候变化对南亚和东南亚地区水稻生产的影响。根据孟加拉国 1979~2009 年水稻种植数据，发现气候变化的效应因水稻品种不同而有较大区别，但是未来气候变化情景下均会增加不同品种水稻产量的变动(Sarker et al.，2014)。对于斯里兰卡，未来不同气候变化情景下，水稻提前种植 1 个月，干季水稻产量会增加。雨季平均水稻产量会由于种植日期推后 1 个月而减少（Dharmarathna et al.，2014）。Alam 等（2010）发现，在马来西亚，温度上升 1%可以导致当季水稻产量减少 3.44%和下一季水稻产量增加 0.03%，降水增加 1%可以导致当季水稻减产 0.12%和下一季水稻减产 0.21%。在日本北部地区，水稻可插秧的最早日期至收获的最晚日期的适宜生长期明显延长，1958～1982 年水稻种植日期以 0.07～0.09d/a 的速率提前，1983 年以后水稻种植日期不再明显提前，但是水稻孕穗期的温度则是每 10 年下降 0.18℃，冷害增加引起水稻潜在产量减少（Shimono et al.，2010；Shimono，2011）。到 2080 年越南广南省的最低温和最高温分别上升 0.35～1.72℃和 0.93～3.69℃，平均降水增加 9.75%。冬季气候变化将会使得水稻产量减少 1.29%～23.05%，夏季的气候变化会在 2020 年和 2050 年分别使水稻增产 2.07%和 6.66%（Shrestha et al.，2014）。随着印度东部热量资源的增加，雨季水稻产量在 2025 年和 2050 年将分别减少 20.0%和 27.8%（Banerjee et al.，2014）。

因此，受气候变化的影响，农业水热资源不仅在时间上发生变化，而且在空间分布上也发生变化。换言之，全球基本是增温的趋势，但是增温的幅度具有明显的区域特征；降水表现为随区域、时间明显变动的特征。二者在全球的分布变化对世界农作物分布、农业生产结构调整等产生了重要的影响。从时间序列看，全球农业水热气候资源的变动可使部分作物潜在生长期缩短或延长，作物物候期发生改变；从空间格局看，气候变化使得当前最适宜作物生长区的水热气候资源对作物种植失去优势，其他不太适宜作物生长的区域变得更加不适宜作物生长或适宜作物生长。

1.2 中国气候变化的基本特征

1.2.1 中国气温和降水变化概况

中国发布的《第二次气候变化国家评估报告》指出，在百年尺度上，中国的升温趋势与全球基本一致（周广胜，2015），近百年我国年平均气温增加了 0.4～0.5℃（丁一汇等，2003），但是增温的幅度冬季大于夏季、内陆大于海洋（赵名茶，1995）。北方地区增温幅度大于南方地区，冬季增温幅度大于夏季，夜间增温幅度大于白天（王菱等，2004a）。近 50 年来，我国降水量总体变化趋势不显著，区域差异明显，长江中下游地区、东南地区、西部大部分地区、东北北部和内蒙古大部分地区降水量呈增加趋势，华北、西北东部、东北南部降水量呈减少趋势。从中国气象局的气候监测报告及实际观测数据的统计结果可以看出，历年的气温和降水虽有规律可循，但其中存在的差异性仍不能用一般的线性预测方式来确定，这也表明不同气候区内的气温和降水分布概况具有不稳定和不确定性。故针对我国的气温变化，以及连带效应下的大气环境的改变，大量的学者进行了详细的分析。

采用中国气象局国家气象信息中心发布的《中国地面气候资料日值数据集》资料，选取 1961～2010 年国家级气象站的平均气温进行统计分析（史培军等，2014），结果发现，对于气温变化趋势和波动特征而言，相比之下，北方气温上升速率高，南方气温上升速率低。其中，三北地区(东北、华北、西北)气温上升速率最高，云贵高原及南岭地区(贵州、湖南、广西、广东、江西、福建等地)气温上升速率最低。在波动特征上，东部、东北地区气温波动特征交替出现，西南、青藏高原地区气温波动增强，内蒙古地区、西北地区气温波动减弱。其中，小兴安岭、三江平原、长白山中北部(黑龙江、吉林东部)地区气温波动增强，环渤海地区气温波动减弱；西南中高山地、江河上游高山谷地气温波动增强幅度最大，北疆地区气温波动减弱幅度最大；南疆地区(塔里木盆地)气温波动特征交替出现。

值得注意的是，除温度条件外，对农业有重要影响的另一要素——降水量的变化在不同区域的变化差异明显。对于降水量变化趋势和波动特征而言，在全国范围内东部地区降水量呈快速上升趋势，中部地区降水量呈快速下降趋势，西部地区降水量呈缓慢上升趋势。其中，东南沿海地区、长江中下游地区(上海、江苏、安徽、浙江、江西、福建等地)降水量上升速率最高，二级阶梯(除西北地区外)大部分地区、环渤海地区降水量下降速率最高，青藏东南、阿勒泰、天山地区降水量呈较快的上升趋势。在波动特征上，长江中下游地区、云贵高原降水量波动增强，华北、山东半岛、西北地区降水量增强与减弱交替出现，且以波动减弱突出，东北地区、东南沿海降水量波动增强与减弱交替出现。其中，长江中下游平原降水量波动增强幅度最大，云南、贵州、广西大部地区降水量波动明显增强，京津降水量波动增强突出，山东、冀南降水量波动减弱突出，陕甘宁新降水量波动交替出现，大兴安岭降水量波动明显增强，三江平原降水量波动减弱，浙江沿海降水量波动明显减弱，福建和广东沿海降水量波动交替出现。

把 1961～2010 年的 50 年时间序列分为 5 个 30 年的时段序列，分别为 1961～1990 年、1966～1995 年、1971～2000 年、1976～2005 年、1981～2010 年，采用滑动平均的数据处理方式，利用各时段内降水量的偏度和峰度系数，对比不同时段降水量的变化程度(梁圆等，2016)，发现偏度值减小的站点呈减少趋势，偏度值增大的站点呈增多趋势，说明有越来越多的站点的降水量小于平均降水量，而且越来越多的地区的极端降水量高于平均值极端降水量；峰度值减小的站点呈减少趋势，峰度值增大的站点呈增多趋势，说明越来越多的站点，其降水量在众数周围的集中程度在提高；偏度和峰度在全国的分布形势基本相似，在华北至西北有一条东西向的减小带，其两侧减小趋势逐渐变得不明显，甚至转变为增加趋势，即二者的分布具有纬度地带性的特征，在减小带的南侧，减小区与增加区在东西向交替出现，即有经度地带性的特征，但该区的东中部二者的分布有明显的差别。

由检验结果可知，大多数站点 5 个时段都服从正态分布(称为稳定正态分布站)，少数站点服从非正态分布(称为稳定非正态分布站)，另有一部分站点只在某些时段服从正态分布(称为不稳定正态分布站)。5 个时段中不服从正态分布的基本表现为高峰度，即降水量样本频率分布的坡度相对于正态分布概率密度曲线坡度偏陡，降水量在众数周围的集中程度较高。

1.2.2　中国农业水热要素的分布

由于选用的指标体系、数据资料和处理方法的不同，研究结果虽然存在差别，但都显示在最近时期全球变暖的背景下，中国的气候区存在着变动。例如，目前一致认为中国中亚热带存在北移现象，但是北移的幅度仍存在争议，沙万英等（2002）认为 1951～1999 年中国北亚热带北界北移 1～1.5 个纬度，但缪启龙等（2009）却认为该区域的北界最大北移幅度已达 3.7 个纬度。同样，对于干湿区变化也存在争议，王菱等（2004b）认为中国西北地区的干旱区范围缩小，但杨建平等（2004）则认为该区域的干湿变化不大。由此也可以看出，分析研究一个时期气候区的变动情况，要在同一个指标体系下进行对比。有了前后对比的标准后，才能为分析研究变动的范围和成因提供依据和基础。卞娟娟等（2013）采用 1951～1980 年和 1981～2010 年的资料数据，在同一指标体系下对比这两个时期内的气候区边界的变化，研究结果如下。

1. 热量带分布及其边界变化

近 50 年来，我国大于等于 0℃和大于等于 10℃活动积温与持续日数总体呈增加趋势（王菱等，2004b）。与 1951～1980 年相比，1981～2010 年中国大多数地区大于等于 10℃日数或者 10℃积温天数均出现增加趋势，其中长江中下游、秦巴山地、南疆、河西走廊增幅较小，除此之外的大多数站点均有较大的增幅；仅四川盆地、长江三峡河谷、云贵高原东部、闽西北部山地等局部地区以及新疆、青藏高原东北部、海南等个别站点出现减少。这使得中国东部地区的寒温带北移，暖温带、北亚热带和中亚热带出现北扩。西部地区的温度带因受地形影响，其水平移动虽不显著，但仍可以看出，南亚热带西段出现了较显著北扩，同时在青藏高原也出现了亚寒带范围缩小、温带范围扩大的趋势。

2. 干湿状况及其界线变化

从干湿变化的总体格局看，中国东北的湿润、半湿润区转干与趋湿并存，但干燥度变化幅度最大的站点并未超过 0.5，其中有两处干湿界线出现了水平移动：一是中温带地区的湿润-半湿润东界东移，二是大兴安岭中部与南部的半湿润-半干旱界线北扩。北方的半干旱及华北的半湿润区干燥度加大，使得该区域总体出现转干趋势；但因区内干燥度变化幅度最大的站点也未超过 0.5，因而干湿界线并未出现显著的水平移动。南方湿润区则是转干与趋湿并存，且多数站点的干燥度变化幅度较小，因而干湿界线也没有移动。

1951～2010 年，中国干湿程度变化最大的区域主要出现在西部地区，总体以转湿为主，其中河西走廊和新疆的干旱区转湿幅度最大。但因这些地区的气候显著干旱，因而干旱区和半干旱区气候界线也并未出现明显的水平移动。青藏高原总体上也以转湿为主，但转湿幅度较西北地区小；然而，因青藏高原的气候较西北地区相对湿润，因而青藏高原温带地区的半湿润-半干旱区界线略有北扩、半干旱地区有所缩小、半湿润地区有所扩大。

由此可以看出，1951～2010 年，气候增暖，使得中国东部地区的温度带界线发生了较显著的移动。其中，寒温带界线西缩、北移，但幅度不大；暖温带北界东段北移，最大北移幅度已超过 1 个纬度；北亚热带北界东段平均北移幅度大于 1 个纬度，并越过淮河一线；中亚热带北界中段从洞庭湖平原移至江汉平原南部，其中最大移动幅度已达 2 个纬度；南亚热带北界西段北移 0.5～2.0 个纬度；青藏高原亚寒带范围缩小，高原温带范围增加。中国的干湿状况变化虽比较复杂，但干湿界线的总体变化并不显著。例如，东北地区整体呈现湿润、半湿润区转干与趋湿并存态势,其南部湿润-半湿润东界东移,中部大兴安岭中部与南部的半湿润-半干旱区界线也有所北扩,这使得北部的小兴安岭一带的湿润区范围有所扩大,半湿润区范围减小,辽河平原一带半湿润地区有所扩大,半干旱区域缩小。虽然中国北方半干旱区及华北半湿润区总体转干,河西走廊、新疆及青藏高原的干旱区、半干旱区总体转湿,但这些地区的干湿分界线却未出现明显移动。此外,南方湿润区也因趋干与转湿并存,故干湿状况并未发生总体变化。

1.2.3 中国 400mm 降水等值线时空变化及影响

降水等值线时空波动必然导致区域水资源时空分配的差异性变化,这将对水资源匮乏区域农业生产与粮食安全产生巨大威胁。相较于 800mm 降水等值线,中国 400mm 降水等值线所处地域自然环境的脆弱性与敏感性更为突出,是气候变化干扰最深刻、最凸显的区域,也是人地系统极不稳定的区域,其对气候变化极端敏感。中国 400mm 降水等值线时空漂移对我国生态环境和社会经济发展影响深远。然而,当前对中国 400mm 降水等值线时空变化关注不足,亟待加强对降水等值线波动特征的定量探测与论证。在此考虑年代际 400mm 降水等值线的波动对农业生产的影响,分别分析 400mm 降水等值线在省区和农区上的变化(图 1-3 和图 1-4),其中,农区的变化研究根据全国农业区划委员会划分的九大农区为空间单元展开分析(全国农业区划委员会《中国综合农业区划》编写组,1981)(图 1-4)。

1. 中国年代际 400mm 降水等值线空间分布与变化

图 1-3 显示,中国年代际 400mm 降水等值线呈现出总体稳定而局部波动的变化态势,且分段波动特征明显。其中,以黑龙江、吉林和内蒙古交界地区摆动最为激烈,其次是青藏区(QTR)。20 世纪 80～90 年代降水等值线在东北区(NECR)最为稳定,基本上位于内蒙古境内。就 QTR 而言,20 世纪 70～80 年代降水等值线摆动最为剧烈,其次是 20 世纪 80～90 年代和 20 世纪 90 年代至 21 世纪初,20 世纪 60～70 年代和 2000 年至 21 世纪 10 年代较为稳定,区域内 400mm 降水等值线呈"两头低、中间高"的变化特征。相较于 20 世纪 60 年代,21 世纪 10 年代中国 400mm 降水等值线总体稳定,以小范围波动为主,整体上由东南向西北方向小幅推进,其中以 QTR、NECR 和河西走廊尤为明显。总体上,中国 400mm 降水等值线在 QTR、NECR 和河西走廊呈现出由东南向西北方向推进变化,说明区域内气候总体呈转湿的变化趋势,其他地区干湿状况也存在小幅波动,但界线未发生明显移动。

2. 中国年代际 400mm 降水等值线在农区的变化

20 世纪 60 年代以来,中国年代际 400mm 降水等值线整体沿"东南—西北"走向呈现出推进与回撤变化,在内蒙古及长城沿线区(MGR)变化最为激烈,其次是 NECR 和 QTR,黄土高原区(LPR)相对稳定。20 世纪 70～80 年代降水等值线在 QTR 明显向西南和东南方向变化,而 80～90 年代向西南和西北方向变化。20 世纪 90 年代至 21 世纪初降水等值线在 NECR 明显向东北方向迁移,而在 2000 年至 21 世纪 10 年代明显向西南方向迁移。

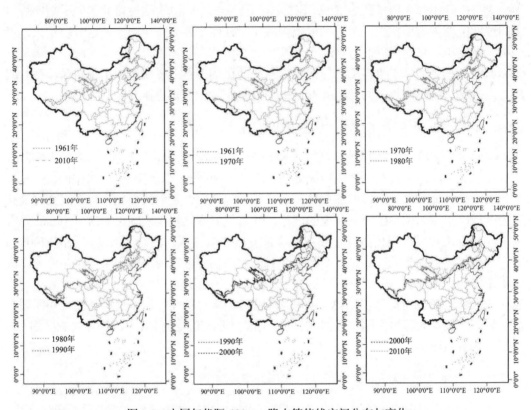

图 1-3　中国年代际 400mm 降水等值线空间分布与变化

具体来看，20 世纪 60～70 年代降水等值线在 NECR 和 MGR 呈向西北方向推进与向东南方向回撤交错分布，在 LPR 和 QTR 呈总体平稳而局部波动变化态势；70～80 年代降水等值线总体上在 MGR、QTR 和 LPR 呈向东南回撤态势，而在 MGR 局部地区向西北腹地大幅推进，表明区域内降水极端不均衡，空间上旱涝灾害转换剧烈；80～90 年代降水等值线在 MGR 与 NECR 以向西北方向推进为主，在 QTR 以回撤为主；20 世纪 90 年代至 21 世纪初降水等值线在 NECR、MGR 和 LPR 以回撤为主，在 QTR 明显向西北方向推进，在 NECR 明显向西南方向迁移；2000 年至 21 世纪 10 年代降水等值线在 NECR、MGR、LPR 和 QTR 向西北方向推进，表明降水量明显增加。

此外，过渡带作为陆地生态系统对气候变化和人类活动响应的关键地段(Liu et al.，2007)，区域内自然要素反应灵敏而维持自然原貌的稳定性较小。以年代际 400mm 降水等值线作为分界线的农牧过渡带是一种过渡型的土地利用方式，是草地与耕地、种植业与畜牧业的过渡带 (Zhou et al.，2007)。中国年代际 400mm 降水等值线波动对于区域生态系统安全与健康至关重要。定量探测研究发现，中国年代际 400mm 降水等值线波动区域主要分布在大兴安岭—内蒙古高原东部—黄土高原—青藏高原一线，主要呈现明显的三段：北段位于大兴安岭和内蒙古东部，是我国重要的原始生态林区，中段位于黄土高原，是我国重要的粮食生产基地，南段则位于青藏高原，是我国重要的高原牧业基地(图 1-4 和图 1-5)。

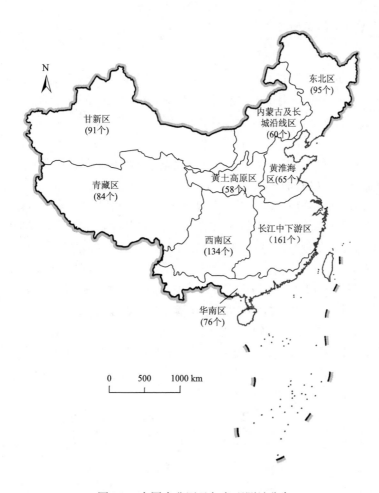

图 1-4 全国农业区及气象观测站分布

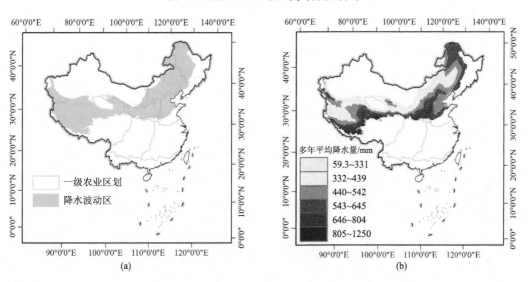

图 1-5 中国 400mm 降水波动区(a)及多年降水分布(b)

3. 植被覆盖时空格局演变

1) 年尺度归一化植被指数（NDVI）变化

1982～2015 年研究区年均 NDVI 分布具有明显的空间异质性特征[图 1-6(a)]。其总体上表现出东南高、西北低，由东南向西北递减的分布规律。NDVI 年际变化速率均值为 0.45%/10a，表明研究区 NDVI 整体呈逐渐上升的变化趋势。NDVI 较高的区域主要分布在内蒙古东北部的大兴安岭林区、河南、陕西南部、甘肃、青海和西藏东南部。NDVI 较低的区域主要分布在宁夏、甘肃、内蒙古高原、青海和西藏西北部。其中，青海和西藏西北部的 NDVI 较低是海拔引起的区域常年低温导致的。为研究 NDVI 随时间变化的特点，本书基于 1982～2015 年 NDVI 数据集，采用 Sen 趋势分析法进行逐像元的变化趋势分析[图 1-6(b)]，结果显示，研究区 NDVI 变化在空间上呈现出两端降低、中部升高的趋势。其中，NDVI 增加区域主要分布在山西、陕西以及山东、河南和河北交界地区；NDVI 降低区域主要分布在内蒙古东北部和青藏高原中部。采用 M-K 法对 NDVI 变化趋势的显著性进行检验，结果显示[图 1-6(c)和图 1-6(d)]，NDVI 变化趋势呈显著(P<0.05)和极为显著(P<0.01)的区域在空间上的分布大致一致。NDVI 明显增加且通过显著性检验的区域主要分布在陕西、山西和河南、河北与山东三省交界地区，NDVI 上升速率介于 2.4%～5.9%/10a。NDVI 明显降低且通过显著性检验的区域主要分布在内蒙古大兴安岭、青海和西藏的中南部。

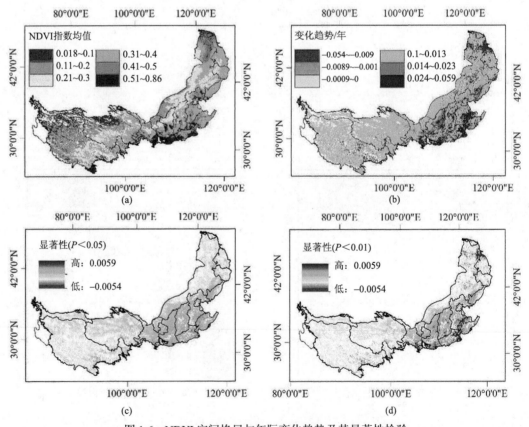

图 1-6　NDVI 空间格局与年际变化趋势及其显著性检验

2) 季节尺度 NDVI 变化

图 1-7 是 1982～2015 年季节尺度下 NDVI 空间格局及其变化趋势。从季节尺度来看，春季 NDVI 倾向率均值为 0.72%/10a，NDVI 明显增加的区域主要集中在研究区东南边缘的河南、山东和陕西南部，这是上述地区春季温度回升较早，加之水分条件较好，致使植被生长季开始较早。NDVI 降低区域主要分布在内蒙古、黑龙江与辽宁三省(自治区)交界以及西藏西北部[图 1-7(a)]。夏季 NDVI 倾向率均值为 0.52%/10a，NDVI 持续增加的区域以陕西北部、山西和辽宁为主[图 1-7(c)]，夏季 NDVI 逐渐降低的区域相较于春季而言，在空间上由三省交界处向西推移到内蒙古东北部。此外，夏季西藏中部部分地区 NDVI 也存在持续下降的趋势。秋季 NDVI 变化速率均值为 0.79%/10a[图 1-7(e)]，NDVI 呈增加趋势的区域与夏季基本一致，而 NDVI 降低的区域在空间上西移至内蒙古中部地区；冬季 NDVI 倾向率的均值为 0.003%/10a，NDVI 逐渐增加的区域主要分布在陕西南部和河南、山东与河北三省交界地带，NDVI 降低的区域覆盖整个东北部地区。冬季是四季中 NDVI 降低变化所占面积最大的季节。此外，冬季西藏中部地区 NDVI 表现出较为明显的下降趋势[图 1-7(g)]。各季节 NDVI 变化趋势的显著性检验结果显示[图 1-7(b)、图 1-7(d)、图 1-7(f)、图 1-7(h)]，春季和秋季 NDVI 呈增加趋势且通过显著性检验($P<0.05$)的区域面积最大，主要集中在陕西、山西、河北和内蒙古南部，冬季 NDVI 呈显著增加趋势的面积最小。冬季 NDVI 降低区域面积最大，其次为春季和夏季，秋季面积较小。

时间尺度上，1982～2015 年研究区 NDVI 在秋季的增加速率最高，其次为春季和夏季，冬季变化最为微弱。空间尺度上，研究区中段 NDVI 增加趋势最为显著，尤其是陕西、山西、河南、山东和河北的 NDVI 变化最为明显，降低趋势最为明显的地区是内蒙古、青海和西藏。从 NDVI 变化的时空动态性来看，各季节 NDVI 变化具有明显的空间异质性特征。NDVI 呈高速率增加的区域所在的位置随水热条件的时空变化发生位移，即春季集中在研究区东南边缘，夏季和秋季自东南向西北逐渐推移至陕西北部、内蒙古南部，冬季退回研究区东南边缘。同样，NDVI 明显降低的区域也存在伴随着季节的变化在空间上推移的现象，如研究区东北部，春季 NDVI 呈现降低趋势的区域分布在研究区东北部的东南边缘，夏季则向西推移至东北部的西部边缘地带，秋季则继续西移至内蒙古中部，冬季则回移至研究区东北部地区[图 1-7(a)、图 1-7(c)、图 1-7(e)、图 1-7(g)]。

4. 气候变化对 NDVI 变化的影响

气候因子中的地表温度、降水和潜在蒸散量均对植被净初级生产力(NPP)具有较大影响，为排除其他变量的干扰，通过采用二阶偏相关分析方法，依次分析 NPP 与降水和 NPP 与地表温度之间的相关性[图 1-8(a)、图 1-8(c)]，并对其相关性进行显著性检验[图 1-8(b)、图 1-8(d)]。NPP 与降水的偏相关系数介于-0.96～0.95，正负相关区域分别占研究区总面积的 39.24%和 60.76%，表明研究区 NPP 与降水之间整体上存在负相关关系。NPP 与降水呈正相关的区域主要集中在缺水状况较为严重的内蒙古东部和西部、吉林和辽宁西部、河北大部以及青海中部。NPP 与降水呈负相关的区域主要集中在青海和西藏交界地区、内蒙古东北部以及内蒙古和辽宁交界处，这是由于以上地区水资源相对充沛，尤其是青藏高原东南边缘地区，由于高海拔影响，过多的降水反而会降低区域气

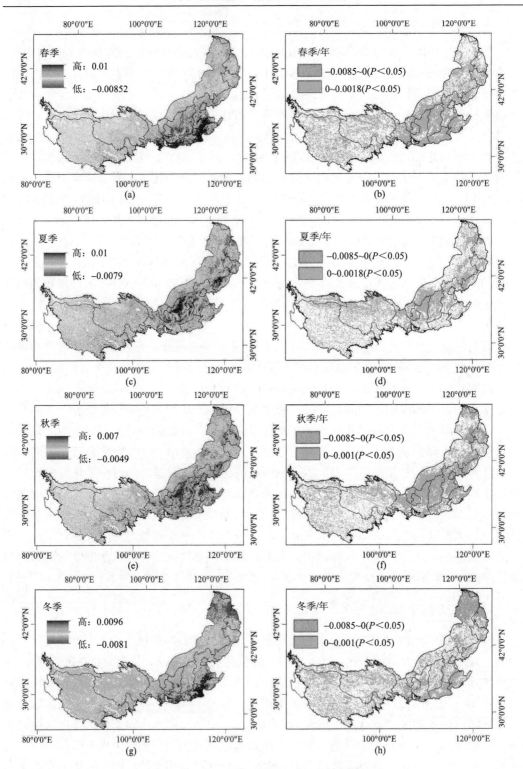

图 1-7　四季 NDVI 的变化趋势和显著性检验

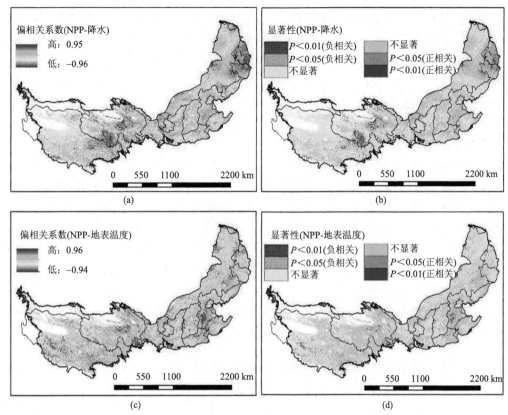

图 1-8　植被 NPP 与降水[(a)(b)]和地表温度[(c)(d)]之间的偏相关分析

温进而限制 NPP。NPP 与降水的偏相关系数在 0.01 水平显著的区域面积为 11.12 万 km²，占总面积的 3.67%。其中，正相关区域占比为 1.39%，主要分布在吉林和辽宁；负相关区域占比为 2.28%，主要分布在青海和西藏交界地区。

　　研究表明，NPP 与地表温度的偏相关系数介于–0.94～0.96，正负相关区域分别占总面积的 52.64% 和 47.36%，呈正相关的区域主要集中在河北、河南、山东、青海和西藏等地区，呈负相关的区域主要集中在吉林、辽宁、内蒙古、陕西、山西。虽然温度是植被生长的重要气候条件之一，但 NPP 与地表温度呈负相关的区域由于水资源匮乏，较高的地表温度反而会加速水分的蒸发，从而加重区域缺水状况。此外，西藏西南部也存在 NPP 与地表温度呈负相关的地区。河北、内蒙古东部和青海西部等地区 NPP 与地表温度和 NPP 与降水均表现出明显的正相关性。NPP 和地表温度的偏相关系数在 0.01 水平显著的面积为 7.25 万 km²，占总面积的 2.39%。其中，正相关区域占总面积的 1.22%，负相关区域占总面积的 1.17%。NPP 和地表温度的偏相关系数在 0.05 水平呈显著正相关区域的占比为 4.16%，呈显著负相关区域的占比为 4.47%。

1.3　气候变化与中国农业的复杂性关系

　　气候与农业生产密切相关，气候既是进行农业生产最基本、最重要的环境条件，又是重要的自然资源。光(辐射)资源、热量资源和水分资源等农业气候资源的丰富程度、分布状况、类型及其组合匹配对作物种类、耕作制度、农业生产潜力及自然资源开发利用的难易有着重要的影响。从事农业生产,既要充分合理地开发利用气候资源,又要掌握农业气候灾害规律,及时采取有效的抗灾防灾对策,才能获得农业最佳布局、最高产量和最优品质。气候与农业生产的这种相互关系,在一定程度上决定了农业生产的布局和发展方向(李世奎,1988)。

在东亚季风影响下,我国一直是一个气象灾害频发的国家,洪涝、干旱和霜冻等气象灾害一直威胁着我国农业的生产种植,加之我国复杂的地形地貌条件和庞大的人口压力,粮食安全供应一直是一个国家战略问题。虽然当前我国的粮食供应处于总量基本平衡、丰年有余的状态,但我国也是一个人均耕地资源极少、小农经营的国家,粮食增产的潜力有限。在气候变化和当前我国快速城市化时期大量农用地转化为建设用地的双重背景下,在不可预估的农业气象灾害、可耕地资源有限、庞大的人口压力和人民生活水平提高后对食物需求增加等多方影响下,人们对农业稳产的渴望更为强烈。相关学者研究认为,在人民消费水平持续增长的前提下,气候变化下我国未来粮食生产存在不能满足需求增长的可能性,会出现 7%~8%的粮食缺口(王铮和郑 ·萍,2001)。因此,确保我国农业产量稳定是保证人民生计安全、社会和谐和国家稳定的基础。

1.3.1　气候变化对中国作物种植界限和品种布局的影响

种植界限的确定需要热量条件和水分条件的配合。CO_2 浓度倍增时,生长季内总积温增加、作物生长季延长,在相应的水分条件配合下,一年一熟、一年两熟和一年三熟的种植界限都不同程度地北移,复种面积扩大,复种指数大大提高("气候变化对农业影响及其对策"课题组,1993)。同时,气候、地理条件的差异决定了不同的作物品种适宜种植范围的差异,越区种植会造成热量资源的浪费或热量资源不足而导致低产、减产。种植者通过对作物品种的选择和替代来主动适应气候变暖趋势,以减少气候变化而带来的不利影响。仅考虑热量条件,以≥10℃积温 4900℃作为双季稻种植北界的指标,发现近百年来双季稻种植北界的最大摆动距离平均超过 1 个纬度(杨柏等,1993)。西北地区增加的光热资源已经提高了部分绿洲地区喜温作物的光温生产潜力,整个西北地区喜温作物面积扩大,越冬作物种植区北界向北扩展(玉苏甫·买买提等,2014;刘德祥等,2005)。华南地区 10℃积温在云南中部、广东南部和海南岛等地区的增加,使得热带作物种植北界可以向北和高海拔地区扩展(戴声佩等,2014)。在青藏高原雅鲁藏布江河谷地区,受气候变暖的影响,1970~2000 年,一熟制作物种植的海拔上界已经从 5001m 扩展到5032m,两熟制作物种植的海拔上界从 3608m 扩展至 3813m(Zhang et al.,2013)。受水分条件的影响,三季稻种植界限的北移距离大于双季稻种植界限的北移距离。以 8000℃积温指标对热带作物种植北界进行分析,考虑 80%气候保证率时,1981~2007 年的种植北界比 1950~1980 年大约北移了 0.86 个纬度,适于种植热带作物区域的面积增加了 0.81万 km^2(李勇等,2010)。冬小麦不同冬春性品种种植界限明显北移,北界北移趋势大于南界,东部地区界限移动趋势大于西部地区,种植区域面积增大,其中强冬性品种种植界限及可种植区域移动最明显(李克南等,2013)。研究东北三省春玉米关键发育期和对应界限温度的关系,发现不同熟性春玉米的种植北界逐渐北移东扩,春玉米可种植区逐渐扩大,产量较高的晚熟品种替代中晚熟品种,玉米适播起始时间提前(王培娟等,2011;纪瑞鹏等,2012)。

1.3.2 气候变化对中国作物生长发育的影响

气候变暖会影响作物的生长发育进程,在低纬度地区,增温将促进作物生长发育,使生育期缩短;在高纬度地区,收获期延后,生育期延长(刘颖杰和林而达,2007;陈金等,2013)。作物出苗期、抽穗期/抽雄期、成熟期以及生育期天数等不同生长阶段对气候要素变化的敏感程度不同。受增温的影响,华中和华南稻区的单季稻或双季稻生育期缩短,江淮稻区花前生育期缩短,而花后生育期并无显著变化或延长(葛道阔和金之庆,2002;董文军等,2011)。同一作物的不同品种之间受增温影响的程度不一致,生育期积温增加导致广东潮州近 20 年来早稻各生育期不同程度提前,晚稻各生育期持续推迟,早稻、晚稻的全生育期缩短(丁丽佳和谢桦元,2009)。对于华北地区,1951~2000 年气温和降水分别呈明显升高和减少特征,其中冬季升温和夏季降水减少最为显著,气候呈现暖干化趋势。考虑到蒸发的影响,华北地区年际的水分亏缺量总体呈增加趋势,春季亏缺尤为严重,使得该区域冬小麦生长季内存在干旱加重趋势(王长燕等,2006;徐建文等,2014)。考虑作物需水量后,气候变暖对华北地区冬小麦需水量的影响最大,对棉花需水量的影响次之,对夏玉米需水量的影响最小(刘晓英和林而达,2004)。在山东,鲁西南地区 1961~2010 年冬季和春季升温比较明显,热量资源增加,但是光照资源呈极显著减少趋势(李瑞英等,2012)。增温使冬小麦春季生育期和拔节期明显提前,对抽穗之后生育期后期影响较小,冬季生育期、全生育期明显缩短。夏季积温增加、日照时数和降水量减少使河南夏玉米生长缓慢,成熟期大大推迟,生育期延长(余卫东等,2007)。

在降水的时间变化上,1985~2004 年,5~9 月降水以减少趋势为主的两大连续分布地区为东北地区,锡林郭勒高原、华北北部、黄土高原东北部、甘南和陕南与长江沿线地区;5~9 月降水以增加趋势为主的两大连续分布地区是河南—山东、贵州东部—湖南—江西中南部(殷培红等,2010)。1961 年后,整个山东降水日数和强度均存在明显的年代际振荡,降水日数总体呈极显著减少趋势(董旭光等,2014)。近 50 年来,在气候变暖背景下,相对湿度和云量增加导致我国大部分地区太阳辐射降低、日照时数减少。其中,西北地区、东北三省日照时数显著减少(徐超等,2011;陈少勇等,2010;刘志娟等,2009),华南地区年日照时数自西向东逐渐减少且东部减少趋势大于西部(代姝玮等,2011)。对比不同生育阶段光照、降水、温度等单因子的适宜性和光、温、水多因子的综合适宜性,发现温度和光照适宜性较高,降水是冬小麦生长发育的主要限制因子(蒲金涌等,2011)。因此,作物关键生育期适宜的光、温、水等条件的较好配合能促进作物生长发育,反之则影响作物生长发育。

1.3.3 气候变化对中国作物产量和粮食安全的影响

气候是影响农作物产量的重要因素,粮食生产受气候变化的影响最为直接(张家诚,1998),粮食产量对于保障粮食安全有着重要意义。研究发现,理论上气温每升高 1℃时,我国粮食有可能增产 600 亿斤[①]。如果年降水量增加 100mm，我国东半部的森林农业区一般将会向西北方向扩展 100km 左右，东北地区在 400km 左右。如果年降水量减少 100mm，森林农业区北界又会向东南方向退缩 100 km 左右，且在山西与河北西部则达到 500km(林之光和张家诚，1985)。我国大部分地区近 50 年来作物的生长期延长，只有少数地区生长期是缩短的(于淑秋，2005)。1985～2004 年，我国 4～10 月显著增温地区集中在长江下游沿线地区及东南部沿海狭长地区、青藏高原东北部边缘与黑河—腾冲一线。

目前，随着 CO_2 浓度增加和全球气候变暖，东北及南方沿海地区变暖变湿，而华北地区则有可能变暖变干(赵宗慈，1989)，气温升高使冬小麦的生长期延长，有利于冬小麦产量的提高，而降水和干燥水平的波动不利于冬小麦的发育成熟及高产(茆长宝和陈勇，2010)。所以，单纯温度升高可能使得黄淮地区冬小麦生产潜力增加，考虑降水变动后华北地区冬小麦产量将有所下降，西北地区冬小麦产量将有所增加。例如，在北疆地区，近 50 年气温平均升高了 1.0℃ 以上，尤其是冬季气温增幅较大，有利于西北冬小麦的越冬和早春分蘖，也有利于推广冬小麦和提高复种指数。受气候变化的影响，我国北方和西北地区玉米产量增加(高素华等，1993)。在受低温限制的中高纬度地区，气温的适度升高将有利于水稻干物质生产和产量形成，其增产趋势明显(张卫建等，2012)。另外，成熟期之前若无持续性异常低温时段，初霜冻日期早晚变化对水稻和玉米单产有显著影响(韩荣青等，2010)。故总体上，气候变化使中国农作物的平均生产力下降 5%～10%，其中小麦、水稻和玉米三大作物均以减产为主(林而达等，2006)。模拟未来我国的气候变化发现，未来升温会提高全国多数区域的复种指数，使得东北、西北和高原地区未来可耕种土地面积增多，增加东北、西北和高原地区的粮食产量，但是会减少华东、华中和西南地区的粮食产量(唐国平等，2000)。

1.3.4　气候变化对中国农业种植制度的影响

我国地域广阔，各地的气候、土壤及经济条件差异显著，种植制度也多种多样，当前主要有一年一熟、一年两熟、一年三熟、两年三熟、间作套种等。近 30 年来，气候变暖对我国作物种植熟制的影响显著，全国的复种指数呈上升趋势。气温升高使我国各地的热量资源不同程度地增加，≥0℃ 积温有所增加，原来的熟制过渡带可能成为稳定的熟制地区，过渡带的北移使当前多熟制的北界向北、向西推移，一年两熟、一年三熟种植的面积扩大(张厚瑄，2000)。综合考虑温度和水分的影响，南方地区一年两熟的种植北界无明显变动，一年三熟的种植北界向西推进了约 0.25 个经度、向北移动了 0.20 个纬度(赵锦等，2010)。在未来 CO_2 倍增的情景下，我国高纬度的东北、西北地区比其他地区增温明显，冬季增温幅度比其他季节明显，热量条件满足了冬小麦种植向北向西扩展的条件，水稻种植面积增加，水分的多寡成为东北地区水稻种植的首要限制因子。在长江以南温暖湿润的亚热带区，双季稻播种面积占水稻总面积的 2/3。在水分满足要求的地方，种植制度可能向一年三熟的方向发展，大多耕地将实施稻—稻—越冬作物

---

① 1 斤=500g。

的种植方式。综合所有研究结果,气候变化有利于多熟制种植的发展,增加了作物播种面积,提高了复种指数,在一定程度上弥补了气候变化对作物单产的不利影响(郭建平,2015)。

1.3.5　气候变化对中国农业气象灾害和农业病虫害的影响

中国是世界上农业灾害频繁的国家之一,每年各种气象灾害造成的经济损失平均达2000多亿元。盛行的季风气候特点造成中国粮食生产的气象灾害具有显著的季节性:干旱大多发生在冬、春季节,洪涝大多发生在夏季的雨季高峰期。冬半年易发生低温灾害,夏季易发生高温热害。历史上对中国粮食生产影响最大的灾害主要有干旱、洪涝、低温灾害(冷害、冻害与霜冻)、风雹等。在农业气象灾害中,旱灾是影响中国粮食生产最严重的自然灾害,频发率占53%;洪涝灾害位列第二,占28%;而风雹、冷冻和台风的频发率分别为8%、7%和4%(周广胜,2015)。

气候变暖增加了降水极端气候事件的发生,干旱和洪涝灾害发生的频率与强度呈上升趋势(陈文颖等,2012)。自1950年以来,中国的旱灾、洪涝、热浪和低温冷害及冻害等极端气候事件也呈加剧趋势(陈宜瑜等,2005)。50年来,中国农业旱灾综合损失率平均每10年约增加0.5%,风险明显增大。北方综合损失率和风险增大的速度明显大于南方;气候突变对北方农业旱灾风险的影响比南方更显著(张强等,2015)。自2000年以来,南涝北旱、南方地区的季节性干旱频发,洪灾和旱灾的受灾面积均增加,导致作物受灾减产甚至绝收。降水变化是影响中国粮食生产变化的主要原因,温度变化对粮食生产的影响主要表现在高纬度地区和高海拔地区;气候变化影响粮食产量的变化幅度一般为3%~5%,个别年份可达10%左右;农业自然灾害造成的粮食减产幅度一般在5%~10%,个别可达10%左右(史培军等,1997)。

有利的气象条件是农业病虫害发生、流行暴发的基础。农业病虫害的大范围流行暴发都与有利的气象条件的影响有关。气候变暖,尤其是暖冬有利于北方各农区各种农作物病虫越冬基数增加、越冬死亡率降低,安全越冬的地理范围扩大,导致来年病虫害发生频率和危害程度加剧(张厚瑄,2000;叶彩玲和霍治国,2001),如助长了冬小麦锈病的越冬、度夏和南下流行,黏虫世代增加等(于淑秋等,2003)。此外,气温升高会扰乱生物物种间的平衡关系,害虫的天敌可能因无法适应气候变化而缩减甚至消亡,从而使害虫迅速繁殖,影响农业稳产高产(李祎君等,2010)。

1.4　气候变化-农业适应性模型模拟

IPCC第六次评估报告(AR6)第一工作组报告指出,目前全球增温已达1.2℃,极端干旱与洪涝灾害的可能性明显增强,"干的地方越干,湿的地方越湿"将成为气候变化常态(IPCC,2021)。气候变化的持续推进必将对中国农业生产活动与粮食安全产生重要影响,引起政府和学界的关注。减排和适应是当前应对气候变化的重要政策,然而减排政策存在较大的滞后性,气候变化在短时间内难以减缓与逆转。因而,国家发展和改革委员会等第九部委联合发布《国家适应气候变化战略》和《国家应对气候变化规划》来推动适应行动。学界在农业适应技术框架(李阔和许吟隆，2018)、农业适应科学修订(翟石艳等，2017)、适应技术识别标准(李阔和许吟隆，2015)、过程评估模拟(Huang et al.，2009；Zhang et al.，2017)和综合评估模型(Integrated Assessment Models，IAMs)等方面探索与发展了农业应对气候变化的适应理论与方法。

农业适应性能力随着地理空间位置、自然资源和社会制度背景的不同而差异显著。同时，大多数的气候适应性行为(自发行为和规划行为)具有"自下而上"的特征。2010年农业模型比较与改进项目(Agricultural Model Intercomparison and Improvement Project，AgMIP)成立，旨在提升和改进预测未来气候变化对农业和粮食系统的方法(李想等，2021)。目前，农业适应性大多通过与IAMs相集成给予体现。IAMs是一个面向经济目标的集成统一框架，将气候变化、自然系统和人类社会活动相结合，通过利用自然和人文社会系统之间的关系，来探讨最优碳税或者减缓路径，进而权衡气候变化的经济影响和减缓的成本(Nordhaus，2010)。通常，IAMs形成和气候减缓政策的制定和实施是一个"自上而下"的过程。这就致使IAMs很难从部门或者区域集成的角度对农业适应性给予深入的阐述和分析(Patt et al.，2010)。目前，与农业适应性相关的模型包含三类(Hertel and Lobell，2014)(表1-1)：①面向经济目标的综合评估模型；②面向作物生长的综合评估模型；③其他模型与分析框架。

表1-1　与农业适应性相关的气候变化模型和全球农业模型(Hertel and Lobell，2014)

模型	参考	农业适应性政策体现
面向经济目标的综合评估模型		
AD-DICE(经济-气候的综合模型)	Agrawala et al.，2011 Kelly et al.，2009	假定模型中的适应性措施为最优；适应性作为决策变量，镶嵌在损失函数中；以温度的指数函数来衡量农业损失；农业适应包括流量适应和存量适应，存量适应包括供水和灌溉投资；两种适应性措施无法完全相互替代
AD-WITCH(区域尺度碳排放模型)	Agrawala et al.，2011 Bosello et al.，2010 Nordhaus，2010	12地区，跨区模型提供单个区域最优政策；农业损失通过温度的指数函数计算结果表征，与DICE模型处理一致；农业适应性仅仅是一种流活动，不包括灌溉投资；考虑适应能力投资问题
面向作物生长的综合评估模型		
PIK-LPJmL-MAGPIE	Bondeau et al.，2007	自发改变作物种植结构、位置、灌溉来减少全球的生产损失；假定农业适应性受制于地理空间资源和自足能力限制。技术变革是内生的，受其他约束条件或者创新成本限制
MIT-IGSM-TEM-EPPA	Paltsev et al.，2005 Prinn et al.，1999	TEM考虑种植日期变化、多轮种植、品种变化；现有技术下，种植区域面积位置变化、农业贸易和消费调整
IIASA: EPIC & GLOBIOM	Havlik et al.，2013	GLOBIOM模型考虑了自发的种植集约化、灌溉、作物套播和迁移
GCAM-PNNL	Calvin et al.，2012	外生的产量变化导致自发地作物品种和农田位置变化
APSIM	唐建昭等，2020	可替换的内嵌的作物生长模块体现农田管理决策的变化
DSSAT	Hoogenboom et al.，2019	分作物类型模拟适应决策
IMAGE-MAGNET	Bouwman et al.，2006 van Vuuren et al.，2006 van Meijl et al.，2006	IMAGE模型中作物产量变化将作为MAGNET模型的外生冲击；MAGNET模型基于市场信息来计算产量、贸易和消费的适应性

续表

模型	参考	农业适应性政策体现
其他模型与分析框架		
FASOMGHG	Adams et al.，2005	种植时间、收获时间、品种和灌溉自发调整
IMPACTw/DSSAT	Nelson et al.，2010	自动调整播种日期、品种选择和灌溉计划
PEGASUS	Deryng et al.，2011	播种日期、品种选择、灌溉自发调整
Ricardian Approach	Mendelsohn et al.，1994	自发的技术和作物选择
TOA-MD	Claessens et al.，2012	刻画现存生产系统管理实践中自发改变；作物选择、自发轮作和引入新的作物品种适应
Agro-C	Huang et al.，2009 Zhang et al.，2017	将气候、土壤、二氧化碳浓度、作物日历等和现场数据等作为输入参数，开展作物光合作用、呼吸作用过程模拟

动态的全球植被(LPJmL)模型，可以模拟生物物理地球化学过程和重要作物的生长过程，栅格精度为 0.5°，以日为步长。对于适应性来说，该模型涉及生物物理适应，包括最适应作物品种和生长期的计算(Agrawala et al.，2011)。而农业生产模式及其对环境的影响(MAgPIE)模型，则是基于全球最小化成本函数，计算作物种植面积和位置的变化来表征农业适应性。作物种植面积和位置受制于栅格单元内资源丰富程度和国家发展目标。模型内生设定农业技术进步速率决定农业技术进步速率，作为创新成本的函数，通过创新产生自发适应。

全球生物圈管理模型(The Global Biosphere Management Model，GLOBIOM)是一个涵盖农业和森林部门的部分均衡模型，主要用来分析中期和长期的土地利用变化场景，将全球分为 30 个区域(Havlik et al.，2013)。模型中的农业适应性为自发适应，其通过生产强度、灌溉、作物套播和种植位置的改变来体现。在像元尺度上，借助于生物物理模型对生产函数进行校正。作物生长(EPIC)模型模拟了气候变化对作物产量的影响，EPIC模型可以自动调整种植、收割、耕作、施肥和灌溉时间水平。

IGSM-TEM-EPPA 模型是一套复杂的气候经济学模型，其中，陆地生态系统模型(Terrestrial Ecosystem Model，TEM)与经济预测和政策分析(Economic Prediction and Policy Analysis，EPPA)模型均涉及农业适应性问题。TEM 模型采用系统的方式分析一般种植类型的气候适应性，包含种植日期变化、多轮种植和品种改变。EPPA 模型和 TEM 模型栅格尺度结果的结合，可以进行高空间分辨率的气候变化对农业的影响和适应性分析。

全球气候评估模型(GCAM)和土地利用模型由美国马里兰大学联合全球变化研究中心开发，其与各种生物物理地球系统模型[包括 GCAM(Edmonds et al.，1997)和社区地球系统模型(Calvin et al.，2012)]联合使用，优势在于连接了经济、能源、土地利用变化和气候系统。农业部分，GCAM 模型将全球划分为 151 个次级农业和土地利用区，基于动态递归系统，追踪分析 12 种土地覆盖类型和 20 种作物。研究认为，农户基于最大化效益目标对区域土地利用进行分配。

IMAGE MAGNET 框架(Bouwman et al., 2006)由荷兰环境评估署于 20 世纪 80 年代开始开发维护,可以用来模拟气候、碳和氮循环以及全球经济活动。对气候变化的适应性由经济分析模块表征,包括自发土地面积扩张、集约化生产、种植结构变化和牲畜活动、食品消费行为和国际贸易的价格敏感性。

DSSAT 模型目前可以模拟 42 种作物(CERES、CROPGRO、SUBSTOR、CROPSI、OILCROP 和 CANEGRO 等),模型主要包括数据模块、模型模块、分析模块和工具模块等,是应用最为广泛的作物集成模型之一(Zhang et al., 2019;Li et al., 2018;陈新国,2021;宋利兵,2020)。20 世纪 90 年代初期,澳大利亚政府开发了农业生产系统模拟器(APSIM)。APSIM 模型内嵌的作物生长模块具有可替换性特征,这就使得选用最优适用模型成为可能,这无疑增加其应用的灵活性(Holzworth et al., 2014)。

1.4.1 面向作物生长机理的模型

面向作物生长集成的评估模型,是将气候变化模式和作物生长模型结合起来分析未来气候变化下农业生产的脆弱性和适应性方面,通过设置气候情景、模拟时期与区域、是否考虑 CO_2 效应等开展模拟,得出何种适应措施有效,详见表 1-2。可以看出,气候变化下小麦、玉米和水稻三大粮食作物的生长风险是当前气候变化与农业生产适应性的研究热点之一,将 CO_2 肥效作用和温度、降水等气候变化特征结合起来分析,可以更客观、全面地分析气候变化对作物生产的影响。根据气候变化下作物物候期的变化改变种植日期是最简单有效的适应措施,改进品种、调整灌溉和施肥是实现合理农田管理的关键,从农业发展规划和政策上提供支持来确保作物生产适应气候变化的有利环境。

1.4.2 面向经济综合评估模型

AD-DICE 模型和 AD-WITCH 模型在威廉·诺德豪斯的 DICE 模型的基础上,嵌入适应性成本函数,并假设存在最优的适应性。AD-DICE 模型将全球农业视为一个简单部门,作物损失以温度的指数函数来衡量。总损失减少的比例设定为 0~1 的数值,当值接近于 1,减少损失的成本将趋向于无穷。AD-WITCH 模型考虑了投资问题,将适应性支出分为流量和存量的适应性支出。农业存量支出是指用于灌溉和供水的支出。两类适应性支出不能完全替代措施的选择,应基于全球最优经济路径选择和发展(Agrawala et al., 2011)。

Agrawala 等(2011)修改了 AD-WITCH 模型(Bosello et al., 2010;Nordhaus, 2010;Bondeau et al., 2007),将全球的适应性活动按照 12 个地理区域来分析。该模型考虑了"North"(OECD[①])和"South"(non-OECD[②])地区气候变化影响、适应性的差异,以及存量和流量的适应性投资,但农业部门只考虑流量投资适应性。另外,该模型还涉及适应能力的投资,适应能力包括一般和具体能力,前者以整体发展水平的简单函数来衡量。

---

① OECD 指经济合作与发展组织(Organisation for Economic Co-operation and Development),简称经合组织。

② non-OECD 指非经合组织。

表 1-2　未来气候变化情景下作物生长机理相关研究

研究	作物模型	气候模型	模拟情景	研究区域	模拟时期	模拟作物	CO$_2$效应	适应措施
Liu et al., 2008	GEPIC	HadCM3	A1F1、A2、B1、B2	撒哈拉沙漠以南非洲地区	2030s	木薯、玉米、小麦、高粱、水稻和小米	否	无
Masangaise et al., 2012	quaCrop	GCMs	+1℃、+2℃	津巴布韦	2046~2065年	玉米	否	种植日期
Nkomozepi and Chung, 2012	CROPWATA	13GCMs	A2、A1B、B1	津巴布韦	2011~2030年，2046~2065年，2080~2099年	玉米	是	政策
Calzadilla et al., 2014	GTAP-W	CSIRO和MIROC	A1B、B1	南非	2000~2050年	多种作物	否	基础投资
Muluneh et al., 2015	FAO的AquaCrop	ECHAM5	A2和B1	埃塞俄比亚	2020~2049年，2066~2095年	玉米和小麦	是	无
Villegasa et al., 2013	改进FAO-EcoCrop	GCMs	A1B	非洲、中亚和南亚	2030s	高粱	否	无
Berg et al., 2013	agro-DGVM	CMIP3	A1B和A2	非洲和印度	2001~2100年	C4作物	是	无
Byjesh et al., 2010	InfoCrop MAIZE	HadCM3	A2	印度	2020s、2050s、2080s	玉米	是	品种
Banerjee et al., 2014	CGSM-InfoCrop	PRECIS	+1℃和+3℃	印度	2025s、2050s	水稻和芥末	否	种植日期、施肥、品种
Ruane et al., 2013b	CERES	GCMs	A2和B1	孟加拉国	2040~2069年	水稻和小麦	是	无
Shrestha et al., 2014	AquaCrop	GCMs、HadCM3	A2和B2	越南	2020s、2050s、2080s	水稻	是	种植日期、灌溉、施肥和品种
Sommer et al., 2013	CropSyst	GCMs	A1B和A2	中亚	2011~2040年，2041~2070年，2071~2100年	小麦	是	种植日期、品种

续表

研究	作物模型	气候模型	模拟情景	研究区域	模拟时期	模拟作物	CO_2效应	适应措施
Bakri et al., 2010	DSSAT	GCMs	+1℃、+2℃、+3℃、+4℃	约旦	2050s	小麦和大麦	否	适应规划
Moradi et al., 2013	DSSAT	HadCM3、IPCM4	A1B、A2和B1	伊朗	2020s、2050s、2080s	玉米	否	灌溉、种植日期
Urban et al., 2012	统计作物模型	GCM-CMIP3	温度增速2.4%	美国	2030~2050年	玉米	是	无
Smith et al., 2013	DNDC	IPCC SRES	A1B、A2和B1	加拿大	2040~2069年	小米和玉米	是	无
Lehmann et al., 2013	改进 CropSyst	区域气候模型	ETHZ-CLM、SMHI-Had	瑞士	2050s	冬小麦和玉米	否	施肥和灌溉
杨沈斌等, 2010	ORYZA2000	PRECIS	A2和B2	中国	2021~2050年	水稻	是	无
Lv et al., 2013	WheatGrow	GCMs	A2、A1和B1	中国	2030s、2050s、2070s	小麦	否	无
Tao and Zhang, 2013	SuperEPPS-MCWLA	SuperEPPS	A1F1、B1	中国	2050s	玉米	是	品种
Teixeiraa et al., 2013	FAO-GAEZ	GCMs	A1B	全球	2071~2100年	小麦、玉米、水稻和小米	否	农业政策

注：2030s 表示 21 世纪 30 年代，其余同理。

1.4.3 其他全球模型与分析框架

森林和农业部门最优化模型-温室气体(Forest and Agricultural Sector Optimization Model-Green House Gas version,FASOMGHG)是与美国农业和森林部门相关的动态、非线性规划模型,用于检验温室气体减排政策的效果、气候变化影响、公有林区收割政策、生物燃料前景等(Adams et al.,2005;Schneider et al.,2007)。该模型中涉及的适应性行为包括灌溉决策,以及生产活动中经济动机的改变,土地利用(作物品种之间,作物、牲畜和森林之间)变化,消费和贸易变化。

IMPACT 模型,是一个部分均衡农业模型,注重于政策模拟,由国际食品政策研究所(International Food Policy Research Institute,IFPRI)发展而来,其与 DSSAT-based 作物模型结合使用来评估气候变化场景(Nelson et al.,2010)。IMPACT 模型是一个可竞争的、部分均衡市场模型。IMPACT 模型框架内的农业适应性考虑了自发的播种日期调整、品种选择、集约化生产、种植面积对于价格的响应。灌溉(外生的)是规划性的适应措施。IMPACT 模型承认农业适应性中研发和投资(R&D)的重要性,认为对农业 R&D 进行投资将会增加作物产量。

预测生态系统食物和服务的使用场景(Predicting Ecosystem Goods and Services Using Scenarios,PEGASUS)模型是关于全球尺度和单种作物(如大豆、春小麦和玉米)生长进程的模型,其考虑多种类型的适应性-种植日期变化、品种选择、灌溉和化肥的使用。该模型相对简单,为潜在生物物理适应性理解提供了新的视角(Deryng et al.,2011)。

另外一种气候变化农业适应性的分析方法是 Ricardian 方法,该方法可用来分析气候变化对农业的影响(如土地地租和税收)和适应性(Mendelsohn et al.,1994;Mendelsohn,2009)。该方法有两个核心理念,首先,观察横截面数据和在不同的气候环境中观察长期均衡农业收益的差异;其次,长期的影响效应以土地价值的形式体现。Ricardian 回归模型中因变量不是产量,而是地租。适应性隐含在该模型中,包括农业活动变化、变量输入和投资变化。

最小化数据建模方法(Minimum Data Model Approach)(TOA-MD 模型)(Antle et al.,2004;Claessens et al.,2012)强调"权衡分析",为一种混合生物物理过程模型,研究尺度为地区。该方法将社会经济和生物物理数据与农民的土地分配、产出和生产成本数据相集成。Claessens 等(2012)采用 TOA-MD 模型,利用调查、实验和模拟数据,定量研究了非洲撒哈拉沙漠以南和肯尼亚两个地区农业对气候变化的适应情况。分析当前和未来农业系统的特点(包括土地利用、输出,输出价格,生产成本,农场和家庭规模),比较了目前和未来气候(2030年)、有适应措施和无适应措施,以及不同的社会场景下农业对气候变化的响应。

上述面向经济目标的综合集成评估模型一般适用于评估大空间尺度(部门、区域、国家或全球)的气候变化影响和农业适应性效果。其主要从适应性投资(灌溉设施、研发投资)、种植结构、种植布局和品种改变、多轮种植角度对农业适应性给予体现。而对于农户适应性行为,按照理性人假设,假定其按照效益最大化的原则安排农业生产活动。上述模型的优势在于,在一定程度上从不同角度评估了适应性措施的效果;而不足之处在于, 其仅仅从自然或者经济的角度对适应性给予考虑, 没有综合考虑两者对减缓气候变化影响的效应。另外, 政府管理者、农业社会团体和农户是适应性政策的制定者和实施者。上述模型并未考虑相关利益主体的行为决策。IAMs 形成和气候减缓政策的制定和实施是一个"自上而下"的过程, 而大多数的气候适应性行为具有"自下而上"的特征。因此, 与 IAMs 相集成很难从部门或者区域的角度对农业适应性给予阐述和分析。

面向作物生长集成评估框架直接用于农业适应性问题研究既有优势也存在一些不足。其优势在于, 该类框架以作物本身的生物物理过程为出发点, 便于更加准确地评估作物的自适应和不同适应措施的效果。其不足在于, 该类框架往往重视生物物理因素, 如气候和土壤因素, 而较少考虑田间管理因素。由于区域间作物生长环境和田间管理制度的差异, 将面向作物生长的综合评估模型用于评估大尺度情形下气候变化对农业影响和不同适应性措施的潜力, 其结果则很难进行准确的解释。

参 考 文 献

卞娟娟, 郝志新, 郑景云, 等. 2013. 1951-2010 年中国主要气候区划界线的移动. 地理研究, 32(7): 1179-1187.

陈金, 田云录, 文军, 等. 2013. 东北水稻生长发育和产量对夜间升温的响应. 中国水稻科学, 27(1): 84-90.

陈少勇, 张康林, 邢晓宾, 等. 2010. 中国西北地区近 47a 日照时数的气候变化特征. 自然资源学报, 25(7): 1142-1152.

陈新国. 2021. 气象和农业干旱对冬小麦生长和产量的影响. 咸阳: 西北农林科技大学.

陈宜瑜, 丁永建, 佘之祥, 等. 2005. 中国气候与环境演变评估(Ⅱ): 气候与环境变化的影响与适应、减缓对策. 气候变化研究进展, 1(2): 51-57.

代姝玮, 杨晓光, 赵孟, 等. 2011. 气候变化背景下中国农业气候资源变化域. 西南地区农业气候资源时空变化特征. 应用生态学报, 22(2): 442-452.

戴声佩, 李海亮, 罗红霞, 等. 2014. 1960-2011 年华南地区界限温度 10℃积温时空变化分析. 地理学报, 69(5): 650-660.

《第三次气候变化国家评估报告》编委会. 2015. 第三次气候变化国家评估报告. 北京: 科学出版社.

丁丽佳, 谢松元. 2009. 气候变暖对潮州水稻主要生育期的影响和对策. 中国农业气象, 30(增1): 97-102.

丁一汇, 张锦, 徐影, 等. 2003. 气候系统的演变及其预测. 北京: 气象出版社.

董文军, 邓艾兴, 张彬, 等. 2011. 开放式昼夜不同增温对单季稻影响的试验研究. 生态学报, 31(8): 2169-2177.

董旭光, 顾伟宗, 孟祥新, 等. 2014. 山东省近 50 年来降水时间变化特征. 地理学报, 69(5): 661-671.

高素华, 丁一汇, 赵宗慈, 等. 1993. 大气中 CO_2 含量增长后的温室效应对我国未来农业生产的可能影响. 大气科学, (5): 584-591.

葛道阔, 金之庆. 2002. 气候变化对中国南方水稻生产的阶段性影响及适应性对策. 江苏农业学报, 18(1): 1-8.

郭建平. 2015. 气候变化对中国农业生产的影响研究进展. 应用气象学报, (1): 1-11.

郭庆海. 2010. 中国玉米主产区的演变与发展. 玉米科学, 18(1): 139-145.

韩荣青, 李维京, 艾婉秀, 等. 2010. 中国北方初霜冻日期变化及其对农业的影响. 地理学报, 65(5):

525-532.

纪瑞鹏, 张玉书, 姜丽霞, 等. 2012. 气候变化对东北地区玉米生产的影响. 地理研究, 31(2): 290-298.

李克南, 杨晓光, 慕臣英, 等. 2013. 全球气候变暖对中国种植制度可能影响Ⅷ——气候变化对中国冬小麦冬春性品种种植界限的影响. 中国农业科学, 46(8): 1583-1594.

李阔, 许吟隆. 2015. 适应气候变化技术识别标准研究. 科技导报, 33(16): 95-101.

李阔, 许吟隆. 2018. 东北地区农业适应气候变化技术体系框架研究. 科技导报, 36(15): 67-76.

李瑞英, 任崇勇, 张翠翠, 等. 2012. 气候变化背景下鲁西南地区农业气候资源变化特征. 干旱地区农业研究, 30(6): 254-260.

李世奎, 1988. 中国农业气候资源和农业气候区划. 北京: 科学出版社.

李想, 韩智博, 张宝庆, 等. 2021. 黑河中游主要农作物灌溉制度优化. 生态学报, 41(8): 11.

李扬, 王靖, 唐建昭, 等. 2020. 农牧交错带马铃薯高产和水分高效利用的播期和品种选择. 农业工程学报, 36(4): 9.

李祎君, 王春乙, 赵蓓, 等. 2010. 气候变化对中国农业气象灾害与病虫害的影响. 农业工程学报, (S1): 263-271.

李勇, 杨晓光, 王文峰, 等. 2010. 气候变化背景下中国农业气候资源变化Ⅰ. 华南地区农业气候资源时空变化特征. 应用生态学报, 21(10): 2605-2614.

梁圆, 千怀遂, 张灵. 2016. 中国近50年降水量变化区划(1961-2010年). 气象学报, 74(1): 31-45.

林而达, 许吟隆, 吴绍洪. 2006. 气候变化国家评估报告(Ⅱ): 气候变化的影响与适应. 气候变化研究进展, 2(z1): 6-11.

林之光, 张家诚. 1985. 中国的气候. 西安: 陕西人民出版社.

刘德祥, 董安祥, 陆登荣. 2005. 中国西北地区近43年气候变化及其对农业生产的影响. 干旱地区农业研究, 23(2): 195-201.

刘晓英, 林而达. 2004. 气候变化对华北地区主要作物需水量的影响. 水利学报, (2): 77-87.

刘颖杰, 林而达. 2007. 气候变暖对中国不同地区农业的影响. 气候变化研究进展, 3(4): 229-233.

刘志娟, 杨晓光, 王文峰, 等. 2009. 气候变化背景下我国东北三省农业气候资源变化特征. 应用生态学报, 20(9): 2199-2206.

茆长宝, 陈勇. 2010. 南京市近60年气候变化及其对冬小麦产量影响. 资源科学, 32(10): 1955-1962.

缪启龙, 丁园圆, 王勇. 2009. 气候变暖对中国亚热带北界位置的影响. 地理研究, 28(3): 634-642.

蒲金涌, 姚小英, 王位泰. 2011. 气候变化对甘肃省冬小麦气候适宜性的影响. 地理研究, 30(1): 157-160.

《气候变化对农业影响及其对策》课题组. 1993. 气候变化对农业影响及其对策. 北京: 北京大学出版社.

全国农业区划委员会《中国综合农业区划》编写组. 1981. 中国综合农业区划. 北京: 中国农业出版社.

沙万英, 邵雪梅, 黄玫. 2002. 20世纪80年代以来中国的气候变暖及其对自然区域界线的影响. 中国科学: 地球科学, 32(4): 317-326.

史培军, 孙劭, 汪明, 等. 2014. 中国气候变化区划(1961~2010年). 中国科学: 地球科学, (10): 2294-2306.

史培军, 王静爱, 谢云, 等. 1997. 最近15年来中国气候变化、农业自然灾害与粮食生产的初步研究. 自然资源学报, (3): 197-203.

宋利兵. 2020. 气候变化下中国玉米生长发育及产量的模拟. 咸阳: 西北农林科技大学.

唐国平, 李秀彬, Guen T F, 等. 2000. 气候变化对中国农业生产的影响. 地理学报, 55(2): 129-138.

唐建昭, 肖登攀, 柏会子. 2020. 未来气候情景下农牧交错带不同灌溉水平马铃薯产量和水分利用效率. 农业工程学报, 36(2):10.

王菱, 谢贤群, 李运生, 等. 2004a. 中国北方地区 40 年来湿润指数和气候干湿带界线的变化. 地理研究, 23(1): 45-54.

王菱, 谢贤群, 苏文, 等. 2004b. 中国北方地区 50 年来最高和最低气温变化及其影响. 自然资源学报, 19(3): 337-343.

王培娟, 梁宏, 李韩君, 等. 2011. 气候变暖对东北三省春玉米发育期及种植布局的影响. 资源科学, 33(10): 1976-1983.

王品, 魏星, 张朝, 等. 2014. 气候变暖背景下水稻低温冷害和高温热害的研究进展. 资源科学, 36(11): 2316-2326.

王亚飞, 廖顺宝. 2018. 气候变化对粮食产量影响的研究方法综述. 中国农业资源与区划, 39(12): 54-63.

王长燕, 赵景波, 李小燕. 2006. 华北地区气候暖干化的农业适应性对策研究. 干旱区地理, 29(5): 646-652.

王铮, 郑一萍. 2001. 全球变化对中国粮食安全的影响分析. 地理研究, 20(3): 282-289.

徐超, 杨晓光, 李勇, 等. 2011. 气候变化背景下中国农业气候资源变化III. 西北干旱区农业气候资源时空变化特征. 应用生态学报, 22(3): 763-772.

徐建文, 居辉, 刘勤, 等. 2014. 黄淮海地区干旱变化特征及其对气候变化的响应. 生态学报, 34(2): 460-470.

杨柏, 李世奎, 霍治国. 1993. 近百年中国亚热带地区农业气候带界限动态变化及其对农业生产的影响. 自然资源学报, (3): 193-203.

杨建平, 顶永建, 陈仁升, 等. 2004. 近50a 中国半干旱区波动及其成因初探. 广州: 中国地理学会 2004 年学术年会暨海峡两岸地理学术研讨会.

杨沈斌, 申双和, 赵小艳, 等. 2010. 气候变化对长江中下游稻区水稻产量的影响. 作物学报, 36(9): 1519-1528.

叶彩玲, 霍治国. 2001. 气候变暖对我国主要农作物病虫害发生趋势的影响. 中国农业信息快讯, (4): 23-24.

殷培红, 方修琦, 张学珍, 等. 2010. 中国粮食单产对气候变化的敏感性评价. 地理学报, 65(5): 515-524.

于淑秋. 2005. 近50 年我国日平均气温的气候变化. 应用气象学报, 16(6): 787-793.

于淑秋, 林学椿, 徐祥德. 2003. 我国西北地区近 50 年降水和温度的变化. 气候与环境研究, 8(1): 9-18.

余卫东, 赵国强, 陈怀亮. 2007. 气候变化对河南省主要农作物生育期的影响. 中国农业气象, 28(1): 9-12.

玉苏甫·买买提, 买合皮热提·吾拉木, 满苏尔·沙比提. 2014. 气候变化对渭干河-库车河三角洲棉花生产的影响. 地理研究, 33(2): 251-259.

翟石艳, 秦耀辰, 宋根鑫. 2017. 气候变化背景下农业适应性研究进展. 河南大学学报(自然科学版), 47(2): 127-136.

张厚瑄, 张翼. 1994. 中国活动积温对气候变暖的响应. 地理学报, 49(1): 27-36.

张厚瑄. 2000. 中国种植制度对全球气候变化响应的有关问题. 气候变化对我国种植制度的影响. 中国农业气象, 21(1): 9-13.

张家诚. 1998. 气候环境与可持续发展. 湖北气象, (04): 38-39.

张强, 姚玉璧, 李耀辉, 等. 2015. 中国西北地区干旱气象灾害监测预警与减灾技术研究进展及其展望. 地球科学进展, 30(2): 196-213.

张卫建, 陈金, 徐志宇, 等. 2012. 东北稻作系统对气候变暖的实际响应与适应. 中国农业科学, 45(7): 1265-1273.

赵锦, 杨晓光, 刘志娟, 等. 2010. 全球气候变暖对中国种植制度可能影响 II. 南方地区气候要素变化特征及对种植制度界限可能影响. 中国农业科学, 43(9): 1860-1867.

赵名茶. 1995. CO_2 倍增对我国自然地域分异及农业生产潜力的影响预测. 自然资源学报, 10(2): 148-158.

赵宗慈. 1989. 模拟温室效应对我国气候变化的影响. 气象, (3): 10-14.

周广胜. 2015. 气候变化对中国农业生产影响研究展望. 气象与环境科学, 38(1): 80-94.

Adams R M, Ralph J, McCarl B, et al. 2005. FASOMGHG Conceptual Structure, and Specification: Documentation. Norh Carolina: RTI International.

Agrawala S, Bosello F, Carraro C, et al. 2011. Plan or react? Analysis of adaptation costs and bene-fits using integrated assessment models. Climate Change Economics, 2(3): 175-185.

Alam M M, Siwar C, Jaafar A H, et al. 2013. Agricultural vulnerability and adaptation to climatic changes in Malaysia: review on paddy sector. Current World Environment, 8(1): 1-12.

Alam M M, Talib B, Siwar C, et al. 2010. The Impacts of Climate Change on Paddy Production in Malaysia: Case of Paddy Farming in North-West Selangor. Proceedings of the International Conference of the 4th International Malaysia-Thailand Conference on South Asian Studies. Bandar Baru Bangi: National University of Malaysia.

Ammani A, Ja'afaru A K, Aliyu J A, et al. 2012. Climate change and maize production: empirical evidence from Kaduna State, Nigeria. Journal of Agricultural Extension, 16 (1): 1-8.

Antle J M, Capalbo S M, Elliott E T, et al. 2004. A daptation, spatial heterogeneity and the vulnerability of agricultural systems to climate change and CO_2 fertilization: an in tegrated assessment approach. Climate Change, 64(3): 289-315.

Bakri J A, Suleiman A, Abdulla F, et al. 2010. Potential impact of climate change on rainfed agriculture of a semi-arid basin in Jordan. Physics and Chemistry of the Earth, 35: 125-134.

Banerjee S, Das S, Mukherjee A, et al. 2014. Adaptation strategies to combat climate change effect on rice and mustard in Eastern India. Mitigation and Adaptation Strategies for Global Change, 21(2): 249-261.

Berg A, Ducoudré N N, Sultan B, et al. 2013. Projections of climate change impacts on potential C4 crop productivity over tropical regions. Agricultural and Forest Meteorology, (17): 89-102.

Bocchiola D, Nana E, Soncini A. 2013. Impact of climate change scenarios on crop yield and water footprint of maize in the Po valley of Italy. Agricultural Water Management, (116): 50-61.

Bondeau A, Smith P C, Zaehle S, et al. 2007. Modelling the role of agriculture for the 20th century global terrestrial carbon balance. Global Change Biology, 13(3): 679-706.

Bosello F, Carraro C, de Cian E. 2010. Climate policy and the optimal balances between mitigation, adaptaton and unavoided damage. Climate Change Economics, 1(2): 71-92.

Bouwman A F, Kram T, Klein G E K. 2006. Integrated Modelling of Global Environmental Change: An Overview of Image 2. 4. Bilthoven, The Netherlands: Netherlands Environmental Assessment Agency.

Brunetti M, Colacino M, Nanni T, et al. 2001. Trends in the daily intensity of precipitation in Italy from 1951 to 1996. International Journal of Climatology, (21): 299-316.

Burton I. 1996. The growth of adaptation capacity: practice and policy //Adapting to Climate Change. New York: Springer: 55-67.

Byjesh K, Kumar S N, Aggarwal P K. 2010. Simulating impacts, potential adaptation and vulnerability of maize to climate change in India. Mitigation and Adaptation Strategies for Global Change, (15): 413-431.

Calvin K, Wise M, Page K. 2012. Spatial land use in the GCAM in tegrated assessment model//EMF Workshop on Climate Change Impacts and Integrated Assessment. Snowmass, Colorado, USA: Pacific Northwest National Laboratory: 1-30.

Calzadilla A, Zhu T J, Rehdanz K, et al. 2014. Climate change and agriculture: impacts and adaptation options in South Africa. Water Sources and Econmics, (5): 24-48.

Claessens L, Antle J M, Stoorvogel J J, et al. 2012. A method for evaluating climate change adaptation strategies for small-scale farmers using survey, experimental and modeled data. Agricultural Systems, 111(3): 85-95.

Deryng D, Sacks W J, Barford C C, et al. 2011. Simulating the effects of climate and agricultural management practices on global crop yield. Global Biogeochemical Cycles, 5: 18.

Dharmarathna R S S, Herath S, Weerakoon S B. 2014. Changing the planting date as a climate change adaptation strategy for rice production in Kurunegala district. Sri Lanka. Sustainability Science, (9): 103-111.

Edmar I T, Guenther F, Harrij V V, et al. 2013. Global hot-spots of heat stress on agricultural crops due to climate change. Agriculture and Forest Meteorlogy, (170): 206-215.

Edmonds J, Wise M, Pitcher H, et al. 1997. An integrated assessment of climate change and the accelerated intro-duction of advanced energy technologies-an application of MiniCAM 1.0. Mitigation and Adaptation Strategies for Global Change, 1(4): 311-339.

Falloon P, Betts R. 2010. Climate impacts on European agriculture and water management in the context of adaptation and mitigation-the importance of an integrated approach. Science of the Total Environment, 408: 5667-5687.

Habiba U, Shaw R, Takeuchi Y. 2012. Farmer's perception and adaptation practices to cope with drought: perspectives from Northwestern Bangladesh. International Journal of Disaster Risk Reduction, 1: 72-84.

Havlik P, Valin H, Mosnier A, et al. 2013. Crop productivity and the global live-stock sector: implications for land use change and greenhouse gas emissions. American Journal of Agricultural Economincs, 95(2): 442-448.

Hertel T W, Lobell D B. 2014. Agricultural adaptation to climate change in rich and poor countries: current modeling practice and potential for empirical contributions. Energy Economics, 46: 562-575.

Holzworth D P, Huth N I, deVoil P G, et al. 2014. APSIM-Evolution towards a new generation of agricultural systems simulation. Environmental Modelling and Software, 62: 327-350.

Hoogenboom G, Porter C H, Shelia V, et al. 2019. Decision Support System for Agrotechnology Transfer (DSSAT) V ersion 4. 7. 5 (https: // DSSAT. net). Gainesville, Florida, USA: DSSAT Foundation.

Huang Y, Yu Y Q, Zhang W, et al. 2009. Agro-C: a biogeophysical model for simulating the carbon budget of agroecosystems. Agricultural and Forest Meteorology, 149(1): 106-129.

IPCC. 2014. Climate Change 2013: The Physical Science Basis. Working Group Contribution to the Fifth Assessment Report of the Intergovermental Panel on Climate Change. Cambridge: Cambridge University Press.

IPCC. 2007. Climate Change 2007: The Physical Science Basis. Working Group Contribution to the Fourth Assessment Report of the Intergovermental Panel on Climate Change. Cambridge: Cambridge University Press.

IPCC. 2021. Climate Change 2021: The Physical Science Basis. Contribution of Working Group I to the Sixth Assessment Report of the Intergovernmental Panel on Climate Change. Cambridge: Cambridge University Press.

Janjua P Z, Samad G, Khan N. 2014. Climate change and wheat production in Pakistan: an autoregressive distributed lag approach. NJAS - Wageningen Journal of Life Sciences, (68): 13-19.

Leff B N, Ramankutty, Foley J A. 2004. Geographic distribution of major crops across the world. Global Biogeochemical Cycles, (18): 1-27.

Lehmann N, Finger R, Klein T, et al. 2013. Adapting crop management practices to climate change: modeling optimal solutions at the field scale. Agricultural Systems, (117): 55-65.

Li Z, He J, Xu X, et al. 2018. Estimating genetic parameters of DSSA T-CERES model with the GLUE method for winter wheat (*Triticum aestivum* L.) production. Computers and Electronics in Agriculture, 154: 213-221.

Liu J G, Fritz S, Wesenbeeck C F A, et al. 2008. A spatially explicit assessment of current and future hotspots of hunger in Sub-Saharan Africa in the context of global change. Global and Planetary Change, (64): 222-235.

Liu J H, Gao J X, Geng B. 2007. Study on the dynamic change of land use and landscape pattern in the farming-pastoral region of northern China. Research of Environmental Sciences, 20(5): 148-154.

Lobell D B, Bänziger M, Magorokosho C, et al. 2011. Nonlinear heat effects on African maize as evidenced by historical yield trials. Nature Climate Change, (1): 42-45.

Lobell D B, Burke M B, Tebaldi C, et al. 2008. Prioritizing climate change adaptation needs for food security in 2030. Science, 319(5863): 607-610.

Lv Z F, Liu X J, Cao W X, et al. 2013. Climate change impacts on regional winter wheat production in main wheat production regions of China. Agricultural and Forest Meteorology, (171-172): 234-248.

Masangaise J, Chipindu B, Mhizha T, et al. 2012. Model prediction of maize yield responses to climate change in north-eastern Zimbabwe. African Crop Science Journal, (20): 505-515.

Mendelsohn R, Nordhaus W D, Shaw D. 1994. The impact of global warming on agriculture: a Ricardian analysis. The American Economic Review, 84(4): 753-771.

Mendelsohn R. 2009. The impact of climate chang eonagriculture in developing countries. Journal of Natural Resources Policy Research, 1(1): 5-19.

Misra K A. 2013. Climate change impact, mitigation and adaptation strategies for agricultural and water resources, in Ganga Plain (India). Mitigation and Adaptation Strategies for Global Change, (18): 673-689.

Monaco E, Bonfante A, Alfieri S M, et al. 2014. Climate change, effective water use for irrigation and adaptability of maize: a case study in southern Italy. Biosystems Engineering, (128): 82-99.

Moradi R, Koocheki A, Mahallati M N, et al. 2013. Adaptation strategies for maize cultivation under climate change in Iran: irrigation and planting date management. Mitigation and Adaptation Strategies for Global Change, (18): 265-284.

Moriondo M, Bindi M, Zbigniew W, et al. 2010. Impact and adaptation opportunities for European agriculture in response to climatic change and variability. Mitigation and Adaptation Strategies for Global Change, (15): 657-679.

Muluneh A, Biazin B, Stroosnijder L, et al. 2015. Impact of predicted changes in rainfall and atmospheric carbon dioxide on maize and wheat yields in the Central Rift Valley of Ethiopia. Regional Environmental Change, 15(6): 1105-1119.

Nelson G C, Rosegrant M W, Palazzo A, et al. 2010. Food Security, Farming, and Climate Change to 2050: Scenarios, Results, Policy Options. Washington, D C: International Food Policy Research Institute.

Nkomozepi T, Chung S O. 2012. Assessing the trends and uncertainty of maize net irrigation water requirement estimated from climate change projections for Zimbabwe. Agricultural Water Management, (111): 60-67.

Nordhaus W D. 2010. Economic aspects of global warming in a post-Copenhagen environment. Proceedings of the National Academy of Sciences of the United States of America(PNAS), 107: 11721-11726.

Ortiz R, Sayre K D, Govaerts B, et al. 2008. Climate change: can wheat beat the heat? Agriculture, Ecosystems and Environment, (126): 46-58.

Paltsev S, Reilly J M, Jacoby H D, et al. 2005. The MIT Emissions Prediction and Policy Analysis (EPPA) model: version 4. MIT Joint Program on the Science and Policy of Global Change.

Patt A G, van Vuuren, Detlef P, et al. 2010. Adaptation in integrated assessment modeling: where do we stand? Climate Change, 99(3-4): 383-402.

Pavelic P, Srisuk K, Saraphirom P, et al. 2012. Balancing-out floods and droughts: opportunities to utilize floodwater harvesting and groundwater storage for agricultural development in Thailand. Journal of Hydrology, (470-471): 55-64.

Popova Z, Kercheva M. 2005. CERES model application for increasing preparedness to climate variability in agricultural planning-risk analysis. Physics and Chemistry of the Earth, (30): 117-124.

Qian B, Reinder J D, Gameda S, et al. 2013. Impact of climate change scenarios on Canadian agroclimatic indices. Canadian Journal of Soil Science, 93 (2): 243-259.

Ragab R, Prudhomme C. 2002. Climate change and water resources management in arid and semi-arid regions: prospective and challenges for the 21st century. Biosystems Engineering, 81(1): 3-34.

Ramirez-Villegas J, Jarvis A, Läderach P. 2013. Empirical approaches for assessing impacts of climate change on agriculture: the EcoCrop model and a case study with grain sorghum. Agricultural and Forest Meteorology, (170): 67-78.

Rivas A I M. 2011. Assessing current and potential rainfed maize suitability under climate change scenarios in México. Atmósfera, 24(1): 53-67.

Ruane A C, Cecil L D W, Horton R M, et al. 2013a. Climate change impact uncertainties for maize in Panama: farm information, climate projections, and yield sensitivities. Agricultural and Forest Meteorology, (170): 132-145.

Ruane A C, Major D C, Winston H Y, et al. 2013b. Multi-factor impact analysis of agricultural production in Bangladesh with climate change. Global Environmental Change, (23): 338-350.

Sarker M A R, Alam K, Gow J. 2014. Assessing the effects of climate change on rice yields: an econometric investigation using Bangladeshi panel data. Economic Analysis and Policy, (44): 405-416.

Sayer J, Cassman K G. 2013. Agricultural innovation to protect the environment. Proceedings of the National Academy of Sciences, 110(21): 8345-8348.

Schneider U A, McCarl B A, Schmid E. 2007. Agricultural sector analysis on greenhouse gas mitigation in US agriculture and forestry. Agricultural Systems, 94(2): 128-140.

Schwabe K A, Kan I, Knapp K C. 2006. Drain water management for salinity mitigation in irrigated agriculture. American Journal of Agricultural Economics, 88 (1): 135-149.

Shimono H.2011.Earlier rice phenology as a result of climate change can increase the risk of cold damage during reproductive growth in northern Japan. Agriculture, Ecosystems and Environment,144: 201-207.

Shi W J, Tao F L. 2014. Vulnerability of African maize yields to climate change and variability during 1961-2010. Food Security, 6: 471-481.

Shimono H, Kanno H, Sawano S. 2010. Can the cropping schedule of rice be adapted to changing climate? A case study in cool areas of northern Japan. Field Crops Research, 118: 126-134.

Shrestha S, Deb P, Bui T T T. 2014. Adaptation strategies for rice cultivation under climate change in Central Vietnam. Mitigation and Adaptation Strategies for Global Change, 21(1): 15-37.

Smith W N, Granta B B, Desjardins R L, et al. 2013. Assessing the effects of climate change on crop production and GHG emissions in Canada Agriculture. Ecosystems and Environment, (179): 139-150.

Sommer R, Glazirina M, Yuldashev T, et al. 2013. Impact of climate change on wheat productivity in Central Asia. Agriculture. Ecosystems and Environment, 178: 78-99.

Tachie-Obeng E, Akponikpe P B I, Adiku S. 2013. Considering effective adaptation options to impacts of climate change for maize production in Ghana. Environmental Development, 5: 131-145.

Tao F L, Zhang Z. 2013. Climate change, wheat productivity and water use in the North China Plain: a new super-ensemble-based probabilistic projection. Agricultural and Forest Meteorology, (170): 146-165.

Teixeiraa E I, Fischer G, Velthuizen H V, et al. 2013. Global hot-spots of heat stress on agricultural crops due to climate change. Agricultural and Forest Meteorology, (170): 206-215.

Thornton P K, Jones P G, Owijo T M, et al. 2006. Mapping climate vulnerability and poverty in Africa. Technical Report, ILRI, Nairobi, Kenya, (1): 60-178.

Trinh L T, Duong C C, Steen P V D, et al. 2013. Exploring the potential for wastewater reuse in agriculture as a climate change adaptation measure for Can Rho City, Vietnam. Agricultural Water Management, (128): 43-54.

Tsvetsinskaya E A, Mearns L O, Mavromatis T, et al. 2003. The effect of spatial scale of climatic change scenarios simulated maize, winter wheat, and rice production in the southeastern United States. Climatic Change, (60): 37-71.

Urban D, Roberts M J, Schlenker W, et al. 2012. Projected temperature changes indicate significant increase in interannual variability of U. S. maize yields. Climatic Change, (112): 525-533.

van Meijl H, van Rheenen T, Tabeau A, et al. 2006. The impact of different policy environments on agricultural land use in Europe. Agriculture Ecosystems Environment, 114(1): 21-38.

van Vuuren D P, Eickhout B, Lucas P L, et al. 2006. Long-term multigas scenarios to stabilize radiative forcing-Exploring costs and benefits within an integrated assessment framework. Energy Journal, (Special Issue): 201-234.

Villegasa J R, Jarvis A, Läderach P. 2013. Empirical approaches for assessing impacts of climate change on agriculture: the EcoCrop model and a case study with grain sorghum. Agricultural and Forest Meteorology, (170): 67-78.

Walker N J, Schulze R E. 2008. Climate change impacts on agro-ecosystem sustainability across three climate regions in the maize belt of South Africa. Agriculture, Ecosystems and Environment, (24): 114-124.

Wang Y Y, Hung J K, Wang J X. 2014. Household and community assets and farmers' adaptation to extreme weather event: the case of drought in China. Journal of Integrative Agriculture, 13(4): 687-697.

Yang J P, Ding Y J, Chen R S, et al. 2004. The Fluctuations of dry and wet climate boundary and its causal analyses in China. Journal of Meteorological Research, 18(2): 211-226.

Zhang D, Wang H, Li D, et al. 2019. DSSA T-CERES-Wheat model to optimize plant density and nitrogen best management practices. Nutrient Cycling in Agroecosystems, 114(1): 19-32.

Zhang G L, Dong J W, Zhou C, et al. 2013. Increasing cropping intensity in response to climate warming in Tibetan Plateau, China. Field Crops Research, 142: 36-46.

Zhang Q, Zhang W, Li T, et al. 2017. Projective analysis of staple food crop productivity in adaptation to future climate change in China. International Journal of Biometeorology, 13(3): 577-587.

Zhang Z, Wang P, Chen Y, et al. 2014. Spatial pattern and decadal change of agro-meteorological disasters in the main wheat production area of China during 1991-2009. Journal of Geographical Sciences, 24(3): 387-396.

Zhou Z Y, Sun O J, Huang J H, et al. 2007. Soil carbon and nitrogen stores and storage potential as affected by land use in an Agro-pastoral ecotone of northern China. Biogeochemistry, 82: 127-138.

Zinyengere N, Crespoa O, Hachigonta S. 2013. Crop response to climate change in southern Africa: a comprehensive review. Global and Planetary Change, (111): 118-126.

第 2 章　中国农业气候变化的适应性问题

目前，由温室气体增加引起全球气候变暖已经成为不争的事实。农业部门对气候变化最为敏感，也是全球气候变化影响下最为脆弱的部门，其受到日益严重的极端气候事件(如干旱、暴雨、冰雹和作物病虫害等)的影响。农业系统的稳定和服务功能的健康发挥不仅可以确保粮食安全，而且对于人类生存和经济社会可持续发展具有现实和长远意义。采取应对气候变化的适应行为，可以在一定程度上减缓气候变化对农业的不利影响，增强农业生态系统可持续发展的能力。因此，农业对气候变化的适应性问题成为目前学术界最为关注的热点问题之一。

中国作为一个拥有 14 多亿人口的大国，是粮食生产与消费大国。为了减缓气候变化对中国农业的不利影响，提高农民和农村地区适应气候变化的能力，中国政府对农业适应性问题给予了高度的关注，并颁布了一系列的农业适应性政策。例如，2011 年发布的《适应气候变化国家战略研究》报告，提出了农业适应气候变化的重大问题、重点任务与行动方案。2013 年 11 月，国家发展和改革委员会等九部委联合制定的《国家适应气候变化战略》则对"农业发展地区"的适应任务进行重点阐述。2017 年 10 月，《中国应对气候变化的政策与行动 2017 年度报告》出台多项提高农业领域适应能力的措施。希望借此可以引导公众减缓气候变化对农业的负面影响，促进农业可持续发展、农户增收。本章首先阐述农业适应性概念，然后对中国农业适应性主要内容进行了综合回顾和评述，指出了中国农业适应性存在的问题及展望。

2.1　农业适应性概念

2.1.1　适应性概念演变

目前，"适应性"为气候变化领域的常用热点词。该词最早起源于自然科学，尤其在进化生物学中最为常用。自然科学领域中，并未做出关于"适应性"的统一定义。广义上讲，"适应性"是指组织或者系统形成和发展某种基因或者行为特征，以应对环境变化、增强其生存和繁殖能力(Futuyama，1997；Winterhalder，1980；Hiroaki，2002)。人文系统中，人类学家和文化生态学家 Steward(1990)最早使用"文化适应性"一词，用来描述通过生存活动，调整文化核心(Cultural Cores)，以适应自然环境。O'Brien 和 Holland(1992)定义了文化领域的"适应性进程"，即人们采取新的和改进的方法应对文化环境。Denevan(1983)认为，"文化适应性"是应对物理环境变化或内部激励变化时，人口、经济和组织发生变化的过程。社会科学领域中，最初"适应性"关注文化继承或者存活，是指在历史变化环境中，通过文化实践而产生行为选择结果。近年来，社会研究者认为，适应性可以从行为和技术创新的视角加以理解，能够快速随社会变化而调整的文化通常被认为具有高的"适应能力"（Adaptability）（Denevan，1983）。而政治生态学领域所谓的"适应性"通常是含蓄的。生态系统和政治经济之间的关系，经常被作为与政治、社会权利、资源利用和全球经济相关的风险适应性管理的议题（Walker，2005）。例如，与权利和粮食安全相关的适应性被认为是人们获取和利用资源的能力。

气候变化领域，对适应性的分析是随着对气候变化问题本身认识的加深才出现的。IPCC（1990）第一次评估报告并没有讨论适应性的问题，仅关注减缓气候变化的研究和政策，旨在减轻温室气体排放。IPCC（1996）第二次评估报告简单讨论了与技术相关的"适应性选择"（Options for Adaptation）。之后，"适应性的决定因素"（Determinants of Adaptation）在 IPCC（2001）第三次评估报告中得到详细的阐述，包括经济资源、技术、信息、设施、组织和公平等因素。同时，评估报告明确定义气候变化的"适应性"是指"通过生态、社会，或者经济系统的调整，来应对已存在及未来气候刺激和效应影响，包含进程、实践和结构变化、减缓潜在的损失，或者从气候变化相关的机遇中获利，强调调整和改革的结合"。IPCC（2007）第四次评估报告中关于适应性定义的核心与 IPCC 第三次评估报告中的概念基本一致，认为"适应性"是指"应对已经存在或者预期发生的气候突变或者效应，减少其损害或者利用其机会，自然或者人为系统做出调整。识别各种类型适用性，包括预期的、自发的和规划的适应性"。IPCC（2014）并没有对适应性给予新的定义，而是进一步明确阐述了适应性选项需求（Noble et al.，2014）、评估方法（Mimura et al.，2014）、规划执行（Chambwera et al.，2014）、适应性经济（Klein et al.，2014），以及未来的潜力和限制（Klein et al.，2014）。

2.1.2　农业适应性

农业为受气候变化影响显著的部门，分析农业生产的适应性是气候变化研究中的重要部分，特别是考虑到中国农业与气候变化的复杂关系，开展中国农业适应气候变化研究势在必行。当前已有很多学者从农业生产各个方面对气候变化下农业适应性的概念和内涵进行了探讨。《联合国气候变化框架公约》（UN Framework Convention on Climate Change，UNFCC）认为，农业生产适应气候变化的目的是确保农业生产正常进行和农业产量稳定，使人们免于饥饿或者陷入贫困中，维持社会经济系统的可持续运行。基于该目的，适应性可以理解为一个家庭为了生计利益做出改变来确保在变化的环境条件下食物安全和收入稳定的能力（Panda et al.，2013）。王志强等（2013）认为，农业旱灾适应性是农户在长期的生产生活中总结经验，不断调整自身行为，在原有环境下采取措施适应旱灾，进而规避、转移、降低灾害风险，保证农户正常生活的一种能力。另外，适应性也可以理解为国家制定合适的公共政策降低极端气候事件或长时段气候变化的易损性（Burton，1996；Baker et al.，2012）。蔡运龙（1996）认为，农业适应性包括两个方面：一是农民与农村社区在面临气候条件的变化时会自觉地调整他们的生产实践；二是政府有关决策机构在面临气候变化可能带来的减产或者新机会时调整农业结构，以尽量减少损失和实现潜在效益。因此，农业生产适应性涉及两个方面：一是农作物自身对光、温、水等自然气候条件的适应；二是农业生产的相关主体，采用"自上而下"政策支持和"自下而上"自发适应相结合的方法，应对已经存在或者预期发生的极端气候事件和长期的气候变化，以减弱其对农业的损害或者利用机会确保农业正常生产。可见，对农业生产适应性关注的目的在于确保气候变化下农业产量稳定或有所提高，同时增加农民非农业收入，确保农民生计安全。

基于 IPCC(1996，2001，2007)三次评估报告对适应性问题的阐述，不同学者结合本国实际对气候变化适应性和农业适应性概念做了进一步的阐释。Bassett 和 Fogelman (2013) 将适应性分为调整适应性 (Adjustment Adaptation)、改革适应性 (Reformist Adaptation) 和变革适应性 (Transformative Adaptation)。其中，调整适应性强调气候变化影响是脆弱性的主要原因，而不考虑社会因素，认为由个人组成和政府管理的社会处于一个均衡状态，在气候扰动下其将变得不均衡。可以通过风险管理措施，对新的气候条件进行调整适应，使社会重新达到期望的均衡状态。改革适应性，强调社会和政治原因造成的脆弱性。通过增加跨部门的协作和构建公共安全网络来适应气候变化 (Agrawal and Perrin，2009)。变革适应性，关注在不同的政治经济环境框架下，考虑脆弱性的原因，进行脆弱性分析 (包括脆弱性产生的过程和修复方法)，作为适应性规划的基础。其强调脆弱性的多重原因和社会变革 (政治体制改变) 的根本性需求 (Ribot，2010)。脆弱性原因包括本地社会经济不平等，以及权利和贸易不平等。而政治生态学关注可持续适应性的概念和实践 (Forsyth and Walker，2008；Peet et al.，2011；Zimmerer and Bassett，2003)，认为对脆弱性研究的思考将会影响适应性的开展。同时，适应性政策将受到风险和脆弱性概念形成的制约。Eriksen 和 Brown(2011) 提出"可持续适应"的概念，Adger(2006) 提出公平适应的概念，它们强调以社区为基础的适应可以搭建起社会经济发展与减少脆弱性风险之间的桥梁。

综上，本书认为，农业适应性为在农业领域，采用"自上而下"政策支持和"自下而上"自发适应相结合的方法，应对已经存在或者预期发生的气候突变，减弱其对农业损害，且利用气候有利影响确保农业正常生产。

2.2　中国农业适应性主要内容

2.2.1　农业适应性影响因素

气候变化造成全球地表平均气温升高和全球降水模式改变，进而带来一系列的生态和环境问题，包括极端气候事件增加、自然灾害加剧、生态系统退化、水资源短缺、干旱化加剧和水土流失扩大等方面的问题。农户适应性措施在一定程度上可以减轻气候变化对农业的影响。因此，了解农民对气候变化的响应，对于评估气候变化的影响以及理解适应性进程、制定目标明确的适应性政策和措施十分重要。

国外学者的研究证明，受教育水平、年龄、收入、信贷、气候信息了解程度、社会资本和温度等均影响农民的适应性措施的选择 (Deressa et al.，2009)。Wheeler 等 (2013) 认为，确信发生气候变化的地区的农民，更倾向于规划未来的适应性措施，即气候变化信仰和采取适应性措施之间的关系经常是内生的。

我国幅员辽阔，地势西高东低，从南向北存在多个不同的气候带。因此，气候变化的影响存在区域间的差异。对于不同的区域来讲,气候变化所带来的生态和环境问题的表现亦存在差异。另外,由于各地区所处的自然地理环境的不同,其光、温、水、热、土的性质和组合存在空间上的差异。农业生产区的农作物种植品种、结构和农耕文化亦存在空间异质性。因此,影响农业适应性的因素在不同的粮食主产区表现不一致。

对于干旱区的农户而言,影响其适应性的因素主要包括户主性别、从事农业时长、受教育年限、家庭收入、信贷、社会网络关系、政府灾害预警信息服务、距离水源地远近以及温度、降水等(谭灵芝等,2014)。其中,农户从事农业时间越长,生产经验越丰富,越愿意采取适应性措施。受教育程度越高的农户(初中以上文化水平)对气候变化的负面影响认知越清楚,气候变化风险意识越强,越易于通过调整作物品种和耕种技术的方式来适应气候变化。采取适应性措施需要一定的经济支持。所获取资本越多的农户,往往越具有更多的选择权及较强的处理胁迫和冲击、发现和利用机会的能力(Bebbington,1999;Koczberski and Curry,2005)。所以,家庭收入越高,越容易获取信贷的农户更倾向于采用新技术或者通过增加投资的方式应对气候变化的不利影响。社会网络关系较为复杂的农户与外界的交流颇多,便于气候变化信息、政府灾害预警信息和政策信息的传播,也易促使其采取适应性措施。干旱区的农业是以水定地,水资源的丰缺对于当地农业农户的生产生活造成极大的影响。距离水源地远近是影响农户适应性决策的重要因素(谭灵芝等,2014)。距离水源地越远的农户,其受干旱等极端自然灾害的危害越严重,这些农户越愿意改良作物品种、种植结构或者增加灌溉设备。另外,气温越高、降水越少的情形下,农户为了避免极端高温和干旱的双重影响,也越愿意采取适应性措施应对气候变化。

然而,在小麦种植区,如山东德州,吕亚荣和陈淑芬(2010)发现,年龄、家庭收入、受教育程度和政府的农业补贴政策均对农户是否采取适应性行为无显著的影响。而令人感兴趣的发现是,当地农户对气候变化的态度是影响农户是否采取适应性措施的重要因素,认识到气候变化对农业影响重要性的农户更倾向于采取适应性行为。态度决定行动,已有研究也证实了农户对气候变化的认知、态度是影响其采取适应性决策的重要因素(崔永伟等,2012;Huang and Wang,2014;Wang et al.,2014;吕亚荣和陈淑芬,2010)。

在南方水稻种植区,朱红根和周曙东(2011)以江西省水稻种植区的农户为研究样本,发现户主性别、年龄、文化程度、可借款人数、来往亲戚数、赶集频率、看电视频率及气象信息服务等因素对农户气候变化适应行为有显著影响。提高农户文化程度、增加农户社会资本、加大气候变化信息宣传均有利于激发农户采取适应性措施。吴婷婷(2015)认为,种植规模越大的农户,越重视水稻种植所产生的效益,越愿意采取适应气候变化的措施。类似地,拥有较高社会资本的农户倾向于采取更多类型的气候变化适应性措施。受教育年限、社会资本、气象信息服务、农技服务与农户气候变化适应性行为之间均呈正相关关系。

对于全国而言,Chen等(2013)在中国六省(吉林、河北、安徽、浙江、四川、云南)开展大规模实地调研,根据统计数据分析得出,在抵御干旱时,政府灾前和灾后的灾害信息服务、技术、资金的支持均可以显著促进农户采取适应性的措施应对干旱事件,而家庭规模、年龄、受教育程度和家庭收入对其无显著影响。

另外，冻灾是指气温骤降(或极端低温)对生产及生活造成不利影响的现象，是影响我国农业生产的三大自然灾害之一。因此，国内外研究者对于如何提高应对冻灾等极端天气事件的适应性能力给予了充分的关注。张紫云等(2014)基于全国 6 个省份的大规模调研数据分析发现，政府等机构提供的灾前和灾后的预警信息与抗灾支持均对农户采取适应性措施起到正向作用。另外，家庭财富、是否参与农合、所在村经济发展水平以及当地的地理位置、地形情况则对农户的适应性决策具有正向影响。

综上，影响农户对气候变化适应的因素可归结为三类：农民自身的属性特征(对气候变化认知、家庭规模、收入构成、受教育水平、社会关系、土地拥有量和种植类型规模等)，社会因素(如政府农业保险政策、法律法规、资金支持项目、气候变化信息的提供和宣传教育等)，自然因素(如土壤类型、地形地貌、气温、降水和极端天气事件等)。但是，在不同的农业种植区，其影响因素所起到的作用又存在空间上的差异。

2.2.2　农业适应性措施

尽管各种农业适应性措施的效果优劣存在争议，但面对极端天气事件和气候变化的影响，国家、地方政府、农户和其他农业团体已经从多角度采取各种适应性措施来应对气候变化的负面影响。1994 年，国务院颁布《中国 21 世纪议程——中国 21 世纪人口、环境与发展白皮书》，首次提出要"采取适应性措施"的政策，并确定研究"适应气候变化应该采取的对策"。之后，通过发布一系列的报告和文件，如 2007 年发布的《气候变化国家评估报告》和《中国应对气候变化国家方案》，2013 年国家发展和改革委员会等九部委联合制定的《国家适应气候变化战略》，以及连续多年发布的《中国应对气候变化的政策与行动》，对农业适应气候变化中存在的重大问题、重点任务和应对策略措施给予了详细的阐述。

我国幅员辽阔，环境复杂多样，各地气候条件和未来气候变化的趋势存在不同，以至于气候变化的影响具有显著的区域特点。此外，各地区的社会经济发展水平也存在巨大的差异。因此，不同区域对气候变化的响应和所采取的适应性措施也存在地区差异显著的特点。

东北地区是中国最大的商品粮基地和农业生产最具发展潜力的地区之一，同时也是中国重要的工业和能源基地。东北地区位于北半球的中高纬度，是我国纬度最高的地区，也是世界著名的温带季风气候区，还是典型的气候脆弱区和受气候变暖影响最为敏感的地区之一。研究表明，近百年来，东北地区表现出明显的增温趋势，且年降水量呈现出逐年减少的特点(孙凤华等，2006)。另外，夏季降水量较冬季减少明显，1990 年以来日渐严重，年内季节性降水量波动性较大。温度升高，土壤含水量下降，加剧了东北地区干旱和水资源供给不足的矛盾(谢立勇等，2009)。

气温和降水的变化导致了近 30 年来东北地区的种植结构发生了改变。小麦种植比重下降，玉米和水稻种植比重增加，形成了以玉米、水稻和大豆为主的粮食作物种植结构。由于气温升高，东北地区冬小麦种植北界向北可移至大约 42.5°N(谢立勇等，2002)。气候变化除了改变作物的种植范围和种植界线外，也使得作物的产量发生变化。研究表明，20 世纪 90 年代黑龙江的水稻单产较 80 年代增加 42.7%，气候共享率为 23.2%～28.8%。

以 1970～1982 年为基准时段，90 年代气候变暖对松嫩平原玉米增产的贡献率相对于 70 年代和 80 年代分别增加了 17.98%和 26.78%(张建云等，2007)。气温升高有利于某些病虫害越冬、发生和流行，如稻田里的稻瘟病、细菌性褐斑病和胡麻斑病成为危害严重的常发性病害。另外，气温升高、降水减少以及重工业基地用水量激增，加剧了东北地区农业用水的紧张。更严重的是，缺水使湿地面积缩小，生态环境遭到破坏。

因此，为了减少气候变化对东北地区粮食产量的影响，提高农业生产的效益，东北地区依据气温和降水的特点，所采取的适应性措施主要包括：调整主要粮食作物的种类、品种和布局；推广农业节水技术。例如，为了充分利用温度增高、热量资源丰富的优势，黑龙江增加水稻种植的比例，减少小麦种植面积。松嫩平原地区，由于玉米生长期提前而多选用一些中晚熟玉米品种。针对水资源不足的问题，东北各个地区通过开展农业节水技术来满足农业用水需求，如输水系统节水技术、田间灌溉节水技术、田间农艺节水技术、化学节水技术、管理节水技术等。

华北地区包括北京、天津、河北、内蒙古、山西、山东和河南 7 省(自治区、直辖市)，共有耕地面积 3630.2 万 hm^2，占全国耕地总面积(13003.8 万 hm^2)的 27.9%，其中灌溉耕地面积为 1678.4 万 hm^2，占耕地面积的 46.4%(王长燕等，2006)。华北地区属暖温带半湿润大陆性季风气候区，光热资源丰富，水资源不足是该地区农业持续发展最主要的限制因素。粮食作物以冬小麦、夏玉米为主，一年两熟，兼有水稻、豆类和薯类等，经济作物以棉花为主，是我国重要的粮棉生产基地之一。近百年来，华北地区升温明显，降水逐渐减少，呈现出暖干化趋势(秦大河，2002)。暖干化所带来的水资源供应不足成为华北地区制约农业发展的主要因素，不仅使作物(小麦、玉米和棉花)减产，而且使作物的品质降低。例如，白莉萍等(2002)利用模拟气候变化的实验装置系统[半开放式 CO_2 浓度梯度大棚(CGC)]，研究了大田条件下温度和 CO_2 浓度增加对冬小麦品质性状的影响，结果表明，面粉蛋白质含量随 CO_2 浓度增加明显下降。

所以，华北地区通过调整作物熟制、复种指数、种植日期来应对气候变暖的不利影响。对于水资源短缺的问题，主要采用农业节水、保水技术予以解决。废弃土渠输水、大水漫灌的传统灌溉方式，采用滴灌、喷灌、管道灌溉等。合理安排灌溉制度，在满足作物关键生长期蓄水量的同时减少灌溉次数(王长燕等，2006)。另外，推广集水保水技术，有效利用华北地区夏季降水量。例如，平原区可采取田间方格种植、沟垄覆盖种植等方式增加水分入渗；利用洼地蓄水，修建集雨沟、水窖、塘坝等收集雨水。

长江中下游平原位于 110°E～122°E，28°N～34°N，为长江三峡以东的中下游沿岸带状平原，北接淮阳山，南接江南丘陵，地势低平，东面临海，处于暖温带和南亚热带之间，面积约 20 万 km^2。由于气候温暖湿润，光照充足，热量丰富，农业多为一年两熟或三熟，盛产稻米、小麦、棉花、油菜、桑蚕丝和黄麻等。近百年来，该地区四季平均气温均呈增加趋势(任国玉等，2000)，年降水日数显著减少(梅伟和杨修群，2005)，另外，日照时数、蒸发皿蒸发量、参照蒸发量和实际蒸发量均表现出明显减少趋势(王艳君等，2005；任国玉等，2005；高歌，2008)。

李勇等(2010)在综合分析长江中下游地区农业气候资源时空变化特征的基础上，提出应对该地区气候变暖的适应性措施，包括大力增强农业防灾抗灾减灾和综合生产的能力；适当调整品种和熟制布局稻作制度；改善灌溉条件，努力培育生育期较长的耐热和耐旱新品种，加大对优良品种的推广力度，提高良种覆盖度(葛道阔等，2002)和制定有效的农业扶持政策。另外，IPCC 排放情景特别报告(SRES)中的 A2 和 B2 方案，将基于区域气候模式 PRECIS 构建的气候变化情景文件与水稻生长模型 ORYZA2000 结合，模拟结果显示，不考虑 CO_2 肥效作用时，随着温度升高，水稻生育期缩短，产量下降(杨沈斌等，2010)。SRES A2 情景下，水稻生育期平均缩短 4.5 天，产量减少 15.2%；SRES B2 情景下，平均缩短 3.4 天，产量减少 15%。其中，水稻减产达到 20% 以上的区域集中在安徽中南部、湖北东南部和湖南东部地区。所以，20 世纪 80 年代以后，长江中下游平原的早晚双季稻普遍改为稻—麦(稻—油)两熟制。双季稻改制，避开了高温热害等灾害胁迫。另外，由于热量资源的增多，双季稻的种植界线可向北扩展。

　　西北地区包括陕西、甘肃、青海、宁夏、新疆和内蒙古最西部，大体位于大兴安岭以西，昆仑山—阿尔金山、祁连山以北。西北地区降水量从东部的 400mm 左右往西减少到 200mm，甚至是 50mm 以下，属于干旱半干旱气候。近 50 年来，西北地区气温变化表现为一致的增温趋势，1961~2008 年西北地区的年平均气温每 10 年升高了 0.33℃，其中，冬季升温更为显著，达到每 10 年增加 0.47℃(张强等，2008)。降水量的空间差异性突显，新疆北部、祁连山区和柴达木盆地等地区降水量增加，甘肃河东地区、青海东部、陕西、宁夏等地区降水量明显减少。干旱是西北地区最为严重的自然灾害。在气候变化的影响下，该地区的干旱面积呈急剧增大趋势。所以，在西北地区，为了充分利用水资源，减缓气候更为暖干化带来的干旱缺水状况，该地区多采用耗水作物与抗旱作物轮作模式，另外，扩大耐旱作物糜、谷、马铃薯、胡麻、豆类等作物的种植面积(张强等，2008)。

　　综上，农业"适应气候变化"的措施包括三个方面：一是从作物种植和生长的角度，通过调整作物种植制度、作物布局结构和品种布局结构来应对气候变化的负面影响。二是调整农业技术管理措施来适应气候变化。例如，采用保护性耕作技术促进降水高效利用；改善灌溉系统和技术，开发节水高效种植模式和配套节水栽培技术；新建或修葺已有农田水利基础设施等。三是面对气候变化的挑战和机遇时，在政府的主导下，制定切实有效的政府农业资助和保险项目，有计划地指导农业开展适应性活动，尽量利用气候变化的有利机会，减少气候变化的损失。

2.2.3　农业适应性评估

　　面对气候变化对农业带来的影响,世界各国已经采取了各种各样的农业适应性措施。适应性措施的效果如何？怎样对适应性措施的效果进行评估？进而选择最适宜的农业适应性策略则显得十分重要。早期，气候变化影响性评估的研究并没有考虑适应性。然而，随着适应性对减缓气候变化重要性的突显，其才逐步作为气候变化影响评估的重要方面(IPCC，2001，1996；Reilly，1995)。农业适应性的评估主要分为两个方面：基于气候变化和作物产量模型的评估、基于决策支持系统的评估。

　　早期，气候变化评估模型仅仅专注于气候变化对作物产量的影响(Hulme and Parry，1998)，忽略了社会、经济环境变化和人类决策对其的影响。气候变化评估模型假设适应

性是部分农业生产者和整个系统对平均温度和湿度情况变化的响应(Moriondo et al.,
2010)。Webb和Stokes(2012)以澳大利亚的牧场研究为例，在考虑人为适应性战略的前
提下，将作物产量模型和适应性措施选择相结合，进行气候变化影响性和适应性方案评
估。Claessens等(2012)基于实验数据、模型数据和社会经济数据，将自然模型和社会经
济模型相结合，准确、及时地模拟不同气候变化背景下各种适应性策略的经济、环境和
社会效果。但是，该类模型以大尺度的生物、物理和社会经济统计数据为基础，获得宏
观角度的结论，而缺乏对微观家庭层面的农户或者农户团体适应性策略的评估。

　　另外，一个集成自然、经济、社会因素的决策系统框架，可以提供适应性数据库和
分析工具，整合气候变化场景，这些对于农业研究和适应性规划相当重要。德国开发的
LandCare DSS[决策支持系统，有公众用户访问的网络版(Wenkel et al., 2013)和供专家使
用的桌面版]，将区域栅格尺度气候信息、土地利用变化、气候影响模型、社会经济边界
条件相结合，形成空间上位置具体的气候影响场景。而其网络版允许公众进行整个德国
气候指标分析和区域场景的典型空间分析。另外，国外学者构建专家决策支持系统，采
用多准则决策分析方法，对农户适应性策略的可行性和有效性进行评估(Kamal and
Dlamini, 2017)。

　　在国内，Huang等(2015)提出参与式评估方法框架，将其和气候适应性政策评估框
架相结合，多方相关利益主体可以参与其中，通过层次分析法或者多标准决策支持技术
来识别具有优势的适应性措施，进而改善湿地生态系统和增强区域在气候变化下可持续
发展的能力。有效的适应性策略是降低农户脆弱性、增强其可持续发展能力的关键。国
内多关注农业适应性策略或者对策提议，缺乏在具体的气候变化场景和社会场景中的系
统检验，另外，对农业适应性策略的评估研究几乎处于空白。

2.2.4　农业适应性相关利益主体及实践

　　气候变化不仅影响作物的生长过程和最终产量，而且会进一步影响农民的收入、人
类的食物来源等。因此，关注农民的生计、确保农民的生计安全是当前农业生产适应气
候变化的重要出发点和目的。按照涉及的相关利益主体，可以将基于农民生计的农业生
产适应性研究划分为农户认知与适应实践、政府支持与适应规划、其他相关利益主体与
适应行动。

1. 农户认知与适应实践

　　农户对气候变化的认知以及做出的反应是农业生产适应气候变化的基础，很多学者
已关注到农户在适应气候变化中的关键作用(云雅如等，2009a；靳乐山等，2014；Zhai et
al.，2018)。对农户认知与适应实践分析，多是通过实际调查的方式，分析农户对气候变
化的认识以及已经采取或者可能采取的行动，评价农户对农业生产适应气候变化的推动
作用。相关工作已在亚洲、南美洲、北美洲和非洲等地区广泛开展。

　　在受气候变化影响显著的南亚和东南亚农业区，孟加拉国的农户已经认识到过去这
些年气候变化导致干旱灾害的强化，并且威胁到农业发展和农民的生活与健康，而且农
户已经通过农业经济管理、作物强化、水资源利用等措施适应干旱(Habiba et al., 2012)。

Jain (2011) 认为，印度北部农区的农户在改变作物模式来匹配未来新的气候模式方面有一定的能力，这源于当前农民已经根据季风开始时间调整作物种植日期抑或进行灌溉。越南农户虽然十分关注当地的气候变化问题，但是在获取适应气候变化信息方面十分有限，也较难理解适应性对他们生计的重要性，存在明显的适应障碍 (Le Dang et al., 2014)。马来西亚西北部大多数农户对气候变化和易损性没有清晰的认识，农户对气候变化的适应实践最多是基于他们自己的常识 (Alam et al., 2012)。不过 Nkomwa 等 (2014) 认为，地方社区农户可以认识气候和周边环境的变化，社区农户可以根据他们的地方知识系统来适应变化的农业系统，部分抵消气候变化的不利影响。

在中国，云雅如等 (2009a) 对东北地区农户进行调查分析后发现，由于受到对气候变化认知偏差和农户自身思维定式等因素的影响，农户适应气候变化的行为决策过程会产生较多的非理性行为，无法很好地利用气候变化的机遇，导致适应行为与气候变化之间存在时滞现象。86%的农户家庭已经采取适应措施保护作物生产，大多数农户采取改变农业生产投入、调整种子或收获日期等非工程措施保护作物生产 (Huang et al., 2014)。根据中国南方三个省的调查数据，可知一些农户已经使用了一些物理适应措施应对干旱，采取适应措施的家庭较没有采取适应措施的家庭收获更高的作物产量 (Wang et al., 2014)。在应对极端天气事件如干旱和洪水方面，农户通过增加多种作物种植响应极端天气事件，不过他们种植多种作物的响应决策明显受到他们多年前经历的极端天气事件的影响。同时，农户的年龄和性别等家庭特征也影响农户对作物多样化策略的决策 (Huang et al., 2014)。赵雪雁和薛冰 (2016) 基于个人主动适应气候变化的社会认知模型 (Model of Private Proactive Adaptation to Climate Change, MPPACC)，分析了农户的气候变化感知对其适应意向的影响。结果发现，气候变化风险感知、适应功效感知促使农户产生积极适应意向，而适应成本感知促使其产生消极适应意向。雒丽等 (2017) 基于 MPPACC，采用问卷调查的方式，研究了高寒生态脆弱区农户的气候变化感知，发现客观适应能力、气候变化信息、社会话语信任度对农牧户的气候变化风险感知及适应感知有显著的正向影响。

在美洲，对哥斯达黎加农户进行实际调查发现，超过 85%的人群高度关注气候变化，认为气候变化可以导致水短缺、热浪、食物短缺和贫穷 (Chen et al., 2013; Bryan et al., 2013)，但是当前个体对气候变化的适应能力尚且较低，其采取的减缓和适应行为也是为了提高收入 (Vignola et al., 2013)。Eakin 等 (2014) 发现，墨西哥、危地马拉、洪都拉斯和哥斯达黎加四个国家的农户为了生计已经在灵活适应变化的环境。例如，墨西哥培育和种植地方玉米品种便是一个较好的适应策略 (Mercer et al., 2012)，巴西农民共同保护适应气候的地方品种是应对气候变化的有效措施 (Vasconcelos et al., 2013)。从种植结构调整看，美洲一些国家农户会倾向于放弃对玉米、小麦和马铃薯的种植，改种南瓜、水果和蔬菜，以确保生计的稳定和适应气候变化 (Seoa and Mendelsohn, 2008)。

在美国，农户对气候变化认知的障碍是阻碍减少施肥、减缓气候变化策略实施的主要原因 (Stuart et al., 2014)。关注气候变化影响并将气候变化归因于人类活动的艾奥瓦州农户在适应和减缓管理策略中有更积极的态度 (Arbuckle et al., 2013)。对加利福尼亚地区农户进行实际调查发现，以下三个假设均成立：感知的气候变化风险对农业响应气候变化风险有直接的影响，先前的气候变化实践将会影响农户的气候变化认知与气候政策风险响应，过去的环境政策实践将会更加强烈地影响农户的气候变化信念、风险和气候政策对风险的响应(Niles et al., 2013)。不过，对于该区域北部葡萄种植者而言，只有他们在面对严重的、不熟悉的害虫和疾病时才倾向于集体响应压力，通常是种植者单独响应压力(Nicholas and Durham, 2012)。在法国西南部，非灌溉或较难灌溉农户认为他们当前的作物系统已经适应了气候变化，他们不认为在未来气候变化情景下会存在危险。灌溉区农户则倾向于放弃气候敏感作物种植，或者重新规划作物系统(Willaume et al., 2014)。

对于非洲地区，教育水平、性别、年龄和户主的财富、可否获得贷款、气候信息、社会资产、农业生态设置和温度影响着埃塞俄比亚农户的选择，他们主要的障碍是不懂适应方法和资金的限制(Deressa et al., 2009)。加纳农户也已经意识到温度和降水的变化，并开始调整他们的农业实践，明确了较坏的管理实践和气候变化之间的相互影响(Klutse et al., 2013)。但是在肯尼亚，很少有家庭调整农业实践，尤其是改变种植决策来响应气候变化，对灌溉进行投资的家庭更少(Bryan et al., 2013)。在中亚，哈萨克斯坦农户对气候变动和干旱的认知与获取的气候数据信息线性相关。他们已经在农业和非农业方面采取一些措施来应对干旱，包括作物和水管理实践、调整农业投入、寻找非农业职业补偿、资产评估、减少消费、借贷和迁移到其他地方寻找可替换收入来源等(Ashraf and Routray, 2013)。

2. 政府支持与适应规划

政府有责任增加农户收入、稳定农户生计和确保农业正常生产，政府在农业生产适应气候变化的过程中发挥着至关重要的作用。当前政府对提高农户生计、实现农业生产适应可以开展的措施主要是给农户与农作物种植提供有利的环境，即政府可以从信息、政策和基础设施三大方面促进农业生产适应气候变化。Matthews 等(2013)认为，政府可以制定适应性规划，给农户提供气候变化对作物品种、物候等影响的信息，通过支持公共研究促进农业生产相关技术的开发，从灌溉、市场等入手完善基础设施，以应对变化的环境。在《中国应对气候变化的政策与行动 2020 年度报告》中指出，国家在农业领域采取的适应气候变化的行动包括：以粮食生产功能区和重要农产品保护区为重点，以土地平整、土壤改良、灌溉排水与节水设施等为主要建设内容，加强高标准农田和农田水利建设，提高农业综合生产能力。在华北、西北等旱作区建立 220 个高标准旱作节水农业示范区，示范推广水肥一体化、抗旱抗逆等旱作节水技术，提高水资源利用效率。

在气候变化下，很多区域或地方的环境更为脆弱，加之经济社会系统发展相对落后等，当地农户生计和农业生产受到威胁，需要政府为解决适应障碍提供支持：肯尼亚农户在实施改变种植决策、发展灌溉等适应措施方面能力较低，需要政府或其他机构对偏远农村进行投资，确保农业发展来支持家庭制定决策和长时段策略的能力(Bryan et al., 2013)。在马来西亚西北部，政府或国际机构需要对农户进行必要的训练，以便清晰地认识到气候变化的风险和采取适应措施的效益，来避免对国家食物安全的不利影响和实现社会经济的可持续发展(Alam et al., 2012)。对于哈萨克斯坦，政府与相关机构有效地管理水资源、支持农户增加非农业收入、方便农户借贷等是缓解干旱、增加农户生计的必需(Ashraf and Routray, 2013)。由于气候变化威胁着加纳人民主要的食物来源——玉米的生长,政府通过适应管理来增强玉米种植的弹性和灵活性显得尤为重要(Tachie-Obeng et al., 2013)。鉴于越南农户对理解适应性的重要性和较难获取气候变化信息等方面的障碍,以及农户和农业工作人员对适应性理解的差异,Le Dang 等(2014)认为地方政府制定合适的适应政策尤为重要。

Forsyth 和 Evans(2013)强调在泰国实施气候变化风险评估、适应性的社会经济障碍分析等适应性规划的重要性。虽然一些国家或地方的生计没有受到气候变化的严重威胁,不过政府和相关机构为保证农业稳产也在开展一些适应性支持政策,或者一些国家未雨绸缪,根据未来的气候变化模式提出了农业生产适应气候变化的相关规划。Stuart 等(2014)发现,为应对气候变化减少美国农业的施肥量,需要政府补贴、农户教育培训等机制来解决适应障碍。Chen 等(2013)对我国南方六省份开展大规模家庭调查,模拟发现,政府采取发布早期预警信息、灾后服务、技术帮助和资金支持等干旱政策,可以显著提高农户适应干旱的能力,然而目前只有5%的村庄存在从政策支持中获益。

虽然国际上强调地方政府通过气候适应规划来适应气候变化的责任的重要性,但是政府的政策支持和适应规划的效果存在较大的区域差异:英国政府主导的"自上而下"有目标的适应政策已经在一些地区产生积极的行动,这些行动会进一步刺激更多的行动实现新的适应措施的传播(Tompkins et al., 2010)。Baker 等(2012)评价澳大利亚昆士兰地区 7 个与气候变化相关的适应规划后发现,虽然地方政府已经明晰了气候变化带来的影响,但是他们利用气候变化信息来开展地方特色的适应行动规划的能力有限。目前,气候变化下适应性规划或制度多处于设计阶段,而且需要对较大规模基础设施建设进行投资的部门更关注气候变化下的适应性(Tompkins et al., 2010)。不过已有较多研究关注与农业生产和人民生计密切相关的水资源管理研究,认为水资源适应规划是未来减少干旱或抵抗洪水的重要手段(Huntjens et al., 2012; Falloon and Betts, 2010; Lawrence et al., 2013; Vignola et al., 2013)。显然,已有很多人士认识到有关气候变化下农业生产需要政府支持和相关的适应规划,出台针对农业生产的政府相关政策或适应性规划成为必需。

3. 其他相关利益主体与适应行动

市场、社会组织或机构等可以弥补农户和政府在农业生产适应气候变化进程中的盲点,完善农业生产适应性体系的构建。Adger(2001)认为,从全球尺度上看,农业研究的投资和世界市场的介入是合适的适应措施和手段。这源于气候变化对家庭的直接影响——作物产量的提高或下降很大程度上由农业研究投入、农业技术决定,而气候变化对家庭的间接影响——报酬、食品价格和穷人的生计等与市场息息相关。在技术方面,尼日利亚推行的玉米抗旱技术对农业产量、农户收入颇为重要,转基因技术在响应气候变化中也具有较好的优势(Tambo and Abdoulaye, 2012; Mercer et al., 2012)。考虑市场对食物价格的影响后,Skjeflo(2013)认为,到 2030 年受气候变化对玉米产量的影响,马拉维拥有较多土地的家庭会因为玉米价格的上涨获益,但是城市穷人和拥有较少土地的农户因为很大部分收入要用来购买食物而在气候变化下表现出易损性;在印度,市场提供的农作物保险可以促进购买保险的家庭种植更多和更高产的作物，而不用担心作物种植失败带来的损失(Panda et al.，2013)。Eriksen 和 Selboe(2012)认为，挪威非正式的农村社区网络是农户应对气候变化的重要手段，并且这种经营组织形式随着农业大规模、正规化和多样化生产而继续，而且社会创新在社会组织适应性中的效应明显。

2.3　中国农业适应性存在的问题及展望

　　未来全球气候变暖已经成为不争的事实。农业部门对气候变化最为敏感，也是全球气候变化影响下最为脆弱的部门。目前，极端天气事件已经对农业造成极大的损失。在这种情况下，气候变化和农业关系的研究，已经由单纯气候变化影响评估转向农业适应性研究。未来 10 年，甚至整个 21 世纪，农业适应性将成为全球研究的热点问题。目前，农业适应性研究的进展可以概括为：①理论上，提出了农业适应性科学和可持续性适应的观点。农业适应性科学，以问题为主导，不受任何学科的限制，目标在于识别评估威胁、风险的不确定性和机会，产生新的信息、知识和见解，分析气候变化和适应性对农业系统的影响及提高系统的适应能力和性能。农业系统的功能不只在于确保粮食安全，还有其他的稳定社会经济、提供生态服务的功能。所以，应该基于可持续的观点，制定实施农业适应规划和措施。②方法上，由单一的定性定量分析转向综合评估框架和模型。③空间尺度上，由全球尺度向地区、国家、组织机构、企业和农户等不同层面延伸，研究地域涉及发达国家和发展中国家。

　　迄今为止，气候变化条件下，农业适应性的研究尚处于起步阶段。农业系统的稳定不仅可以确保世界的粮食安全，而且对人类生存环境具有重要作用。因此，应对农业适应性的相关问题进行深入的思考和研究。今后的研究应着重解决以下问题：

　　(1)形成农业适应性科学方法体系。农业适应性是一个存在不确定性、风险的复杂问题，需要多学科交叉的解决方法。在现有适应性科学概念、框架、理念的基础上，结合农业领域具体的属性特征和先前的适应性经验，发展形成目标明确、范畴清晰、方法确定、执行性强的农业适应性科学。

　　(2)建立农业适应性的方法论体系。目前，关于农业适应性评估，多耦合经济学模型，且经济学模型繁多，缺乏统一权威的框架。因此，应该结合农业适应性的特征，形成适合多种空间尺度(全球、国家、地区)的集成或者分层次的农业适应性评估框架和模型，且框架和模型要结构清晰，模块和模块之间关系要明确、可操作性强。

　　(3)开展农业适应性决策科学的研究。目前，农业适应性研究大多基于气候变化的事实，提出农业适应性的措施并对其评估。而这些农业适应性措施如何制定、如何有效地开展则缺乏科学的适应性决策系统和完善的工具模型系统支持。另外，农业适应性活动的开展多是基于微观尺度的农户和社团，农户和社团的行为将直接影响农业适应性政策的实施情况和效果。所以对于适应性相关利益主体决策行为过程和影响机制的研究，是未来适应性决策科学的重要研究方向之一。

　　(4)拓展农业适应性评估方法。目前，对于农业适应性的评估均采用经济模型和生物生长模型相结合的方法，该评估一般是通过政府管理者或者专家来完成的。然而，农户是适应性活动的决策者和执行者，他们需要参与到评估的过程中，更深入地了解适应性的效果。因而，需要构建一个开放的系统平台，便于专家、管理者和农户参与到适应性规划、措施制定和实施效果评估的进程中。

国外农业适应性理论、方法研究为中国农业适应性发展提供了广阔的思路和方法论基础，但也存在诸多不足：①农业适应性研究多关注宏观的全球、国家、区域等较大尺度的政策制定和效果评估，而对微观尺度农户的决策行为则研究较少。②农业适应性的研究偏向于方法理念的思考，如农业适应性科学和可持续性适应，缺少方法明确、操作性强的指导。③与农业适应性相关的模型，多耦合于经济系统中，而且内容繁多，对于农业适应性的研究缺乏针对性。

研究表明，农业适应性由所处的地理位置、自然资源、人文环境等因素共同决定。中国各地区自然社会经济情形差异大，不同地区的农业生产类型、种植结构、耕种方式、民俗习惯差异显著，因而在中国研究和开展农业适应性应注重以下几点：

(1)气候变化与农业适应性认知问题。中国疆域辽阔，民族众多，农耕文化历史悠久，经济发展水平南北/东西差异显著。尤其是一些农业生态环境较为脆弱的地区，气候变化对当地农户的生计产生的负面影响较大。面对气候变化的影响，政府需要提供一些关于气候变化或者潜在影响的信息，促使公众增进对气候变化的理解，知道什么是气候变化，其影响是什么，该怎样采取适应措施来减少损失。

(2)农业适应性规划和政策制定。农业适应性问题是一个复杂的、多学科交叉的问题，需要多学科的方法给予解决。结合生态学、经济学、农学、气候变化等学科的知识，构建一个适合中国国情农业适应性的政策框架，以科学的知识为指导，聚合多个相关利益主体(政府、企业、科学家、农业团体和农户)的智慧，制定切实可行的、可持续性的、多种空间尺度的农业适应性规划和措施。同时，采用整体的思路和方法，考虑农业在整个社会中的功能，使其适应性规划满足多个需求(水资源管理、生态系统服务、食物安全)。最后，适应性规划的制定应该考虑未来5～10年的政策和研究需求，如未来气候变化、农业种植模式、农户生计模式，以及未来农业适应性集成评估模型研究。

参 考 文 献

白莉萍, 仝乘风, 林而达, 等. 2002. CO_2 浓度增加对不同冬小麦品种后期生长与产量的影响. 中国农业气象, 23(2): 13-16.

蔡运龙. 1996. 全球气候变化下中国农业的脆弱性与适应对策. 地理学报, 51(3): 202-212.

崔永伟, 杜聪慧, 侯麟科. 2012. 气候变化下农业适应行为的现状及研究进展. 世界农业, (11): 25-29.

高歌. 2008. 1961-2005 年中国霾日气候特征及变化分析. 地理学报, 63(7): 761-768.

葛道阔, 金之庆, 石春林, 等. 2002. 气候变化对中国南方水稻生产的阶段性影响及适应性. 江苏农业学报, 18(1): 1-8.

靳乐山, 魏同洋, 胡振通. 2014. 牧户对气候变化的感知与适应——以内蒙古四子王旗查干补力格苏木为例. 自然资源学报, 29(2): 211-222.

李勇, 杨晓光, 王文峰, 等. 2010. 气候变化背景下中国农业气候资源变化 I. 华南地区农业气候资源时空变化特征. 应用生态学报, 21(10): 2605-2614.

雒丽, 赵雪雁, 王亚茹, 等. 2017. 基于结构方程模型的高寒生态脆弱区农户的气候变化感知研究——以甘南高原为例. 生态学报, 37(10): 3274-3285.

吕亚荣, 陈淑芬. 2010. 农民对气候变化的认知及适应性行为分析. 中国农村经济, 10(7): 75-86.

梅伟, 杨修群. 2005. 我国长江中下游地区降水变化趋势分析. 南京大学学报: 自然科学版, 41(6): 577-589.

秦大河. 2002. 中国西部环境演变评估. 北京: 科学出版社.

任国玉, 郭军, 徐铭志, 等. 2005. 近 50 年中国地面气候变化基本特征. 气象学报, 63(6): 942-956.

任国玉, 吴虹, 陈正洪. 2000. 我国降水变化趋势的空间特征. 应用气象学报, 11(3): 322-330.

孙凤华, 袁健, 路爽. 2006. 东北地区近百年气候变化及突变检测. 气候与环境研究, 11(1): 101-108.

谭灵芝, 马长发, 王国友. 2014. 新疆于田绿洲农户应对气候变化适应性行为选择偏好测量研究. 干旱地区农业研究, (5): 198-205.

王艳君, 姜彤, 许崇育, 等. 2005. 长江流域 1961-2000 年蒸发量变化趋势研究. 气候变化研究进展, 1(3): 99-105.

王长燕, 赵景波, 李小燕. 2006. 华北地区气候暖干化的农业适应性对策研究. 干旱区地理, 29(5): 646-652.

王志强, 马箐, 闫静, 等. 2013. 农业旱灾适应性研究进展. 干旱地区农业研究, 31(5): 124-129.

吴婷婷. 2015. 南方稻农气候变化适应行为影响因素分析——基于苏皖两省 364 户稻农的调查数据. 中国生态农业学报, (12): 1588-1596.

谢立勇, 郭明顺, 曹敏建, 等. 2009. 东北地区农业应对气候变化的策略与措施分析. 气候变化研究进展, 5(3): 174-178.

谢立勇, 侯立白, 高西宁, 等. 2002. 冬小麦 M808 在辽宁省种植区划研究. 沈阳农业大学学报, 33(1): 6-10.

杨沈斌, 申双和, 赵小艳, 等. 2010. 气候变化对长江中下游稻区水稻产量的影响. 作物学报, (9): 1519-1528.

云雅如, 方修琦, 田青. 2009a. 乡村人群气候变化感知的初步分析——以黑龙江省漠河县为例. 气候变化研究进展, 5(2): 117-121.

云雅如, 方修琦, 田青. 2009b. 中国东北农业生产适应气候变化的行为经济学解释. 地理学报, 64(6): 687-692.

张建云, 章四龙, 王金星, 等. 2007. 近 50 年来中国六大流域年际径流变化趋势研究. 水科学进展, 18(2): 230-234.

张强, 邓振镛, 赵映东, 等. 2008. 全球气候变化对我国西北地区农业的影响. 生态学报, 28(3): 1210-1218.

张紫云, 王金霞, 黄季焜. 2014. 农业生产抗冻适应性措施: 采用现状及决定因素研究. 农业技术经济, (9): 4-13.

赵雪雁, 薛冰. 2016. 高寒生态脆弱区农户对气候变化的感知与适应意向——以甘南高原为例. 应用生态学报, 27(7): 2329-2339.

朱红根, 周曙东. 2011. 南方稻区农户适应气候变化行为实证分析——基于江西省 36 县(市)346 份农户调查数据. 自然资源学报, 26(7): 1119-1128.

Adams R M, Ralph J, McCarl B, et al. 2005. FASOMGHG Conceptual Structure, and Specification: Documentation. North Carolina: RTI International.

Adger W N, Vincent K. 2005. Uncertainty in adaptive capacity. Comptes Rendus Geoscience, 337: 399-410.

Adger W N. 1999. Social vulnerability to climate change and extremes in coastal Vietnam. World Development, 27: 249-269.

Adger W N. 2000. Institutional adaptation to environmental risk under the transition in Vietnam. Annals of the Association of American Geographers, （90）: 738-758.

Adger W N. 2001. Scales of governance and environmental justice for adaptation and mitigation of climate change. Journal of International Development, （13）: 921-931.

Adger W N. 2006. Fairness in Adaptation to Climate Change. Cambridge: Cambridge MIT Press.

Agrawal A, Perrin N. 2009. Climate adaptation, local institutions and livestock. Ann Arbor, Michigan: University of Michigan.

Agrawala S, Bose L, Franc E C, et al. 2011. Plan or react? Analysis of adaptation costs and bene-fits using integrated assessment models. Climate Change Economics, 2（3）: 175.

Alam M M, Siwar C, Molla R I, et al. 2012. Paddy farmers' adaptation practices to climatic vulnerabilities in Malaysia. Mitigation and Adaptation Strategies for Global Change, （17）: 415-423.

Antle J M, Capalbo, S M, Elliott E T. 2004. A daptation, spatial heterogeneity and the vulnerability of agricultural systems to climate change and CO_2 fertilization: an in tegrated assessment approach. Climatic Change, 64（3）: 289-315.

Arbuckle J J G, Morton L W, Hobbs J. 2013. Farmer beliefs and concerns about climate change and attitudes toward adaptation and mitigation: evidence from Iowa. Climatic Change, （118）: 551-563.

Ashraf M, Routray J K. 2013. Perception and understanding of drought and coping strategies of farming households in north-west Balochistan. International Journal of Disaster Risk Reduction, （5）: 49-60.

Baker I, Peterson A, Brown G, et al. 2012. Local government response to the impacts of climate change: an evaluation of local climate adaptation plans. Landscape and Urban Planning, （107）: 127-136.

Bashaasha J I. 2014. Application of the TOA-MD model to assess adoption potential of improved sweet potato technologies by rural poor farm households under climate change: the case of Kabale distri ct in Uganda. Food Security, 6: 359-368.

Bassett T J, Fogelman C. 2013. Déjà vu or something new? The adaptation concept in the climate change literature. Geoforum, 48: 42-53.

Beauregard O C D. 2007. AD-DICE: an implementation of adaptation in the DICE mode. Working Papers, 95（1-2）: 63-81.

Bebbington A. 1999. Capitals and capabilities: a framework for analyzing peasant viability, rural livelihoods and poverty. World Development, 27（12）: 2021-2044.

Blaikie P M, Brookfield H C. 1987. Land Degradation and Society. London: Methuen.

Bondeau A, Smith P, Zaehle S, et al. 2007. Modelling the role of agriculture for the 20th century global terrestrial carbon balance. Global Change Biology, 13（3）: 679-706.

Bosello F, Carraro C, de Cian E. 2010. Climate policy and the optimal balances between mitigation, adaptaton and unavoided damage. Climate Change Economics, 1（2）: 71-92.

Brody S D, Zahran S, Vedlitz A, et al. 2007. Examining the relationship between physical vulnerability and public perceptions of global climate change in the United States. Environment & Behavior, 40（1）: 72-95.

Bryan E, Ringler C, Okoba B, et al. 2013. Adapting agriculture to climate change in Kenya: household strategies and determinants. Journal of Environmental Management, (114): 26-35.

Burton J F. 1996. Three farewells to Manzanar: the Archeology of Manzanar National historic site, California Part 3. Western Archeological & Conservation Center,67(3):100.

Calvin K, Wise M, Page K, et al. 2012. Spatial land use in the GCAM in tegrated assessment model// EMF Workshop on Climate Change Impacts and Integrated Assessment. Snowmass, Colorado, USA: Pacific Northwest National Laboratory: 1-30.

Chambwera, Heal G, Dubeux C, et al. 2014.IPCC AR5 Working Group II Chapter 17: Economics of Adaptation. Cambridge: Cambridge University Press.

Chen H, Wang J X, Huang J K. 2013. Policy support, social capital, and farmers' adaptation to drought in China. Global Environmental Change, (24): 193-202.

Claessens L, Antle J M, Stoorvogel J J, et al. 2012. A method for evaluating climate change adaptation strategies for small-scale farmers using survey, experimental and modeled data. Agricultural Systems, 111(3): 85-95.

Denevan W M. 1983. Adaptation, variation and cultural geography. Professional Geographer, 35(4): 399-406.

Deressa T T, Hassan R M, Ringler C, et al. 2009. Determinants of farmers' choice of adaptation methods to climate change in the Nile Basin of Ethiopia. Global Environmental Change, (19): 248-255.

Deryng D, Sacks W J, Barford C C, et al. 2011. Simulating the effects of climate and agricultural management practices on global crop yield. Biogeochem Cycles, 225: 18-26.

Downing T. 1991. Vulnerability to hunger in Africa: a climate change perspective. Global Environmental Change, (1): 365-368.

Eakin H, Tucker C M, Castellanos E, et al. 2014. Adaptation in a multi-stressor environment: perceptions and responses to climatic and economic risks by coffee growers in Mesoamerica. Environment Development and Sustainability, (16): 123-139.

Edmonds J, Wise M, Pitcher H, et al. 1997. An integrated assessment of climate change and the accelerated intro-duction of advanced energy technologies-an application of MiniCAM 1.0. Mitigation and Adaptation Strategies for Global Change, 1(4): 311-339.

Eriksen S, Brown K. 2011. Sustainable adaptation to climate change. Climate and Development, 3(1): 3-6.

Eriksen S, Selboe E. 2012. The social organization of adaptation to climate variability and global change: the case of a mountain farming community in Norway. Applied Geography, (33): 159-167.

Falloon P, Betts R. 2010. Climate impacts on European agriculture and water management in the context of adaptation and mitigation-the importance of an integrated approach. Science of the Total Environment, (408): 5667-5687.

Forsyth T, Evans N. 2013. What is autonomous adaption? Resource scarcity and smallholder agency in Thailand. World Development, (43): 56-66.

Forsyth T, Walker A. 2008. Forest Guardians, Forest Destroyers: The Politics of Environmental Knowledge in Northern Thailand. Seattle: University of Washington Press.

Futuyama D J. 1997. Evolutionary Biology. Sunderland: Sinauer.

Grothmann T, Patt A. 2005. Adaptive capacity and human cognition: the process of individual adaptation to climate change. Global Environmental Change, 15(3): 199-213.

Habiba U, Shaw R, Takeuchi Y. 2012. Farmer's perception and adaptation practices to cope with drought:

perspectives from Northwestern Bangladesh. International Journal of Disaster Risk Reduction, (1): 72-84.

Havlik P, Valin H, Mosnier A, et al. 2013. Crop productivity and the global live-stock sector: implications for land use change and greenhouse gas emissions. American Journal of Agricultural Economics, 95(2): 442-448.

Hiroaki K. 2002.Systems biology: a brief overview, Science, 295(5560):1662-1664.

Huang J K, Jiang J, Wang J X, et al. 2014. Crop diversification in coping with extreme weather events in China. Journal of Integrative Agriculture, 13(4): 667-686.

Huang J K, Wang Y J. 2014. Financing sustainable agriculture under climate change. Journal of Integrative Agriculture, 13(4): 698-712.

Huang L, Yin Y, Du D B. 2015. Testing a participatory integrated assessment (PIA) approach to select climate change adaptation actions to enhance wetland sustainability: the case of Poyang Lake region in China. Advances in Climate Change Research, 6(2): 141-150.

Hulme M, Parry M. 1998. Adapt or mitigate? Responding to climate change. Town and Country Planning, 67(2): 50-51.

Huntjens P, Lebel L, Pahl-Wost C, et al. 2012. Institutional design propositions for the governance of adaptation to climate change in the water sector. Global Environment Change, (22): 67-81.

IPCC. 1990. Climate Change: Impacts, Assessment of Climate Change. Working Group II Contribution to the Intergovernmental Panel on Climate Change Fourth Assessment Report Summary for Policy Makers. Geneva: World Meteorological Organization.

IPCC. 1996. Climate Change 1995: Impacts, Adaptation and Mitigation of Climate Change. Working Group II Contribution to the Intergovernmental Panel on Climate Change Third Assessment Report Summary for Policy Makers. Geneva: World Meteorological Organization.

IPCC. 2001. Climate Change 2001: Impacts, Adaptation and Vulnerability. Working Group II Contribution to the Intergovernmental Panel on Climate Change Third Assessment Report Summary for Policy Makers. Geneva: World Meteorological Organization.

IPCC. 2007. Climate Change 2007: Impacts, Adaptation and Vulnerability. Working Group II Contribution to the Intergovernmental Panel on Climate Change Fourth Assessment Report Summary for Policy Makers. Geneva: World Meteorological Organization.

IPCC. 2014.Climate Change 2014: Mitigation of Climate Change. Contribution of Working Group III to the Fifth Assessment Report of the IntergovernmentalPanel on Climate Change. Genevar: World Meteorological Organization.

Izaurralde R C, Williams J R, McGill W B, et al. 2006. Simulating soil Cdynamics with EPIC: model description and testing against long-term data. Ecological Modelling, 192(3-4): 362-384.

Jain M. 2011. Agricultural Adaptation to Climate Variability: Farmers' Responses to a Variable Monsoon. ICARUS Conference. Ann Arbor, Michigan: University of Michigan.

Kamal M R, Dlamini N S. 2017. Climate-smart decision support system for climate-smart agriculture. University Putra Malaysia,12(5): 101-106.

Kitano H. 2002. Systems biology: a brief overview. Science, 295: 1662-1664.

Klein R J T, Midgley G F, Preston B L, et al. 2014. Shaw. Adaptation opportunities, constraints, and limits //

Climate Change 2014: Impacts, Adaptation, and Vulnerability Part A: Global and Sectoral Aspects Contribution of Working Group II to t he Fifth Assessment Report of the Intergovernmental Panel on Climate Change Cambridge. United Kingdom and New York, NY, USA: Cambridge University Press: 899-943.

Klutse N A B, Owusu K, Adukpo D C, et al. 2013. Farmer's observation on climate change impacts on maize (Zea mays) production in a selected agroecological zone in Ghana. Research Journal of Agriculture and Environmental Management, 2(12): 394-402.

Koczberski G, Curry G N. 2005. Making a living: land pressures and changing livelihood strategies among oil palm settlers in Papua New Guinea. Agricultural Systems, 85(3): 324-339.

Lawrence J, Reisinger A, Mullan B, et al. 2013. Exploring climate change uncertainties to support adaptive management of changing flood-risk. Environmental Science & Policy, (33): 133-142.

Le Dang H, Li E, Bruwer J, et al. 2014. Farmers' perceptions of climate variability and barriers to adaptation: lessons learned from an exploratory study in Vietnam. Mitigation and Adaptation Strategies for Global Change, 19(5): 531-548.

Matthews R B, Rivington M, Muhammed S, et al. 2013. Adapting crops and cropping systems to future climate to ensure food security: the role of crop modeling. Global Food Security, (2): 24-28.

Mendelsohn R, Nordhaus W D, Shaw D. 1994. The impact of global warming on agriculture: a Ricardian analysis. American Economics Review, 84(4): 753-771.

Mendelsohn R. 2009. The impact of climate chang eonagriculture in developing countries. Journal of Natural Resource Policy Research, 1(1): 5-19.

Mercer K L, Perales H R, Wainwright J D. 2012. Climate change and the transgenic adaptation strategy: smallholder livelihoods, climate justice, and maize landraces in Mexico. Global Environmental Change, 22(2): 495-504.

Mimura N R S, Pulwarty D M, Elshinnawy D I, et al. 2014. Adaptation planning and implementation//Climate Change 2014: Impacts, Adaptation, and Vulnerability Part A: Global and Sectoral Aspects Contribution of Working Group II to the Fifth Assessment Report of the Intergovernmental Panel on Climate Change. Cambridge, United Kingdom and New York, NY, USA: Cambridge University Press: 869-898.

Moriondo M, Bindi M, Kundzewicz Z W, et al. 2010. Impact and adaptation opportunities for European agriculture in response to climatic change and variability. Mitigation and Adaptation Strategies for Global Change, 15(7): 657-679.

Nicholas K A, Durham W H. 2012. Farm-scale adaptation and vulnerability to environmental stress: insight from winegrowing in Northern California. Global Environmental Change, (22): 483-494.

Niles M T, Lubell M, Haden V R. 2013. Perceptions and responses to climate policy risks among California farmers. Global Environmental Change, 23(6): 1752-1760.

Nkomwa E C, Joshua M K, Ngongondo C, et al. 2014. Assessing indigenous knowledge systems and climate change adaptation strategies in agriculture: a case study of Chagaka Village, Chikhwawa, Southern Malawi. Physics and Chemistry of the Earth, (67): 164-172.

Noble I R, Anokhin H Y A, Carmin J, et al. 2014. Adaptation needs and options//Climate Change 2014: Impacts, Adaptation, and Vulnerability Part A: Global and Sectoral Aspects Contribution of Working Group II to the Fifth Assessment Report of the Intergovernmental Panel on Climate Change. United

Kingdom and New York, NY, USA: Cambridge University Press: 833-868.

Nordhaus W D. 2010. Economic aspects of global warming in a post-Copenhagen environment. Proceedings of the National Acaclemy of Sciences Acad Sci, 107: 11721-11726.

Nordhaus W. 2008. A Question of Balance: Weighing the Options on Global Warming Policies. New Haven, CT: Yale University Press.

O'Brien M, Holland T D. 1992. The role of adaptation in archeological explanation. American Antiquity, 57: 36-69.

Paltsev S, Reilly J M, Henry D, et al. 2005. The MIT Emissions Prediction and Policy Analysis（EPPA）Model: Version 4. Boston: MIT Joint Program on the Science and Policy of Global Change.

Panda A, Sharma U, Ninan K N, et al. 2013. Adaptive capacity contributing to improved agricultural productivity at the household level: empirical findings highlighting the importance of crop insurance. Global Environment Change, （23）: 782-790.

Patt A G, Vuuren V, Detlef P, et al. 2010. Adaptation in integrated assessment modeling: where do we stand? Climate Change, 99（3-4）: 383-402.

Peet R, Robbins P, Watts M. 2011. Global Political Ecology. New York: Routledge.

Prinn R, Jacoby H, Sokolov A, et al. 1999. Integrated global system model for climate policy assessment: feedbacks and sensitivity studies. Climate Change, 41（3-4）: 469-546.

Reilly J. 1995. Climate change and global agriculture: recent findings and issues. American Journal of Agricultural Economics, 77: 727-733.

Ribot J C. 2010. Vulnerability does not fall from the sky: toward multiscale, pro-poor climate policy //Social Dimensions of Climate Change: Equity and Vulnerability in a Warming World. Washington: World Bank Publications: 47-74.

Schneider U A, McCarl B A, Schmid E, et al. 2007. Agricultural sector analysis on greenhouse gas mitigation in US agriculture and forestry. Agricultural Systems, 94（2）: 128-140.

Sen A. 1981. Poverty and Famines: An Essay on Entitlement and Deprivation. Oxford: Clarendon Press.

Seoa S N, Mendelsohn R. 2008. An analysis of crop choice: adapting to climate change in South American farms. Ecological Economics, （67）: 109-116.

Skjeflo S. 2013. Measuring household vulnerability to climate change, why markets matter? Global Environmental Change, 23（6）: 1694-1701.

Steward J H. 1990. Theory of Culture Change. Illinois: University of Illinois Press.

Stuart D, Schewe R L, Mc Dermott M. 2014. Reducing nitrogen fertilizer application as a climate changemitigation strategy: understanding farmer decision-making andpotential barriers to change in the US. Land Use Policy, （36）: 210-218.

Tachie-Obeng E, Akponikpe P B I, Adiku S. 2013. Considering effective adaptation options to impacts of climate change for maize production in Ghana. Environmental Development, （5）: 131-145.

Tambo J A, Abdoulaye T. 2012. Climate change and agricultural technology adoption: the case of drought tolerant maize in rural Nigeria. Mitigation and Adaptation Strategies for Global Change, 17（3）: 277-292.

Tompkins E L, Adger W N, Boyd E, et al. 2010. Observed adaptation to climate change: UK evidence of transition to a well-adapting society. Global Environmental Change, 20（4）: 627-635.

van Meijl H, van Rheenen T, Tabeau A, et al. 2006. The impact of different policy environments on agricultural land use in Europe. Argriculture Ecosystems & Environment, 114(1): 21-38.

Vasconcelos A C F, Bonatti M, Schlindwein S L, et al. 2013. Landraces as an adaptation strategy to climate change for smallholders in Santa Catarina, Southern Brazil. Land Use Policy, (34): 250-254.

Vignola R, Klinsky S, Tam J, et al. 2013. Public perception, knowledge and policy support for mitigation and adaption to climate change in Costa Rica: comparisons with North American and European studies. Mitigation and Adaptation Strategies for Global Change, 18(3): 303-323.

Walker P A. 2005. Political ecology: where is the ecology? Progress in Human Geography, (29): 73-82.

Wang Y, Huang J, Wang J, et al. 2014. Household and community assets and farmers' adaptation to extreme weather event: the case of drought in China. Journal of Integrative Agriculture, 13(4): 687-697.

Webb N P, Stokes C J. 2012. Climate change scenarios to facilitate stakeholder engagement in agricultural adaptation. Mitigation and Adaptation Strategies for Global Change, 17(8): 957-973.

Wenkel K O, Berg M, Mirschel W, et al. 2013. Interactive spatial tools for the design of regional adaptation strategies. Journal of Environmental Management, (1):127.

Wheeler S, Zuo A, Bjornlund H. 2013. Farmers' climate change beliefs and adaptation strategies for a water scarce future in Australia. Global Environmental Change, 23(2): 537-547.

Willaume M, Rollin A, Casagrande M. 2014. Farmers in southwestern France think that their arable cropping systems are already adapted to face climate change. Regional Environmental Change, (14): 333-345.

Winterhalder G. 1980. Environmental analysis in human evolution and adaptation research. Human Ecology, 8: 135-170.

Zhai S Y, Song G X, Qin Y C, et al. 2018. Climate change and Chinese farmers: perceptions and determinants of adaptive strategies. Journal of Integrative Agriculture, 17(4): 949-963.

Zimmerer K S, Bassett T J. 2003. Approaching political ecology: society, nature and scale in human-environment studies//Zimmerer K S. Political Ecology: An Integrative Approach to Geography and Environment-Development Studies. New York: Guilford Press: 1-25.

第3章　中国农业气候资源与土地时空变化

3.1　我国气候数据质量分析

本研究以全国农业区划委员会划分的九大农区为空间单元(全国农业区划委员会《中国综合农业区划》编写组, 1981)，借助气象观测数据分析气候变化特征。气象观测数据来自中国气象科学数据共享服务网提供的1953～2012年中国824个气象观测站的逐日气象观测资料，该数据集包括8类大气观测值，分别是气温(TEM)、气压(PRS)、降水(PRE)、风场(WIN)、日照时数(SSD)、相对湿度(RHU)、蒸发量(EVP)和0cm地温(GST)。气象站点在农区的分布详见图1-4。

气候变化特征的分析是否准确合理，取决于所用数据的连续性和质量的准确性。但目前我国已有的气象站点数据的时间序列并不全部连续和完整，包括建站时间的不一致、人为和外界影响因素都会影响到数据的质量，如站点建站的先后、测站的搬迁、测站数据的异常和观测数据的校正等。基于此，本书首先统计比较各测站数据发布后的初始质量，并进行正常数据的比例计算，评估数据的质量，具体分析如下。

依照数据格式的处理说明，现有观测数据质量存在的状态有：0，数据正确；1，数据可疑；2，数据错误；8，数据缺测或无观测任务；9，数据未进行质量控制。本书对公布的国家级观测站点的逐年站点数，以及观测时段内各类正确数据，即数据质量控制码为"0"的站点数的比例进行了统计，结果如图3-1所示。

各年份中数据正常比例的计算公式如下：

$$\text{Ratio} = D_i / D_0$$

式中，Ratio为两者的比例大小；D_i为所统计i年份内数据正常的站数；D_0为年份内的总观测站点数。

如图3-2所示，通过对气温观测结果中的正常比例观察，可以直观地看出，从早期建站至今各测站的工作状态良好。其中，在1960年之前的部分站点中，数据正常的比例有所波动，但幅度并不是太大。相比之下，2012年后的数据正常比例波动较大。

由图3-3可以看出，降水测站中全国站点的正常比例相对比较稳定。同样，在1951～1960年测站中20时至次日08时与08～20时的分段数据稍有波动，但这个时段内仍相对比较稳定。在后续年份中，从1960～2010年测站的正常比例曲线可以明显发现，此时段内的数据质量稳定，测站数据连续，反映出建立的站点工作状态良好。但2012年后的测站数据质量同样显示，正常比例发生了明显的波动，并且波动的幅度较以往时段的明显。

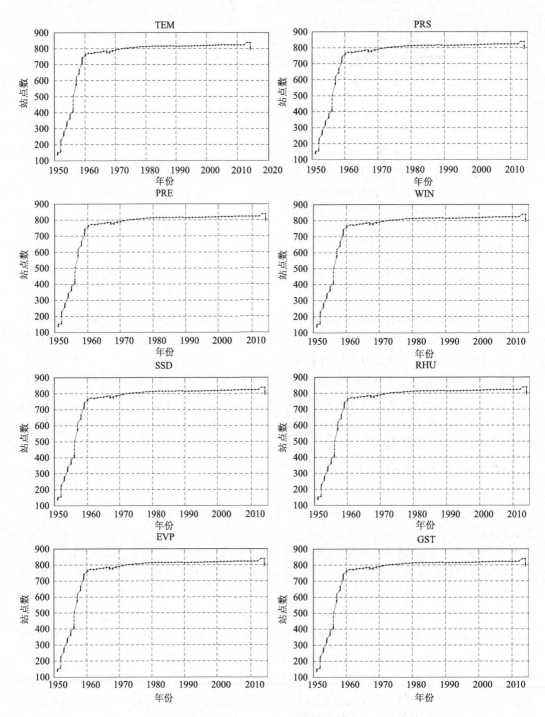

图3-1　1951～2014年逐日地面资料的国家级观测站点数

TEM：气温；PRS：气压；PRE：降水；WIN：风场；SSD：日照时数；RHU：相对湿度；EVP：蒸发量；GST：0cm地温

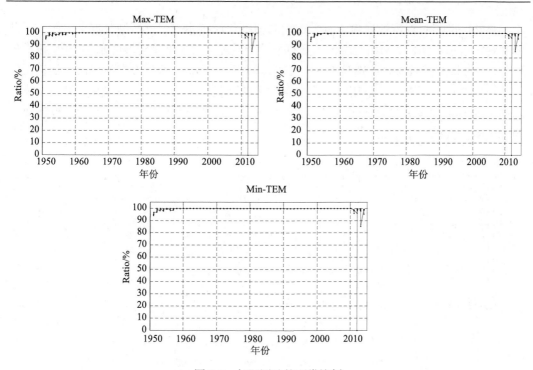

图 3-2　气温测站的正常比例

Max-TEM：日最高气温；Mean-TEM：平均气温；Min-TEM：日最低气温

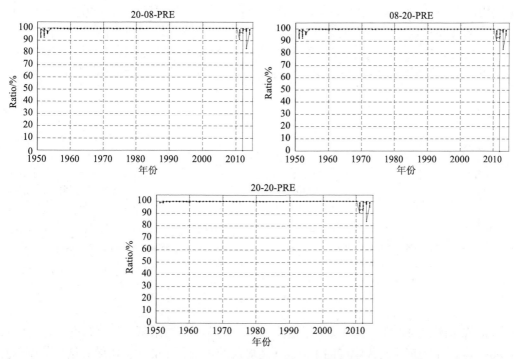

图 3-3　降水测站的正常比例

20-08-PRE：20 时至次日 08 时的降水量；　08-20-PRE：08～20 时的降水量；20-20-PRE：20 时至次日 20 时的累计降水量

　　测站中的相对湿度数据包含有平均相对湿度和最小相对湿度两种数据。由图 3-4 两者的对比可以看出，平均相对湿度的数据质量更稳定。而最小相对湿度在 1980 年以前的年份中，波动幅度明显，特别是 1951～1980 年这段时间内，测站数据的正常比例甚至出现了较为严重的下降。最小相对湿度数据的正常和稳定从 1980 年后恢复，并且一直到 2010 年数据质量的稳定性一直保持良好。和前面气温和降水的数据状况类似，2010 年后的几年中，数据稳定性又有了波动。

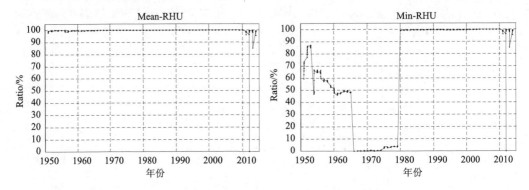

图 3-4　相对湿度测站的正常比例

Mean-RHU：平均相对湿度；Min-RHU：最小相对湿度

　　蒸发量正常值的测站数据显示(图 3-5)，小型蒸发量和大型蒸发量测站数据在观测时段内波动明显。例如，小型蒸发量测站的正常比例在 1951～1980 年波动明显，在 1980～2000 年数据质量稳定。但在 2000 年后，测站的正常比例又出现了明显的波动。相比之下，大型蒸发量 1951～2000 年测站的正常比例不高，但整体是增加的趋势，说明大型蒸发量测站的正常比例在整个观测期内虽然数据质量有波动，但整体是逐步改善和提高的趋势。

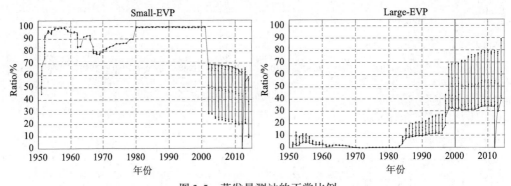

图 3-5　蒸发量测站的正常比例

Small-EVP：小型蒸发量；Large-EVP：大型蒸发量

　　从气压测站的正常比例变化来看(图 3-6)，最高气压与最低气压测站的正常比例在 1960～1980 年出现了较大幅度的下降，与之对应的平均气压的正常比例在这个阶段也有所下降。但在 1980 年后，上述三种测站的正常比例保持稳定，数据质量连续可靠。而根据 2010 年后的测站数据，可以发现该时段内测站的正常比例也出现了波动。

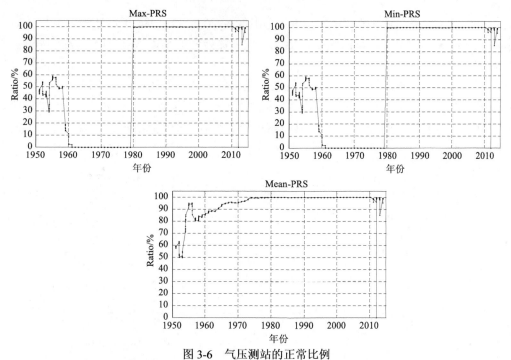

图 3-6　气压测站的正常比例

Max-PRS：最高气压；Min-PRS：最低气压；Mean-PRS：平均气压

由图 3-7 可以看出，在 0cm 地温测站的正常比例相对稳定，并且日最高、最低和平均地温的数据质量在整个观测周期内趋势一致。1951～1960 年，测站的正常比例逐步

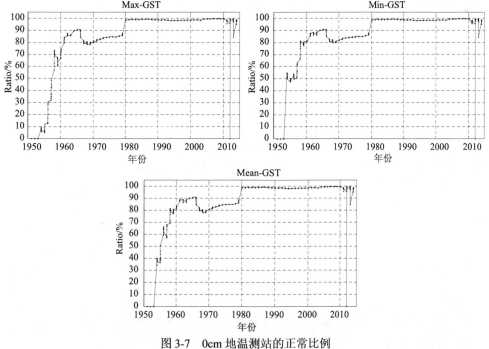

图 3-7　0cm 地温测站的正常比例

Max-GST：日最高地温；Min-GST：日最低地温；Mean-GST：平均地温

达到80%以上，并且除了在1965～1980年出现波动外，在1980年后各种地温数据的质量连续且稳定，也说明我国的测站在地温持续观测方面的工作状态良好，从而保障了数据的可靠。

　　从图3-8的风速测站可以看到，最大风速、最大风速的风向和极大风速、极大风速的风向测站的正常比例随着年份的增加，数据质量在逐年改善。特别是在 1970～1980年，相比于其他类型的观测数据在该阶段的改善情况，风速测站的正常比例出现了较大幅度的改善。而对于平均风速而言，其在整个观测时段内测站的正常比例都很稳定。

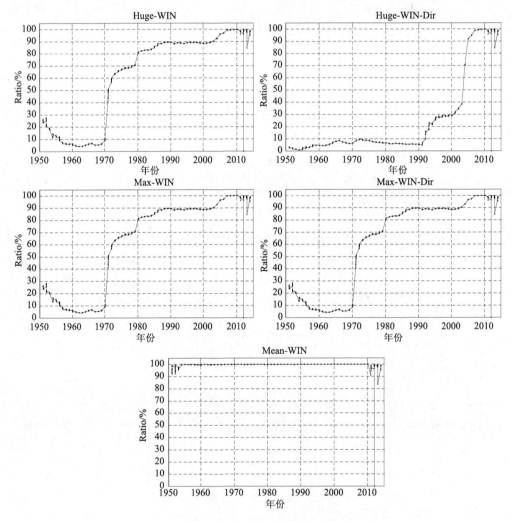

图 3-8　风速、风向测站的正常比例

Huge-WIN：极大风速；Huge-WIN-Dir：极大风速的风向；Max-WIN：最大风速；Max-WIN-Dir：最大风速的风向；Mean-WIN：平均风速

　　从图3-9的日照时数测站的正常比例变化可以看出，在初期的1951～1955年，测站的正常比例有所波动，但在以后的年份中数据质量稳定。

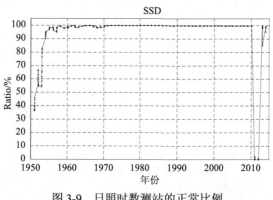

图 3-9　日照时数测站的正常比例

SSD：日照时数

　　基于以上分析，发现气象数据质量整体比较稳定，因此，本书以气象站具体建站时间为起点，剔除季节站点和缺测数据。在此基础上，基于 SQL Server 数据库提取和计算相关气象指标，分析农业气候资源的变化特征。具体说来，基于 1951～2012 年全国 824个逐日气象观测数据，以 1980 年为断裂点，分割成 1951～1980 年和 1981～2010 年两个气候标准年，考虑主要粮食作物生长对光、温、水的要求，选择日照时数、平均气温、0℃和 10℃积温及持续天数、最热月和最冷月平均气温、极端低温、年温差、初终霜日和无霜期、年降水量和降水天数指标，分析农业气候资源在时空上的分布。同时，在站点尺度上计算 62 年来各气候资源的标准差和线性倾向率，分析各农业气候指标的年际波动幅度和多年变化趋势。在此采用普通克里金插值法将农业气候指标空间化，其中，考虑温度和海拔的相关性，以海拔作为协变量对温度类进行插值。

3.2　光照资源的时空变化

　　农业气候资源由光照资源、热量资源、水分资源等组成，光照资源、热量资源、水分资源的数量及不同的配置情况形成不同的农业气候资源类型，从而产生农业生产地域性差异，最终影响种植制度、品种布局、作物生长及产量的高低与品质。首先，使用日照时数分析光照资源的时空分布及变动趋势。考虑小麦适宜种植范围对光照资源的最低和最高需求，以低于 1800h 作为低值区、以 500h 为等距，将全国年日照时数分成四个等级，比较 1951～1980 年和 1981～2010 年日照时数在空间上的分布[图 3-10(a)和图 3-10(b)]。全国年日照时数基本呈现自南向北随纬度增加而升高、自东向西随海拔升高而升高的特征。1951～1980 年，年日照时数 2300h 等值线基本沿着秦岭—淮河一线将全国日照时数分为高低两个区，以南属于<2300h 的较低值区，以北属于>2300h 的较高值区。年日照时数<1800h 的低值区被 1800～2300h 的较低值区包围，主要分布在自广西向北经贵州、湖南到达重庆和四川东南部的低纬度地区。年日照时数 2800h 等值线基本自内蒙古及长城沿线区、甘新区的南部边缘到达青藏区，因此，内蒙古及长城沿线区、甘新区基本属于 2800h 以上的高值区，青藏区一分为二，西部为 2800h 以上的高值区，东部为 2300～2800h 的较高值区，东北区基本属于 2300～2800h 的较高值区。到了 1981～

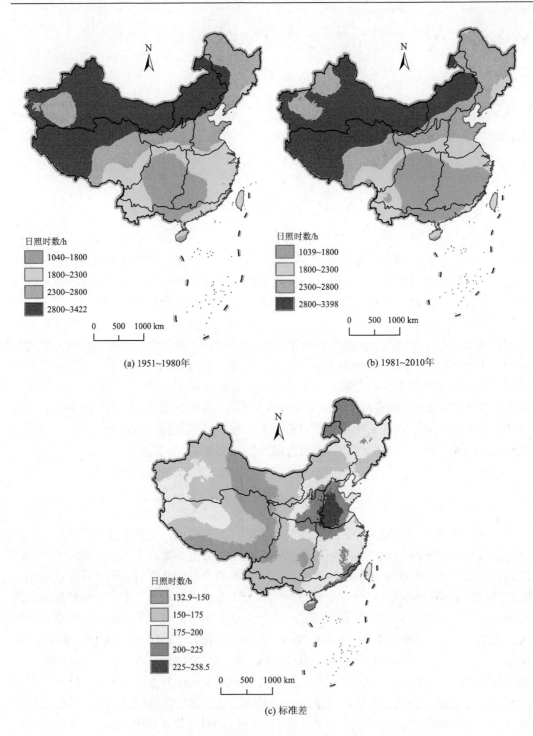

(a) 1951~1980年

(b) 1981~2010年

(c) 标准差

图 3-10　日照时数空间分布及年际波动

2010 年，年日照时数等值线基本在向北迁移，多地年日照时数减少。具体而言，年日照时数低于 1800h 的低值区不再局限于四川盆地和云贵地区的东部，而是扩大到整个长江流域；日照时数 2300h 等值线在东部从淮河流域北移到黄河流域，扩展到黄淮海区的中部；年日照时数 2800h 等值线向西北方向收缩，完全退出东北区，被 2300~2800h 较高值区完全占据，同时 1800~2300h 分别在南部的长白山地带和北部边界扩大范围和出现。新疆地区属于 2300~2800h 的年日照时数区域面积挤压了年日照时数 2800h 以上的高值区，导致甘新区年日照时数 2800h 以上的高值区面积缩小。

利用年日照时数标准差和线性倾向分析年际日照时数相较于多年平均值的变动幅度和多年变化趋势[图 3-10（c）]。1951~2012 年，全国日照时数的年际波动呈现出明显的东中西地带性，即整体呈现东西部高、中间低的特征，不过西部的绝对数值低于东部。中西部多数区域日照时数年际波动属于 150~200h 的中值；日照时数年际波动幅度最小的区域位于自青藏高原的南部—东南—东部边缘向北延伸到内蒙古高原西部边缘的"U"形地带；黄淮海区及相邻的黄土高原区东部、长江中下游区北端是年际日照时数标准差值最大的区域，其波动的幅度位于 200~258.5h。查看日照时数多年变化趋势在农区的分布（表 3-1），全国多数区域站点的日照时数呈现下降趋势，在数量上占总站点 84% 以上。全国只有 129 个站点的日照时数呈现上升趋势，它们在空间上主要分布在自云南南部向北经横断山脉北端向西北转向沿河西走廊到达新疆地区的区域。日照时数的变化趋势多数通过了 0.1 水平上的显著性检验。

表 3-1　各农区日照时数多年变化趋势及显著性

农区	日照时数线性倾向值各类型比例/%				显著性（$P=0.01$）比例/%	
	$b \leqslant -0.025$	$-0.025 < b < 0$	$0 \leqslant b < 0.025$	$b \geqslant 0.025$	显著	不显著
长江中下游区	6.21	90.06	3.73	0	76.4	23.6
东北区	10.64	84.04	5.32	0	71.28	28.72
甘新区	3.3	60.43	34.07	2.2	41.76	58.24
华南区	5.33	70.67	24	0	62.67	37.33
黄淮海区	3.13	93.75	3.12	0	87.5	12.5
黄土高原区	1.75	84.21	14.04	0	61.4	38.6
内蒙古及长城沿线区	8.33	71.67	20	0	58.33	41.67
青藏区	9.64	66.27	21.69	2.4	31.33	68.67
西南区	17.16	64.18	17.16	1.5	55.22	44.78
总和	8.06	76.19	15.02	0.73	61.17	38.83

总之，全国日照时数呈现南部低、北部高、东部低、西部高的空间分布特征，62 年来日照时数低值区侵占高值区，自南向北日照时数低值区分布面积扩大。因此，全国多数区域的多数站点日照时数呈现下降趋势，不过下降的幅度多在 -0.025~0，全国有 15.8% 的站点日照时数呈现上升趋势，上升的幅度多在 0~0.025，可见日照时数无论是上升趋势抑或是下降趋势，变化的幅度并不太大。

3.3　热量资源的时空变化

从年平均气温，界限温度及持续天数，最热月平均气温，初、终霜日和无霜期，冬季温度条件和年温差 6 个方面分析热量资源的分布与变化。

3.3.1　年平均气温

1951～2010 年，年平均气温等值线自南向北基本随纬度的增加而降低，不过各等值线在全国的分布位置在两个气候标准年内有所变化[图 3-11(a) 和图 3-11(b)]。首先是 20℃等温线在后气候标准年内在华南区的影响范围有所扩大，15℃等温线越过长江一线，到达江淮地区，在西南区的影响范围也有所扩大；其次是 10℃等温线在西南区的西部边界相对稳定，在黄淮海区北部有所北移，在黄土高原区影响范围明显扩大；5℃等温线在内蒙古及长城沿线区和东北区分别向北和向东移动，使得两农区 5～10℃影响范围扩大，5℃以下影响范围缩小。同时，在新疆地区 10℃以上和 5℃以下影响区分别扩大和缩小，使得甘新区 5～10℃和 10～15℃的影响面积扩大。0℃以下影响区在东北区最北端向北收缩，在青藏区也是收缩明显。因此，相对于前 30 年，1981～2010 年年平均气温等值线均在不同程度上向北移动，全国多数区域年平均气温有所增加。

根据标准差和线性倾向率分析年平均气温的年际波动幅度和多年变化趋势。年平均气温标准差基本上自南向北随纬度的增加而增大[图 3-11(c)]。首先，年平均气温标准差在 0.5℃以下的区域主要分布在自华南区中东部向西北和北方向延伸到西南区的区域。其次，自黄淮海区北部向西经黄土高原到达河西走廊后折向东南，从青藏高原中部穿过的以南区域基本属于年平均气温标准差在 0.5～0.75℃的影响区，新疆地区的西部也属于该类型影响区，在新疆地区的北端年平均气温标准差在 1℃以上，其余区域年平均气温标准差在 0.75～1℃。因此，年平均气温的年际波动幅度是北方大于南方，高海拔地区大于低海拔地区。62 年来，全国 88%以上的气象站点年平均气温线性倾向率在 0 以上，并且少数站点在 1 以上，这说明全国大多数区域年平均气温为增温趋势，不过这种增温趋势在 0.01 置信水平上多是不显著的(表 3-2)。

表 3-2　各农区平均气温多年变化趋势及显著性

农区	年平均气温线性倾向值各类型比例/%				显著性(P=0.01)比例/%	
	$b \leqslant 0$	$0 < b < 0.5$	$0.5 \leqslant b < 1$	$b \geqslant 1$	显著	不显著
长江中下游区	0	98.76	1.24	0	0	100
东北区	1.06	98.94	0	0	0	100
甘新区	1.10	98.90	0	0	1.10	98.90
华南区	3.95	32.89	42.11	21.05	3.95	96.05
黄淮海区	4.62	95.38	0.00	0	0	100
黄土高原区	0	96.55	1.72	1.73	1.72	98.28
内蒙古及长城沿线区	0	100	0	0	0	100
青藏区	1.19	88.10	10.71	0	0	100
西南区	3.73	82.09	11.94	2.24	2.24	97.76
总和	1.70	88.58	7.29	2.43	0.97	99.03

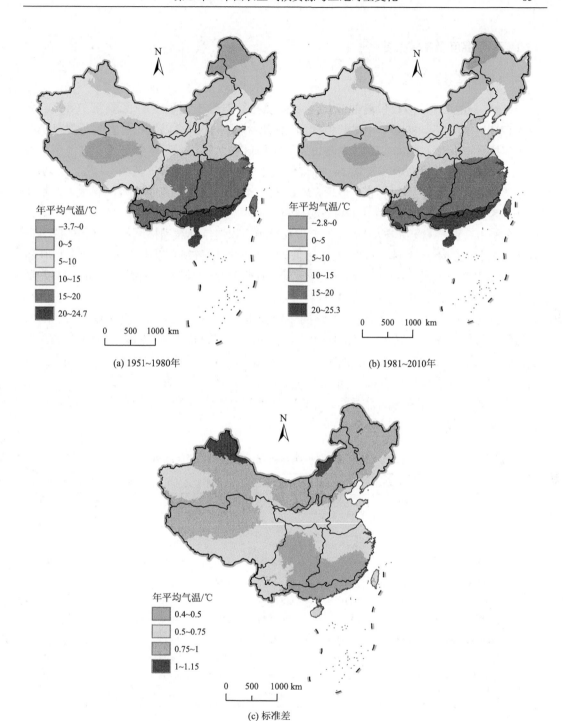

(a) 1951~1980年

(b) 1981~2010年

(c) 标准差

图 3-11　年平均气温空间分布变化

3.3.2　界限温度及持续天数

1. 0℃积温及持续天数

1951～2010 年，0℃积温的变化主要体现在等温线不同程度的北移[图 3-12(a)和图 3-12(b)]。首先，8000℃积温等值线向北有所移动，8000℃以上积温影响范围在华南区东部扩大；其次，6000℃等值线在长江下游地区向北迁移，基本上与四川盆地东南部6000～8000℃斑点状影响区相连接；青藏高原小于 2000℃影响区的范围有所缩小，东北区小于 2000℃影响区不复存在；最后，新疆地区 4000～6000℃影响区范围扩大，并且在内蒙古西部高原出现了 4000～6000℃的斑点。

分析 0℃积温的年际波动幅度[图 3-12(c)]，0℃积温年际波动幅度最小的区域位于青藏区和东北区的南北两端，0℃积温年际波动较大的区域(175℃以上)首先分布在自甘新区和内蒙古及长城沿线区交界经黄淮海区到达黄淮海区与长江中下游区交界的"U"形地带，其次分布在甘新区的北部和西端，以及云贵高原地区。其余区域 0℃积温基本在150～175℃波动。进一步分析 0℃积温的多年变化趋势(表 3-3)，全国 96.6%的站点 0℃积温线性倾向为正值，其中，有 636 个站点的线性倾向值位于 0～0.025，160 个站点的线性倾向值位于 0.025～0.057，全国只有 28 个站点的线性倾向值为负值。在空间上，全国各地均有线性倾向值在 0.025～0.057 的站点分布；线性倾向值在 0.025 以上的站点主要聚集在东北区、青藏区的青海部分、西南区的贵州地区和华南区的东部；线性倾向为负值的站点主要围绕四川盆地的东部和南部周边分布。

表 3-3　各农区 0℃积温及持续天数的多年变化趋势

农区	0℃积温线性倾向值各类型比例/%			0℃积温持续天数线性倾向值各类型比例/%			
	$b \leqslant 0$	$0 < b < 0.025$	$b \geqslant 0.025$	$b \leqslant 0$	$0 < b < 1$	$1 \leqslant b < 2$	$b \geqslant 2$
长江中下游区	0.00	90.06	9.94	0.62	61.50	24.84	13.04
东北区	1.05	42.11	56.84	0	98.95	1.05	0
甘新区	3.30	90.11	6.59	0	100	0	0
华南区	2.64	82.89	14.47	1.32	67.11	7.89	23.68
黄淮海区	0.00	84.62	15.38	1.54	98.46	0	0
黄土高原区	1.72	91.38	6.90	1.72	98.28	0	0
内蒙古及长城沿线区	1.67	85.00	13.33	0	98.33	1.67	0
青藏区	1.19	58.33	40.48	2.38	94.05	2.38	1.19
西南区	14.18	73.13	12.69	5.22	74.63	12.69	7.46
总和	3.40	77.18	19.42	1.58	84.22	8.13	6.07

因此，无论 0℃积温年际波动幅度大小，0℃积温在全国基本是上升趋势，故 0℃积温变化趋势与 0℃积温年际波动幅度存在区域差异。例如，在甘新区和长江中下游区 0℃积温的上升趋势多是由部分年份 0℃积温年际波动幅度大造成的；而东北区 0℃积温的上升趋势则是由 0℃积温多年来的平稳上升决定的。

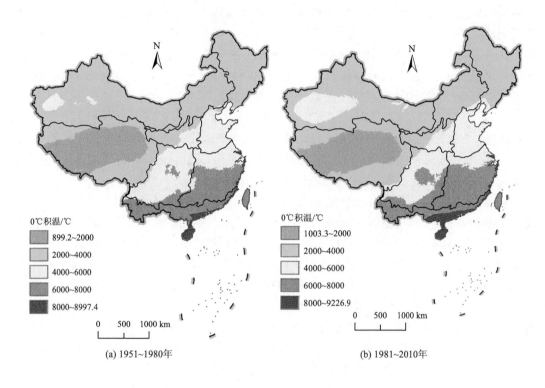

0℃积温/℃
■ 899.2~2000
■ 2000~4000
□ 4000~6000
■ 6000~8000
■ 8000~8997.4

0　500　1000 km

(a) 1951~1980年

0℃积温/℃
■ 1003.3~2000
■ 2000~4000
□ 4000~6000
■ 6000~8000
■ 8000~9226.9

0　500　1000 km

(b) 1981~2010年

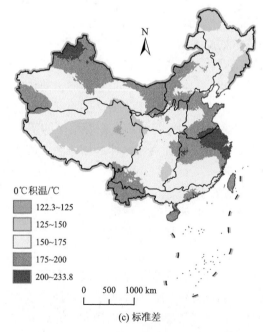

0℃积温/℃
■ 122.3~125
■ 125~150
□ 150~175
■ 175~200
■ 200~233.8

0　500　1000 km

(c) 标准差

图 3-12　0℃积温空间分布及年际波动

与 0℃积温对应的是 0℃积温持续天数。1951～1980 年，四川盆地以东的长江中下游地区和华南地区 0℃积温持续天数基本在 350 天及以上；自山东半岛中部穿越华北平原的中部、关中平原、四川盆地中北部到达藏东南一线是 0℃积温持续天数 300 天等值线；在青藏高原中部和东北地区北部是 0℃积温持续天数 200 天以下的地区；南疆地区和华北平原的北部、黄土高原中部的 0℃积温持续天数比较一致，属于 250～300 天段位。到了 1981～2010 年，0℃积温持续天数在全国的格局与前 30 年一致，但是在局部有所差异。首先，350 天等值线东段向北越过长江下游干流，300 天等值线北移到山东半岛的北端；其次，250 天等值线在宁夏地区向北扩展，影响到内蒙古地区，同时，0℃积温持续天数 250～300 天段位的影响范围扩大到整个南疆地区；最后，无论是在青藏高原还是东北地区，0℃积温持续天数<200 天的低值区影响范围均缩小。

从 0℃积温持续天数的年际波动幅度看，长江中下游以南地区 0℃积温持续天数的波动值基本在 0～5 天，少数区域的波动值在 5～7.5 天。黄淮海地区、黄土高原大部分地区、青藏高原的西藏区和新疆地区的北部 0℃积温持续天数的年际波动幅度较大，波动值在 10 天以上。东北地区、内蒙古高原、青藏高原的青海区和南疆地区的年际波动幅度属于中间段位，波动值在 7.5～10 天。分析 0℃积温持续天数的多年变化趋势，1951～2012 年，0℃积温持续天数整体在增加，增加的幅度多是每 5 年增加 0～1 天。少数 0℃积温持续天数呈减少特征的站点零星分布在除东北区、内蒙古及长城沿线区和甘新区以外的其他农区；长江中下游区、西南区和华南区是不同等级倾向值相间分布的农区，这导致 0℃积温持续天数在南方农区的变化趋势较北方农区复杂。

2. 10℃积温及持续天数

10℃积温在全国的分布格局基本与 0℃积温的分布相一致，只是相同数值 10℃积温等值线更靠近低纬度地区[图 3-13(a)和图 3-13(b)]。10℃积温 8000℃等值线基本分布在海南岛和雷州半岛，不过 1981～2010 年该等值线相对于前 30 年稍微北移；10℃积温 6000～8000℃类型主要影响华南区和长江中下游区的南部；同时两期 10℃积温 6000℃等值线和 4000℃等值线略有北移，4000℃等值线在新疆地区的闭合范围扩大；最后，1981～2010 年 10℃积温小于 2000℃的区域在青藏高原和东北地区的影响范围缩小。因此，全国 10℃积温整体上有所增加。

62 年来，全国 10℃积温的年际变动幅度在 146.6～260.5℃，大于 0℃积温的年际变动幅度[图 3-13(c)]。年际变动幅度最大的区域位于云南地区、长江中下游区的东部沿海。年际变动幅度较大的区域紧邻年际变动幅度最大的区域，主要位于长江中下游区、华南区及相邻的西南区西部和新疆北部地区。10℃积温年际变化幅度较小的区域主要位于青藏区和东北区，全国其他地区 10℃积温年际变化幅度基本在 175～200℃。从多年变化趋势看(表 3-4)，全国 10℃积温线性倾向值基本为正值，极少数线性倾向值为负值的站点主要散落在西南区，并且全国大多数站点的线性倾向值介于 0～0.025，少数线性倾向值≥0.025 的站点集中在东北区，部分散落在黄淮海区、青藏高原的青海区。

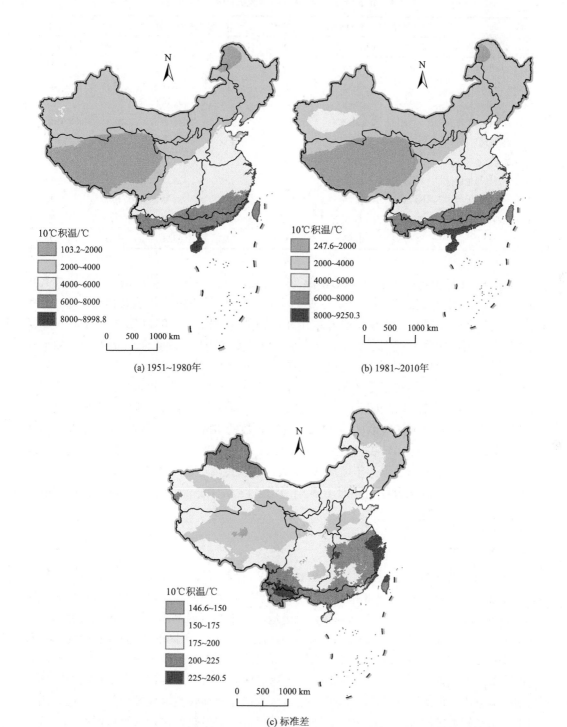

(a) 1951~1980年　　　　(b) 1981~2010年

(c) 标准差

图 3-13　10℃积温空间分布及年际波动

表 3-4　各农区 10℃积温及持续天数的多年变化趋势

农区	10℃积温线性倾向值各类型比例/%			10℃积温持续天数线性倾向值各类型比例/%			
	$b \leq 0$	$0<b<0.025$	$b \geq 0.025$	$b \leq 0$	$0<b<1$	$1 \leq b<2$	$b \geq 2$
长江中下游区	0	98.76	1.24	0	93.17	6.83	0
东北区	0	61.05	38.95	0	22.11	77.89	0
甘新区	3.2	93.41	3.3	3.3	70.33	26.37	0
华南区	2.63	94.74	2.63	7.89	51.32	26.32	14.47
黄淮海区	0	80	20	1.54	30.77	66.15	1.54
黄土高原区	5.17	86.21	8.62	3.45	63.79	32.76	0
内蒙古及长城沿线区	1.67	86.66	11.67	1.67	28.33	70	0
青藏区	4.76	76.19	19.05	5.95	83.33	10.72	0
西南区	17.16	80.6	2.24	12.69	81.34	5.97	0
总和	4.37	84.95	10.68	4.25	63.96	30.33	1.46

分析与 10℃积温相对应的 10℃积温持续天数。1951～2010 年，10℃积温持续天数 300 天以上影响区的范围变化不大，主要影响区在华南区，250 天等值线稍微北移，接近长江干流的北侧。200～250 天的分布范围在渤海湾有所扩大。10℃积温小于 150 天的影响区在青藏高原的分布变化不大，不过在东北地区变化明显，即<150 天的影响区缩小到东北地区的北部和长白山的东侧斑块，三江平原 10℃积温持续天数在 150～200 天。62 年来，全国 10℃积温持续天数的年际波动幅度并不算太大。年际波动在 5 天以下的低值区多位于华南区南部和东北区北部。年际波动在 10 天以上的较高和高值区则位于西南区和长江中下游区，全国其他地区 10℃积温持续天数的年际波动基本在 7.5～10 天。结合年际波动，分析多年来 10℃积温持续天数的线性变化趋势，全国 10℃积温持续天数呈现增加趋势，大多数区域是每 5 年增加 0～1 天，其次是每 5 年增加 1～2 天。青藏区、西南区和长江中下游区部分年份相对于多年平均值较大的偏离造成了这些地区 10℃积温持续天数的上升趋势。

3.3.3　最热月平均气温

考虑到季风气候影响下我国夏季南北温差较小，采用 2.5℃间隔比较前后两期最热月平均气温在空间上的分布，同时为了识别夏季 20℃以下的低温区，以 5℃为间隔划分[图 3-14(a)和图 3-14(b)]。1951～1980 年，全国最热月平均气温基本呈现自南向北下降、自东向西下降的特征。首先，27.5℃等值线基本沿着长江中下游区的北部和西部界线分布。25℃等值线与 27.5℃等值线形状较为相似，从华南区的中部穿越西南区和黄土高原区到达黄淮海区的北部边界。横断山脉地区由于海拔变化显著，成为最热月平均气温变化最急剧的地方。在西北地区，最热月平均气温基本也是南部较高、北部较低，不过天山以南由于存在较大的沙漠，也有 25℃以上的高温区。全国最热月平均气温最低值基本分布在青藏高原上，在东北地区北端也有少量分布。到了 1981～2010 年，最热月平均气温在全国的格局基本与前 30 年一致，只有小区域存在变化。例如，27.5℃北部等值线和 25℃

等值线的分布比较稳定，20～22.5℃影响区在云贵高原的分布略有减少。

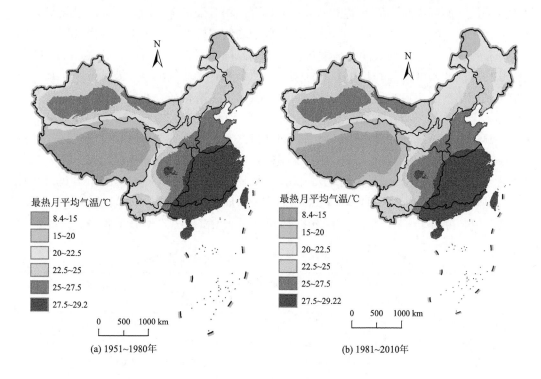

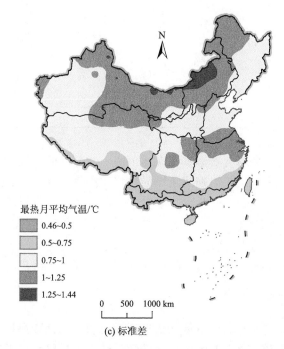

图 3-14　最热月平均气温的空间分布及年际波动

根据 1951～2012 年最热月平均气温标准差分析其年际波动幅度[图 3-14(c)]。全国最热月平均气温标准差取值范围在 0.46～1.44℃，相对于多年平均值而言，最热月平均气温的年际波动幅度不大。在空间上，最热月平均气温标准差基本上呈现南部低、北部高的分布特征，不过江淮地区也是最热月平均气温标准差相对高值区。其次，华南区以及与其相邻的西南区南部和长江中下游区南部的最热月平均气温年际波动最小。长江中下游区完美地诠释了自南向北最热月波动幅度逐渐增大的特征。西南区的四川盆地及其东北部属于最热月平均气温的高值区，其余区域波动幅度在 0.75～1℃。黄河以北最热月平均气温标准差基本随纬度增加，标准差的高值区基本位于内蒙古及长城沿线区、甘新区的中东部和东北区的北部。拟合 62 年来最热月平均气温的线性倾向发现(表 3-5)，全国多数站点最热月平均气温线性倾向值大于 0，呈现上升趋势，西南区约30%的站点的最热月平均气温倾向值为负值，黄淮海区和长江中下游区均是约 15%的站点的最热月平均气温倾向值为负值。全国最热月平均气温的变化趋势有接近一半的站点在0.01 置信水平上显著。

表 3-5　各农区最热月平均气温的多年变化及显著性

农区	最热月平均气温线性倾向值各类型比例/%				显著性(P=0.01)比例/%	
	b≤-1	-1<b<0	0≤b<1	b≥1	显著	不显著
长江中下游区	6.83	8.07	9.94	75.16	30.43	69.57
东北区	2.12	4.26	3.19	90.43	54.26	45.74
甘新区	14.28	3.30	1.10	81.32	67.03	32.97
华南区	5.26	2.63	3.95	88.16	69.74	30.26
黄淮海区	7.69	7.69	9.24	75.38	30.77	69.23
黄土高原区	24.14	8.62	3.45	63.79	29.31	70.69
内蒙古及长城沿线区	1.67	0.00	5.00	93.33	78.33	21.67
青藏区	0.00	0.00	2.38	97.62	86.90	13.10
西南区	25.37	5.22	14.93	54.48	28.36	71.64
总和	10.21	4.74	6.80	78.25	49.70	50.30

因此，虽然全国最热月平均气温基本呈现南部高、北部低的特征，但是南北差异不大。相对于1951～1980 年，后30 年淮河流域最热月平均气温等值线有所南退，但是在东北区和西北区最热月平均气温有所北进。62 年来，最热月平均气温相对于多年平均值的年际波动不大，其年际波动幅度基本呈现南部低、北部高的空间分布特征。对62 年来最热月平均气温线性变化趋势拟合发现，全国多数站点最热月平均气温呈现上升趋势，但是在黄河和长江中下游之间则存在较多的最热月平均气温为下降趋势的站点。

3.3.4　初、终霜日和无霜期

全国无霜期平均值自南向北随纬度增加依次递减，自东向西随海拔阶梯升高依次递减。具体而言，整个华南区、西南区大部分区域和长江中下游区南部无霜期在 300 天以上，西南区和长江中下游区北部无霜期多位于 250～300 天段位。无霜期200 天等值线自黄淮海区北端起，沿黄土高原区、西南区向西南方向到达青藏区东南边缘，西南区和青藏区相邻区域是无霜期等值线变化最急剧的地方。青藏区大部分地区无霜期在 100 天以下，这在于部分区域属于永冻层，日平均气温常年位于 0℃左右，致使无霜期只有几天或不存在。甘新区无霜期多半在 150～200 天段位，不过南疆地区由于天山阻挡，气温偏高而无霜期较长，甘新区北端由于纬度高、海拔高，无霜期也相应缩短。无霜期 150 天等值线基本将内蒙古及长城沿线区、东北区分成两部分，北部属于 150 天以下的低值区，南部属于 150～200 天段位的高值区。

　　无霜期标准差值在全国总体呈现西部高、东部低、南方高、北方低的分布特征，标准差高值区位于青藏区、西南区和长江中下游区，不过无霜期标准差的最低值多位于华南区。这与叶殿秀等的研究结果相似，但是在数值上有所出入，这在于本书使用的是 1951～2012 年数据，而他们选用的是 1961～2007 年数据，时间序列的不同导致数据波动幅度不完全一致。结合初、终霜日的标准差分析无霜期标准差空间分异的原因：冬半年北方冷空气到达南方时的强弱程度影响南方的初、终霜日出现，故南方的西南区和长江中下游区初、终霜日出现时间年际变化大、比较离散，导致两农区无霜期标准差较大。华南区基本不存在初霜日和终霜日，全年几乎为无霜期，无霜期标准差最低。在青藏区，初、终霜日的标准差均在 8 天以上，不过春季终霜日的变动幅度要大于秋季初霜日的变动幅度，造成青藏区无霜期的变动幅度较大。对于北方农区和甘新区，秋季初霜日标准差在空间上的分布较为规整，而春季终霜日标准差则是连片低值区上嵌套高值区，终霜日标准差在空间上的分布较为破碎，这与这些农区无霜期标准差大片低值区上散布高值区的特征更为一致。

　　全国初霜日线性倾向率基本上自南向北随着纬度增加而增加，而且 80% 以上区域初霜日线性倾向率为正值，少数为负值的区域主要分布在西南区和长江中下游区，因此全国初霜日多呈现推后趋势[图 3-15(a)]。首先，西南区和长江中下游区是空间上初霜日变化最复杂的两农区，它们的中南部是初霜日提前趋势的集中分布区，其余地区初霜日呈推后趋势，在北端又出现推后幅度 0.3 以上的高值区，而且两农区的多数站点变化趋势不显著。其次，初霜日推后幅度最大的区域主要分布在内蒙古及长城沿线区及与其紧邻的甘新区东部、东北区中西部和黄淮海区，这些农区超过 50% 的站点的推后趋势通过显著性检验。最后，青藏区、甘新区中西部和黄土高原区以初霜日推后幅度 0.15～0.3 的相对高值为主要特征，同时也存在推后幅度 0.3 以上的高值区和提前趋势的斑点，并且 40% 站点的推后趋势通过显著性检验。因此，初霜日推后趋势的高值区和相对高值区主要分布在北方农区、甘新区和青藏区，内蒙古及长城沿线区及其周边是初霜日显著推后的高值区。初霜日推后趋势的低值区和提前趋势的影响区主要位于西南区和长江中下游区，在青藏区、甘新区和东北区北端也有斑点状分布，不过多数不显著。

　　全国终霜日线性倾向率自南向北基本随着纬度的增加而减小，80% 以上区域终霜日线性倾向率为负值，少数为正值的区域主要分布在西南和长江中下游区，因此全国终霜日多呈现提前趋势[图 3-15(b)]。首先，西南区和长江中下游区是终霜日线性倾向率高、中、低值均存在的农区，两农区的南端和西南区的中北部终霜日呈推后趋势，其他地方呈提前趋势，长江中下游的北部分布提前幅度大的斑块，不过 75% 的站点的这些变化趋势不显著。其次，终霜日线性倾向率的最低值主要分布在东北区、内蒙古及长城沿线区、

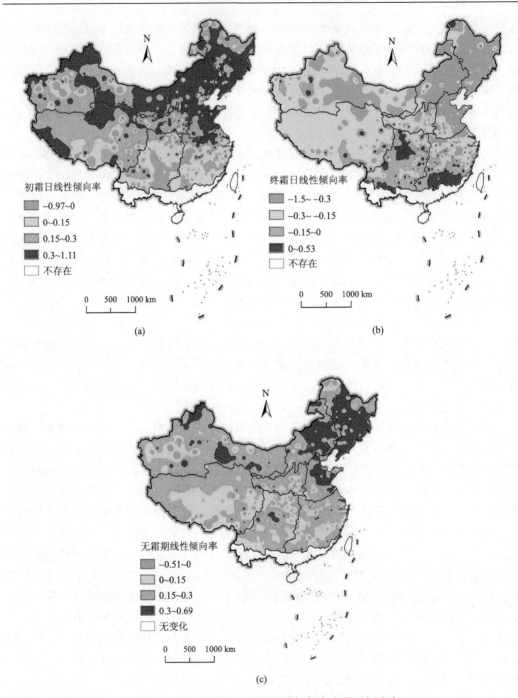

图 3-15　初、终霜日及无霜期线性倾向率的空间分布

　　黄淮海区东部和甘新区的中部，它们是终霜日提前幅度最大的区域，并且超过 70% 的站点通过显著性检验。最后，青藏区和黄土高原区终霜日提前幅度相对较大，两农区通过显著性检验的站点比例分别是 60% 和 40% 左右。同时，青藏区、甘新区西部和东北区北端也分布终霜日推后趋势的斑点，不过基本不显著。因此，北方农区和青藏区以春季终

霜日显著提前为主要特征，南方农区则是终霜日推后与提前并存并且多数不显著。

全国无霜期线性倾向率基本是南部低、北部高、西部低、东部高，其中 90% 以上区域是正值区，负值区以斑点形式零星地散落于各农区，所以全国无霜期基本是延长趋势，并且 60% 以上站点的延长趋势显著 [图 3-15(c)]。结合初、终霜日的变化趋势分析无霜期在各农区的分布特征：东北区的中南部和内蒙古及长城沿线区初霜日推后和终霜日提前幅度均大，造成其无霜期线性倾向率也高，因此这些区域无霜期大幅延长，并且多数是显著延长的特征。而在东北区的北端，则是初霜日提前和终霜日推后共同作用带来无霜期的缩短，但是不显著。对于甘新区，南疆地区和内蒙古西部出现无霜期线性倾向率为负值的斑点，无霜期为缩短趋势；其北端和河西走廊的西段是无霜期线性倾向率的高值区，其余地区是相对高值区，无霜期表现为显著延长趋势。

黄土高原区初霜日线性倾向率相对高值和终霜日线性倾向率相对低值带来多数区域无霜期线性倾向率的相对高值，故该农区多是初霜日推后和终霜日提前，从春秋两端延长了无霜期，同时该农区也存在少量无霜期缩短的斑点。黄淮海区初霜日推后和终霜日提前导致整个农区无霜期的延长，并且在农区大部分区域三者的变化趋势均通过显著性检验：其东部无霜期线性倾向率的高值由初霜日线性倾向率高值和终霜日线性倾向率低值影响形成，其余地方相对高值由初霜日线性倾向率相对高值和终霜日线性倾向率相对低值影响。青藏区 90% 以上的区域无霜期为延长趋势，但是延长的幅度存在区域差异，同时 60% 的站点延长趋势显著。总体上，青藏区无霜期的延长趋势由初霜日推迟和终霜日提前共同造成，不过初霜日推迟和终霜日提前幅度在农区北部和中南部存在差异，形成无霜期延长幅度的南北差异。

南方农区是初霜日提前和终霜日推后集中分布的农区，理论上会使无霜期缩短。然而，两农区初霜日提前和终霜日推后的影响区在空间上并不重合，使得一些区域初霜日提前的幅度小于终霜日提前的幅度，或者终霜日推后的幅度小于初霜日推后幅度，这依然缩短了霜期，延长了无霜期。所以，在长江中下游区北部和西南区东北部，无霜期显著延长是由于初霜日推后和终霜日提前的共同影响；在长江中下游区中部和西南区西北部，无霜期小幅延长的原因在于终霜日提前幅度大于初霜日提前幅度；对于长江中下游区南端和西南区中南部，无霜期小幅延长源于初霜日推后幅度大于终霜日推后幅度，故南方农区 85% 的区域无霜期表现为延长趋势。

因此，初霜日的推后幅度、终霜日的提前幅度和无霜期的延长幅度均是北方大于南方，北方农区、甘新区、青藏区和南方农区部分区域的初霜日推后和终霜日提前从春秋两端延长了无霜期，而南方农区的部分地区无霜期延长则是初霜日推后幅度大于终霜日推后幅度或终霜日提前幅度大于初霜日提前幅度造成。从变化趋势的显著程度看，北方农区、甘新区和青藏区初霜日显著推后、终霜日显著提前和无霜期显著延长的站点比例均高于南方农区。

给定置信区间 $u=0.05$，对无霜期进行 Mann-Kendall 突变检验，结果显示，所有站点的 UF_k 和 UB_k 两条曲线均存在交点。其中，交点有两个或两个以上的称为波动性站点，具有一个交点且在置信区间以内称为显著突变，具有一个交点但位于置信区间以外称为突变不显著。从站点数量看，具有波动特征的站点数和具有突变特征的站点数分别占参与检验站点数的44.2%和55.8%，其中51%的站点属于显著突变。进一步说，49.7%是无霜期表现为延长趋势的站点（328个）显著突变，它们分布在各个农区，至少占各农区站点总数的40%。将这些站点特征空间化[图3-16(a)]，可以发现，全国无霜期显著突变和波动性区域基本上相间分布，不过北方农区、甘新区和青藏区基本上是显著突变的区域面积占优势，南方农区则是波动性区域面积占优势。具体说来，无霜期显著突变的区域主要分布在内蒙古及长城沿线区、青藏区和黄淮海区，东北区的中西部、甘新区的东部和天山两侧也有较多分布，在其他农区的分布相对比较破碎。无霜期呈波动特征的区域主要分布在黄土高原区、西南区、长江中下游区和青藏区的东南部，在其余农区的分布相对破碎，属于突变不显著的区域主要分布在波动性与显著突变区域之间的狭长过渡带。

分析无霜期开始突变的年份，1951~2012年共有46个年份发生了显著突变，前20年发生突变的站点较少，自1978年起发生突变的站点数开始平稳增加（每年超过5个站点无霜期发生突变），在1994年突变站点数达到高峰。因此，考虑到突变年份具有集聚特征，按照年份分割为基础、适当调整的原则，划分出1951~1970年、1971~1980年、1981~1990年和1991~2012年四个时间段分析突变年份的分布情况[图3-16(b)]。全国无霜期基本是在1980年以后发生突变，而1991~2012年发生突变的区域面积比例占优势。首先，前30年无霜期发生突变的区域基本在各农区以斑点形状出现，长江中下游区、西南区、内蒙古及长城沿线区和东北区是斑点数量较多或斑点面积较大的农区。并且1951~1970年和1971~1980年发生突变的区域在空间上基本相邻分布。其次，1981~1990年无霜期发生突变的区域主要分布在东部农区的南北两端，即北部是内蒙古及长城沿线区、东北区的北部和黄淮海区北部，南部是西南区和长江中下游区的中南部。甘新区的天山两侧和青藏区的东部边缘也是在1981~1990年发生突变。最后，青藏区、甘新区大部、黄土高原区大部、东北区中南部和西南区中北部无霜期主要是在1991~2012年发生突变。因此，从无霜期突变发生时间的早晚看，东部季风区内农区多是在20世纪80年代发生突变，并且其内部南北两端发生突变的时间早于中间区域，西部非季风区两农区则多是在90年代发生突变。

总之，在全国658个参与突变检验的站点中，有49.8%的站点的无霜期呈现上升趋势并且发生了突变，它们在各个农区内部基本也与无霜期表现为波动特征的站点数量比例相当，并且在空间上多与无霜期表现为波动特征的站点相间分布，如在青藏区、甘新区和东北区等。不过，无霜期发生突变的站点也在部分农区出现集聚分布的特点，如在黄淮海区和黄土高原区，突变站点主要分布在两农区的南部和北端。从时间分布看，这些站点的无霜期主要是在20世纪80年代和90年代这20年内发生突变。

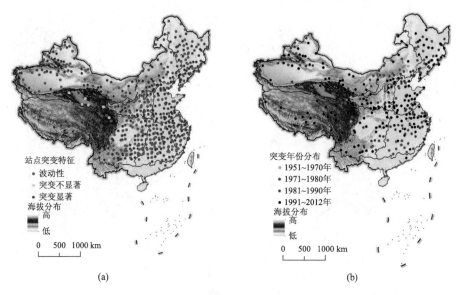

图 3-16　无霜期的突变特征及突变年份分布

3.3.5　冬季温度条件

　　最冷月平均气温和年极端最低气温可以较好地反映出冬季热量资源的分布情况以及作物种植的界限，还可以较好地反映出冬季温度条件。首先分析最冷月平均气温的空间分布[图 3-17(a)和图 3-17(b)]，全国最冷月平均气温等值线基本上沿纬线分布，自南向北逐渐递减。1951～1980 年，10℃等值线基本沿华南区边界分布，整个华南区属于 10℃以上的高值区，华南区以北的西南和长江中下游区属于 0～10℃的相对高值区，0℃等值线基本位于秦岭—淮河一线。−10℃等值线在黄淮海区北界经黄土高原北界向西沿着长城一线到达青海省的东部，并穿越青藏高原影响到昆仑山脉地区。东北区被−20℃等值线在南北方向上一分为二，北部为最冷月平均气温小于−20℃的低值区，南部为大于−20℃的相对低值区。到了 1981～2010 年，10℃和 0℃等值线均略微向北迁移，−20～10℃段位在西北区、青藏高原地区影响范围有所缩小，西北区和青藏区−10～0℃影响范围扩大。同时，东北区小于−20℃的影响范围也向北收缩。因此，1951～2010 年北方地区和青藏区最冷月平均气温高值区均在扩大。

　　分析最冷月平均气温标准差在空间上的分布[图 3-17(c)]，相较于最热月平均气温，最冷月平均气温标准差取值区间相对较大，在 0.85～2.9℃，说明最冷月平均气温的年际波动要大于最热月平均气温的年际波动。最冷月平均气温标准差的低值区位于四川盆地和横断山脉向云南延伸的地带。长城以南的其他区域最冷月平均气温标准差多属于 1.5℃以下，高于这些区域最热月平均气温标准差 0.5～1.25℃。甘新区、内蒙古及长城沿线区和东北区最冷月平均气温标准差基本是 1.75℃以上。对最冷月平均气温多年来变化趋势进行线性拟合(表 3-6)，可知全国 94%的站点最冷月平均气温的线性倾向值为正值，表现为上升趋势，并且有 46%的站点的线性倾向值大于等于 2。少数线性倾向值为负值的站点多集中在贵州南部和与广西的交界处，同时线性倾向值为负值的站点在西南区分布

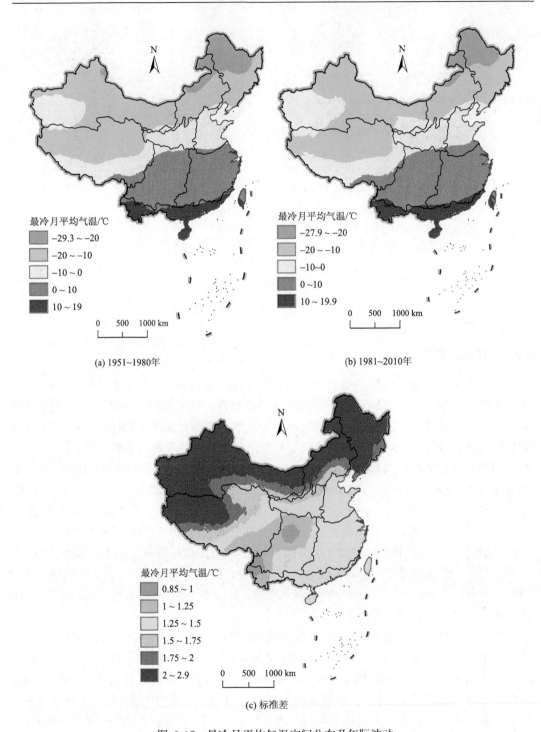

(a) 1951~1980年

(b) 1981~2010年

(c) 标准差

图 3-17　最冷月平均气温空间分布及年际波动

最多，其次是甘新区和华南区。同时，全国 54% 以上的站点的最冷月平均气温的变化趋势在 $P=0.01$ 置信水平上显著。因此，1951～2012 年，最冷月平均气温的年际波动基本是北方大于南方，相对于最热月平均气温，全国最冷月平均气温的年际波动普遍较高。从总的变化趋势看，全国约 50% 的区域的最冷月平均气温呈显著上升趋势。

表 3-6　各农区最冷月平均气温的多年变化趋势及显著性

农区	最冷月平均气温线性倾向值各类型比例/%				显著性（$P=0.01$）比例/%	
	$b \leq 0$	$0 < b < 1$	$1 \leq b < 2$	$b \geq 2$	显著	不显著
长江中下游区	1.24	5.59	13.66	79.51	63.98	36.02
东北区	7.45	36.17	51.06	5.32	35.11	64.89
甘新区	12.09	34.07	48.35	5.49	36.26	63.74
华南区	11.84	17.11	30.26	40.79	40.79	59.21
黄淮海区	3.08	4.62	21.54	70.76	70.77	29.23
黄土高原区	8.62	8.62	24.14	58.62	55.17	44.83
内蒙古及长城沿线区	6.67	21.67	43.33	28.33	51.67	48.33
青藏区	1.19	7.14	29.76	61.91	77.38	22.62
西南区	17.91	17.16	18.66	46.27	29.10	70.90
总和	5.95	16.55	31.35	46.15	54.28	45.72

　　分析年极端最低气温的空间分布（图 3-18），1951～1980 年，全国年极端最低气温的最低值主要分布在东北区和内蒙古及长城沿线区的北部，在甘新区的北端和青藏区也有少量分布。南疆地区由于天山可以阻挡北方的冷空气，所以其温度相对于周边温度高，出现 -20～-10℃ 的斑块状较高温区；年极端最低气温 -10℃ 等值线基本与秦岭—淮河一线走向一致，以北属于低于 -10℃ 的较低温区，以南属于高于 -10℃ 的较高温区；全国年极端最低气温 >0℃ 的区域基本位于南方农区。到了 1981～2010 年，年极端最低气温等值线在全国的格局与前期数据一致，不过在小区域上出现迁移。迁移最为明显的是 -30℃ 以下的影响区分布范围的缩小，首先在东北区以长白山地区为起点向北后退，在甘新区的北端缩小，在青藏区则是直接消失不见。-20～-10℃ 在南疆的分布范围扩大，全国其余等值线则是有所北移，但变化不大。因此，1951～2010 年，年极端最低气温升温幅度在北方农区相对于南方农区高。比较年极端最低气温的年际波动，整体上，南方农区的波动幅度小于北方农区，波动幅度最大的区域位于甘新区的北端，其次是甘新区的西部、青藏区的西北部和东北区的中南部。

3.3.6　年温差

　　根据逐日温度数据计算出日温差，进而得到年温差，比较两个气候标准年内年温差的空间分布（图 3-19）：全国年温差自南向北逐渐增加，呈现纬度地带性特征。两气候标准年内年温差 <15℃ 的低值区均位于海南岛和云南省，年温差相对低值区（15～20℃）则主要分布在自藏南向东南方向延伸到华南地区的区域，两期年温差 >30℃ 的高值区基本位于甘新区、内蒙古及长城沿线区和东北区。不过，两气候标准年内年温差在长江中

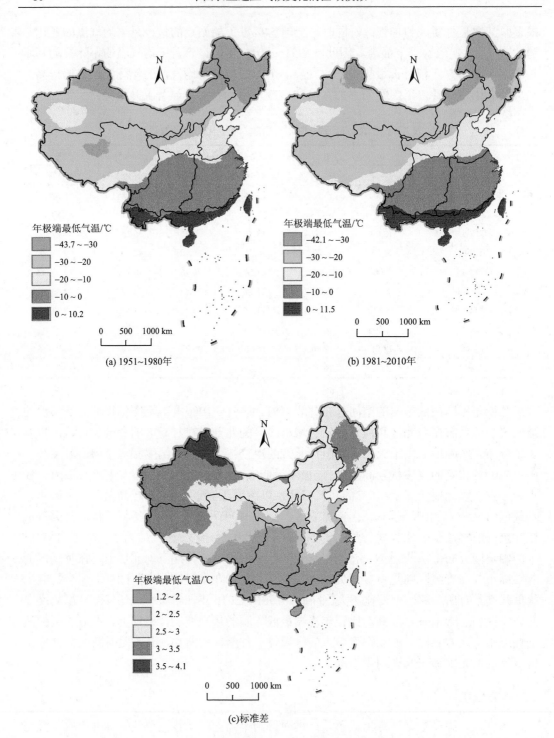

(a) 1951~1980年

(b) 1981~2010年

(c)标准差

图 3-18　年极端最低气温的空间分布和年际波动

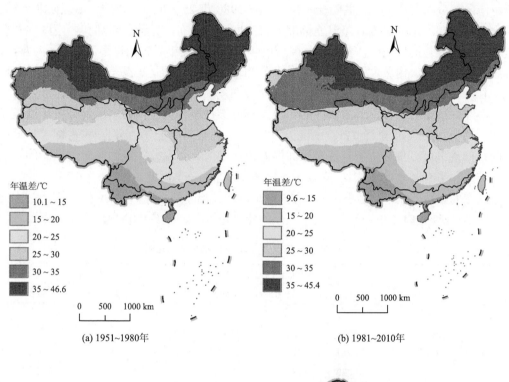

(a) 1951~1980年   (b) 1981~2010年

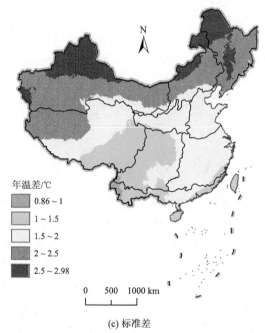

(c) 标准差

图 3-19 年温差的空间分布及年际波动

下游地区的分布有所变化，主要表现在 1951～1980 年 25～30℃ 段位的年温差向北退缩，基本退出了江淮地区。查看年温差标准差在空间上的分布，青藏区东部和西南区中西部是年温差标准差的低值区，表明这些区域的年温差小，且年际波动也小。青藏区西北部、甘新区的中南部、内蒙古及长城沿线区大部和东北区中南部是年温差标准差的相对高值区，甘新区的北部和东北区的北端是年温差标准差的高值区。因此，年温差标准差基本上呈现纬向地带性差异，北方农区的年温差年际波动幅度大于南方农区。分析年温差多年变化趋势（表 3-7），全国 77% 的站点年温差的线性倾向小于 0，它们基本占据了长城以南的东部季风区，部分位于青藏高原和横断山脉地区。年温差的线性倾向大于 0 的站点在西南区和华南区分布较集中，在其余农区多是零散分布。因此，1951～2012 年，全国大多数站点的年温差在逐渐缩小，而南方部分地区的年温差则呈现扩大的趋势，但是扩大的幅度较小（线性倾向在 0～1），不过年温差的变化趋势多是在 $P=0.01$ 置信水平上不显著。

表 3-7　各农区年温差多年变化趋势及显著性

农区	年温差线性倾向值各类型比例/%				显著性（$P=0.01$）比例/%	
	$b\leqslant-1$	$-1<b<0$	$0\leqslant b<1$	$b\geqslant1$	显著	不显著
长江中下游区	57.77	33.54	7.45	1.24	9.32	90.68
东北区	22.34	52.13	24.47	1.06	15.96	84.04
甘新区	29.67	37.37	25.27	7.69	21.98	78.02
华南区	51.32	18.42	28.95	1.31	17.11	82.89
黄淮海区	69.23	23.08	6.15	1.54	33.85	66.15
黄土高原区	63.79	13.79	15.52	6.90	34.48	65.52
内蒙古及长城沿线区	33.33	33.33	25.01	8.33	15.00	85.00
青藏区	48.81	33.33	9.53	8.33	23.81	76.19
西南区	37.31	30.60	26.87	5.22	13.43	86.57
总和	45.32	31.96	18.47	4.25	18.47	81.53

3.4　降水的时空变化

综合考虑关键等降水量线对我国农业生产布局的指导意义及我国年降水在总量、分布等方面的非均衡性，本书采用非等间距分类方法分析我国年降水量的空间分布[图3-20(a) 和图 3-20(b)]。首先，全国年降水量线自东南向西北递减；其次，相对于前一个气候标准年，1981～2010 年 800mm 等降水量线虽然退出了山东半岛的南部，不过整体上 800mm 等降水量在秦岭—淮河一线比较稳定；400mm 等降水量线的东部界线在内蒙古高原东部向东迁移，年降水量 200～400mm 段位在内蒙古及长城沿线区的影响范围扩大，400mm 等降水量线的南部边界基本稳定。最后，1981～2010 年西北地区内部<200mm等降水量线影响范围和南方地区>1600mm 等降水量线影响范围均有所扩大。因此，对我国旱作农业和水作农业、种植业和畜牧业划分至关重要的 800mm 和 400mm 等降水量线在两个气候标准年内比较稳定，但是南方湿润地区年降水量>1600mm 区域、西北地区干旱与半干旱过渡带降水变化较大。

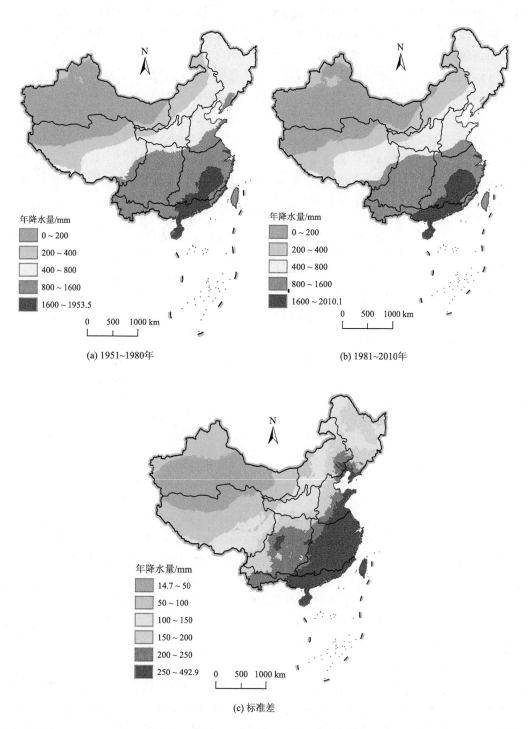

(a) 1951~1980年

(b) 1981~2010年

(c) 标准差

图 3-20 年降水量空间分布及年际波动

　　分析年降水量标准差在空间上的分布，由于年降水量基数比较大，所以年降水量标准差也相对较大[图 3-20(c)]。年降水量标准差在空间上的分布趋势与年降水量的分布趋势比较一致，自东南向西北随着距海洋距离的增大而减小，不过在江苏和山东的沿海地区年降水量标准差与周边不太一致，相对较高。因此，南方年降水量比较高，降水量的年际波动也相对较大；北方年降水量较低，降水量的年际波动也相对较低。构建年降水量的倾向趋势模型(表3-8)，全国年降水量线性倾向值为正值和负值的站点数量几乎各占一半，换言之，47.5%的站点是上升趋势，52.5%的站点是下降趋势。在空间上，表现为下降趋势的站点主要分布在内蒙古及长城沿线区、黄淮海区、黄土高原区和华南区的西部；表现为上升趋势的站点主要分布在长江中下游地区、华南区东部、东北区、甘新区和青藏区。不过，从线性倾向值的大小看，无论上升趋势或下降趋势，这种变化趋势的系数基本在-0.05~0.05，并且这种变化趋势多数不显著。

表 3-8　各农区年降水量多年变化趋势及显著性

农区	年降水量线性倾向值各类型比例/%				显著性（$P=0.01$）比例/%	
	$b\leqslant-0.05$	$-0.05<b<0$	$0\leqslant b<0.05$	$b\geqslant0.05$	显著	不显著
长江中下游区	0	37.89	62.11	0.00	18.63	81.37
东北区	1.07	45.74	53.19	0.00	12.77	87.23
甘新区	12.09	9.89	26.37	51.65	36.26	63.74
华南区	0	30.26	69.74	0	25.00	75.00
黄淮海区	0	83.08	16.92	0	32.31	67.69
黄土高原区	15.52	74.14	8.62	1.72	24.14	75.86
内蒙古及长城沿线区	8.33	75.00	16.67	0	18.33	81.67
青藏区	1.22	32.93	42.68	23.17	25.61	74.39
西南区	0	73.88	26.12	0	18.66	81.34
总和	3.29	49.21	39.34	8.16	22.66	77.34

　　根据日降水量≥0.1mm 计算年降水天数，分析降水的发生率。年降水天数与年降水量在空间上的分布特征比较一致，均有比较明显的纬向和经向地带性(图 3-21)。1951~1980 年，长江中下游区和西南区 80%以上区域的年降水天数在 150 天以上，江淮地区是100~150 天，其以北的黄淮海区、内蒙古及长城沿线区和黄土高原区基本是 100 天以下。东北区年降水天数多在 100~150 天，西北内陆地区年降水天数最少，多在 50 天以下。到了 1981~2010 年，年降水天数的分布格局在南方有了明显的变化。首先是 150 天等值线向南撤退，完全撤到了长江干流以南，远离了长江入海口，并且在东南沿海和云南地区南撤；同时，150 天等值线在云南地区南撤明显，云南地区年降水天数在 150 天以上的区域仅保留了西部和南部边界。进一步分析年降水天数的年际波动幅度，年降水天数标准差基本自南向北随纬度增加而减小：长江中下游区南部和西南区东南部是年降水天数标准差在 25 天以上的区域。江淮地区、四川地区以及青藏高原东部属于年降水天数标准差在 20~25 天的影响区；黄淮海区中南部、黄土高原区中南部以及青藏高原中部和东北区的大部等属于年降水天数标准差在 15~20 天的影响区，新疆地区的西北端也存在年

降水天数在 20～25 天的影响区；甘新区大部、内蒙古及长城沿线区、青藏区北部、黄淮海区北部均基本是年降水天数标准差最小的区域。

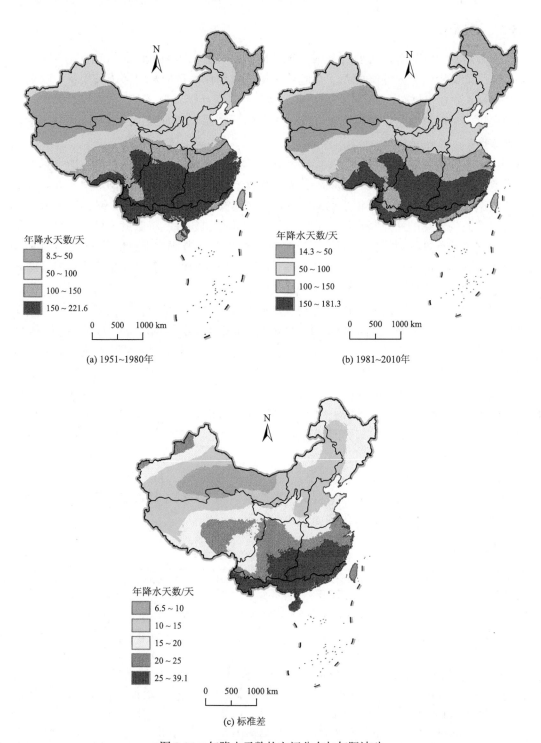

(a) 1951~1980年　　　　　　　　　　　　　　(b) 1981~2010年

(c) 标准差

图 3-21　年降水天数的空间分布与年际波动

3.5　农业用地变化的气候作用分析

3.5.1　研究数据

本节用到的统计数据主要有全国分省耕地面积、粮食作物单位面积产量、年平均气温、年平均降水、有效灌溉面积、化肥使用量、农药使用量、塑料薄膜使用量、农药柴油使用量、农业机械总动力(数据来源：全国及各省统计年鉴及《中国农业统计资料》)、全国逐日气象观测数据以及中国科学院地理科学与资源研究所提供的中国土地利用变化解译数据。

由于本节研究以省级单位为对比单元并且考虑对农业生产状况的影响，所以气温、降水数据的获得需要一定处理转换。首先，根据 672 个国家气象站点的逐日气温、降水观测数据计算年平均气温和年平均降水量，考虑到气候要素对农业的影响，借助 ArcGIS 平台对农业气象基准站点与全国农业区域进行空间叠加分析，将农业区域一定缓冲区范围外的气象站点进行剔除，保留其余气象站点。考虑到本节研究以省级单位为对比单元，将第一步处理过的气象站点进行省域归类，将省域单元内的气象站点年平均气温及降水数据取算数平均值作为本省的年平均气温、降水数据。

本节中用到的农业用地，即耕地数据来源于 MODIS，MODIS 数据来自美国国家航空航天局(NASA)网站，产品名称 MCD12Q1，属陆地标准数据产品，内容为土地利用/土地覆盖变化，它具有统一的时间分辨率和空间分辨率且以栅格形式进行变量表达，具有良好的一致性和完整性，在三级水平上可以集中开展科学研究，无须进行辐射校正、几何校正和大气校正等(表 3-9)。

MODIS 数据都是正弦投影机制，左上角左边(0,0)是行列号的初始坐标，右下角的(35,17)的终止坐标。本节中研究区覆盖范围较广，故依次选取行列号为 h26v05 和 h27v05 的 MODIS 数据产品。

MCD12Q1 是年度全球 500m 产品，属于 MODIS Terra+Aqua 三级土地覆盖类型。它采用监督决策树分类技术进行信息提取，并提供五种不同的土地覆盖分类方案，五种分类方案及对应的 DN 值和植被类型如表 3-9 所示。

表 3-9　五种土地覆盖分类方案

DN 值	IGBP(17)	UMD(14)	LAI/fPAR(11)	NPP(9)	PFT(12)
0	水体	水体	水体	水体	水体
1	常绿针叶林	常绿针叶林	草地/谷类作物	常绿针叶林	常绿针叶林
2	常绿阔叶林	常绿阔叶林	灌木	常绿阔叶林	常绿阔叶林
3	落叶针叶林	落叶针叶林	阔叶作物	落叶针叶林	落叶针叶林
4	落叶阔叶林	落叶阔叶林	草原	落叶阔叶林	落叶阔叶林
5	混交林	混交林	常绿阔叶林	一年生阔叶林	灌丛
6	郁闭灌丛	郁闭灌丛	落叶阔叶林	一年生草地	草地
7	稀疏灌丛	稀疏灌丛	常绿针叶林	荒漠	谷类作物

续表

DN 值	IGBP (17)	UMD (14)	LAI/fPAR (11)	NPP (9)	PFT (12)
8	多树草原	多树草原	落叶针叶林	城市用地	阔叶作物
9	稀树草原	稀树草原	荒漠		城镇建设用地
10	草地	草地	城市用地		冰雪
11	永久性湿地				裸地/低植被覆盖地
12	农田	农田			
13	城镇建设用地	城镇建设用地			
14	农田/自然植被镶嵌				
15	冰雪				
16	裸地/低植被覆盖地	裸地/低植被覆盖地			

注：IGBP，国际地圈生物圈计划-全球植被分类方案；UMD，马里兰大学方案；LAI/fPAR，基于叶面积指数/光合有效辐射吸收比例的 MODIS 方案；NPP，基于净初级生产力的 MODIS 方案；PFT，植物功能类型方案。

以中国科学院地理科学与资源研究所提供的土地利用变化数据为基准，使用总量准确率、空间准确率对 MODIS 数据进行精度检验。总量精度公式如下：

$$f(x) = (人机交互解译值 - MODIS\ 平均值)/解译值$$

式中，$f(x)$ 为 MODIS 解译总量精度；解译值为当年 MODIS 数据解译的农耕地面积；MODIS 平均值为当年和相邻前后 1 年内的平均面积。

3.5.2　研究方法

(1) 协方差分析：在概率论和统计学中，协方差用于衡量两个变量的总体误差。而方差是协方差的一种特殊情况，即两个变量相同的情况。期望值分别为 $E[X]$、$E[Y]$ 的两个随机变量 X 与 Y 之间的协方差 $Cov(X,Y)$ 的公式为

$$Cov(X,Y) = E[X - E[X](Y - E[Y])]$$
$$= E[XY] - 2E[Y]E[X] + E[X]E[Y]$$
$$= E[XY] - E[X]E[Y]$$

从直观上来看，协方差表示的是两个变量总体误差的期望。如果两个变量的变化趋势一致，也就是说，如果其中一个大于自身的期望值时另外一个也大于自身的期望值，那么两个变量之间的协方差就是正值；如果两个变量的变化趋势相反，即其中一个变量大于自身的期望值时另外一个却小于自身的期望值，那么两个变量之间的协方差就是负值。如果 X 与 Y 是统计独立的，那么二者之间的协方差就是 0，因为两个独立的随机变量满足 $E[XY] = E[X]E[Y]$。因此，如果协方差为正值，说明 X 与 Y 是正相关关系；如果协方差是负值，说明 X 与 Y 是负相关关系；如果协方差为 0，说明 X 与 Y 不相关。相对于线性回归分析，可以通过协方差得到自变量在剔除交互影响之后对因变量的影响强度。

(2) 数据归一化：数据的标准化 (Normalization) 是将数据按比例缩放，使之落入一个小的特定区间。在某些比较和评价的指标处理中经常会用到数据归一化，即去除数据的单位限制，将其转化为无量纲的纯数值，便于不同单位或量级的指标能够进行比较和加

权。数据归一化是最典型的标准化处理方法，可以使得数据统一映射到[0,1]。常见的归一化方法——最大值-最小值标准化即离差标准化，是对原始数据的线性变换，使结果落到[0,1]，具体公式模型如下：

$$X=(x-min)/(max-min)$$

式中，max 为样本数据的最大值；min 为样本数据的最小值；X 为归一化后数值；x 为归一化前数值。

3.5.3　粮食单产与气候和管理因素的多变量联立分析

粮食单产在全国各省份普遍呈增长趋势，气温普遍呈降低趋势，降水的趋势则有增有减（表 3-10）。

表 3-10　各因素与粮食单产协方差 sig 值统计

省（区、市）	截距	气温	降水	化肥使用量	农药使用量	薄膜使用量	有效灌溉面积
北京	0.004	0.811	0.166	0.246	0.004	0.056	0.365
天津	0.172	0.656	0.747	0.245	0.930	0.688	0.392
河北	0.125	0.222	0.123	0.031	0.520	0.282	0.563
山西	0.533	0.148	0.057	0.119	0.698	0.984	0.037
内蒙古	0.529	0.788	0.585	0.258	0.335	0.511	0.193
辽宁	0.725	0.360	0.523	0.518	0.527	0.610	0.416
吉林	0.544	0.280	0.372	0.588	0.818	0.738	0.095
黑龙江	0.420	0.589	0.611	0.842	0.495	0.976	0.459
上海	0.361	0.938	0.959	0.164	0.182	0.614	0.946
江苏	0.459	0.255	0.006	0.016	0.588	0.000	0.009
浙江	0.463	0.103	0.900	0.326	0.312	0.400	0.744
安徽	0.069	0.132	0.066	0.347	0.185	0.230	0.040
福建	0.060	0.219	0.078	0.290	0.487	0.001	0.242
江西	0.799	0.602	0.434	0.018	0.733	0.095	0.189
山东	0.805	0.588	0.108	0.206	0.303	0.729	0.137
河南	0.300	0.311	0.537	0.834	0.559	0.960	0.720
湖北	0.842	0.626	0.557	0.111	0.240	0.478	0.575
湖南	0.417	0.167	0.200	0.409	0.118	0.968	0.347
广东	0.649	0.406	0.331	0.056	0.025	0.656	0.474
广西	0.207	0.126	0.203	0.484	0.567	0.237	0.163
海南	0.653	0.871	0.499	0.881	0.828	0.111	0.679
重庆	0.793	0.501	0.042	0.122	0.607	0.296	0.962
四川	0.226	0.112	0.373	0.675	0.590	0.277	0.224

续表

省(区、市)	截距	气温	降水	化肥使用量	农药使用量	薄膜使用量	有效灌溉面积
贵州	0.166	0.227	0.486	0.785	0.422	0.076	0.790
云南	0.021	0.024	0.026	0.744	0.291	0.925	0.864
西藏	0.708	0.689	0.913	0.311	0.441	0.468	0.293
陕西	0.460	0.395	0.613	0.231	0.582	0.749	0.534
甘肃	0.088	0.064	0.996	0.053	0.279	0.209	0.479
青海	0.912	0.941	0.008	0.692	0.673	0.689	0.192
宁夏	0.280	0.055	0.126	0.454	0.463	0.652	0.062
新疆	0.423	0.397	0.534	0.734	0.113	0.227	0.908

根据归纳的各省(区、市)各因素对粮食单产的sig值序列,可以看到,除在个别省(区、市)存在个别因素对粮食单产有显著影响外,大部分省(区、市)在这些因素与粮食单产之间的相关性上并不显著。而本书着重考虑的气候因素,在31个省(区、市)单元中,仅有云南处理结果显示粮食单产与气温、降水显著相关;另有江苏、重庆、青海结果显示粮食单产与降水显著相关(表3-11)。

表 3-11　各省（区、市）粮食单产显著影响因素

省(区、市)	粮食单产显著影响因素
北京	农药使用量
河北	化肥使用量
山西	有效灌溉面积
江苏	降水、化肥使用量、薄膜使用量、有效灌溉面积
安徽	有效灌溉面积
福建	薄膜使用量
江西	化肥使用量
广东	农药使用量
重庆	降水
云南	气温、降水
青海	降水

从统计学角度来看,对粮食单产可能造成影响的气候及人为因素在各省(区、市)的分析中并没有体现出连续、普遍的显著性特征。

3.5.4　农业用地面积与气候和管理因素的多变量联立分析

在着重考虑气候因素对耕地面积影响的前提下,通过归一化求取的气温与降水的斜率值来比较变量间的变化趋势。在大部分省(区、市),耕地面积与降水之间增减趋势是相反的,而气温与耕地面积总体趋势上以减少为主(表3-12)。

表 3-12 各因素与耕地面积协方差 sig 值统计

省(区、市)	截距	气温	降水	农药使用量	柴油使用量	农机总动力
北京	0.060	0.014	0.418	0.001	0.018	0.067
天津	0.863	0.904	0.695	0.224	0.500	0.336
河北	0.651	0.444	0.894	0.270	0.280	0.610
山西	0.564	0.876	0.451	0.515	0.973	0.561
内蒙古	0.165	0.692	0.166	0.036	0.105	0.471
辽宁	0.010	0.396	0.191	0.206	0.087	0.724
吉林	0.003	0.187	0.590	0.012	0.321	0.340
黑龙江	0.021	0.601	0.863	0.287	0.600	0.924
江苏	0.085	0.047	0.173	0.020	0.964	0.654
浙江	0.097	0.075	0.979	0.288	0.352	0.345
安徽	0.084	0.383	0.541	0.314	0.904	0.554
福建	0.322	0.093	0.450	0.556	0.038	0.037
江西	0.804	0.343	0.641	0.894	0.174	0.384
山东	0.279	0.990	0.484	0.448	0.409	0.648
河南	0.279	0.990	0.484	0.448	0.409	0.648
湖北	0.724	0.478	0.093	0.497	0.504	0.235
湖南	0.711	0.236	0.077	0.745	0.267	0.198
广东	0.147	0.573	0.813	0.471	0.023	0.222
广西	0.358	0.235	0.262	0.365	0.013	0.013
海南	0.482	0.893	0.315	0.835	0.754	0.783
重庆	0.841	0.346	0.013	0.940	0.685	0.839
四川	0.001	0.370	0.004	0.189	0.596	0.610
贵州	0.679	0.955	0.633	0.791	0.622	0.980
云南	0.055	0.553	0.202	0.475	0.959	0.688
西藏	0.120	0.314	0.486	0.657	0.583	0.608
陕西	0.520	0.946	0.471	0.526	0.934	0.871
甘肃	0.127	0.349	0.950	0.784	0.281	0.378
青海	0.011	0.313	0.111	0.065	0.583	0.346
宁夏	0.976	0.537	0.362	0.317	0.170	0.890
新疆	0.965	0.531	0.292	0.347	0.599	0.349

根据归纳的各省区各因素对耕地面积的 sig 值序列,可以看到,除在个别省(区、市)存在个别因素对耕地面积有显著影响外,大部分省(区、市)在这些因素与耕地面积之间的相关性上并不显著。在本节着重考虑的气候因素上,在 31 个省(区、市)单元中,仅有北京和江苏处理结果显示,耕地面积与气温显著相关;另有重庆与四川处理结果显示,耕地面积与降水显著相关(表 3-13)。

表 3-13 各省（区、市）耕地面积显著影响因素

省（区、市）	耕地面积显著影响因素
北京	气温、农药使用量、柴油使用量
内蒙古	农药使用量
吉林	农药使用量
江苏	气温、农药使用量
福建	柴油使用量、农机总动力
广东	柴油使用量
广西	柴油使用量、农机总动力
重庆	降水
四川	降水

从统计学角度来看，我们考虑到对耕地面积可能造成影响的气候及人为因素在各省份的分析中并没有体现出连续、普遍的显著性特征。采用协方差分析方法，将可能影响耕地面积的因素剔除了相互影响，在归一化预处理前提下求取了回归方程式。可以通过系数大小来判断各因素影响权重，同时也可以发现各区域的显著影响因素。

3.5.5 气候因子与耕地变化的联立分析

对中国省域年平均降水量归一化趋势值进行统计分析：中国各省区降水量增减趋势几乎是各占一半，其中降水量呈增加趋势的有北京、天津、河北、山西、内蒙古、辽宁、吉林、黑龙江、江苏、浙江、安徽、福建、江西、山东、海南、陕西、青海，降水量呈下降趋势的有上海、河南、湖北、湖南、广东、广西、重庆、四川、贵州、云南、西藏、甘肃、宁夏、新疆。北京、河北、辽宁、海南、陕西、青海降水斜率值均>0.04，增幅较大，云南降水斜率值<−0.04，降幅较大。

在地理分布上，降水呈增长趋势的省区主要分布于中国东部沿海及北部东北部地区，以京津冀辽为核心区，北部增幅大于南部，青海省孤立于西北地区；降水呈减少趋势的省区多分布于中国中西部、西北部地区，其中以西藏、云南为核心区，西部降幅要大于东部。平均海拔上，降水呈减少趋势区要多于呈增长趋势区。

叠加分析耕地面积、气温、降水之间的空间分布关系，可以发现，在全国范围内，气温与降水增减趋势上主要有气温降低、降水增加和气温降低、降水减少两种趋势：气温降低、降水增加主要分布在东北、华北及华东地区，气温降低、降水减少主要分布在华中、华南和西北地区。耕地面积与气温增减趋势上主要有耕地减少、气温减少与耕地增加、气温减少两种：耕地减少、气温减少主要分布在东北、华东、华南及青海、四川等地区，耕地增加、气温减少主要分布在华中及西北地区。耕地面积与降水增减趋势主要有耕地减少、降水增加与耕地增加、降水减少两种：耕地减少、降水增加主要分布在东北、京津冀、华东地区；耕地增加、降水减少主要分布在华中、云贵、西北地区。

考虑气温、降水及耕地面积，叠加分析后发现，在全国范围内主要存在耕地减少、气温降低、降水增加与耕地增加、气温降低、降水减少两种趋势区：耕地减少、气温降

低、降水增加主要分布在中国东北、京津冀、内蒙古、华东地区，耕地增加、气温降低、降水减少主要分布在华中及西北地区。

综合以上分析，可以发现，气温增减趋势都伴随着中国大部分省区耕地面积的减少，可见两者之间的相关性很小；耕地面积的增减趋势在大部分省区是与降水的增减趋势相反的。中国的耕地在空间上会向华中及西北地区转移，而相应地区的降水却呈现减少趋势，不利于农业生产；而东北、华东地区虽然降水呈增加趋势，但是由于耕地面积呈减少趋势，农业总产量可能会受到一定影响。

3.5.6 作物生产潜力与气候因子关系的空间分析

影响作物生长的两个最重要的因素是温度和水分，这两个因素也是评估作物生产潜力的重要参数。目前，评估作物生产潜力的有农业技术转移决策咨询支持系统(DSSAT)与农业生态区划(Agro-ecological Zone，AEZ)模型。其中，在具体的计算评估中，一般利用积温来表示温度对作物的影响，用蒸散量来表示水分的参量。与气候区温度带划分不同的是，日平均温度稳定超过 5℃期间的积温，是农业气候资源评价中衡量热量状况的一个重要指标。选定 1961～1990 年的基准时段，通过对 1961～2010 年的气象数据的分析，结果表明，全国大部分地区≥5℃积温呈现增加的态势，其中长江中下游及江淮流域、新疆东部地区增加最为明显，相比下大部分增幅达到 300～500℃(田展等，2013)。

结合 AEZ 模型并用联合国粮食及农业组织(FAO)推荐的 Penman-Monteith 公式计算参考作物蒸散量(Smith M and Smith M，1985)。结果显示，中国参考作物蒸散量在 1991～2010 年相对于基准期，下降的区域多于上升的区域，且大部分参考作物蒸散量下降区域的下降幅度在 25 mm 以上，其中东北、华北和新疆南部下降最为明显，这主要和这些地区太阳辐射的减少有关。参考作物蒸散量增加的区域，除新疆东北部、甘肃东部、宁夏和山西西北部一带增加幅度较高外，其余大部分地区的增加不足 25mm。在降水和蒸散空间形态共同变化的作用下，中国过去 50 年各地区湿润程度均发生了变化，呈现出中间变干两边湿润的分布特征。山西、陕西、宁夏、甘肃南部、四川东部、重庆、云南部分地区及海南岛变干，而新疆北部、青藏高原北部、内蒙古大部分地区湿润指数增加，有助于干旱状况的改善，另外东南部地区变湿润的态势最为明显。

小麦的种植方式有两种：雨养小麦和灌溉小麦。由于小麦的生育期长度反映了小麦的品种特征，其和农业气候资源中积温和生长季的匹配程度对小麦的生产潜力具有重要的影响。模拟结果中小麦最优生育期的变化实际上表现为，采用改变小麦种植品种的方法获得较高单产潜力的气候变化适应潜力。研究结果显示，雨养小麦和灌溉小麦最优生育期的变化较为一致：由于气候变化带来的积温显著增加、热量条件改善或是生长季的延长，近 20 年相对于基准期，在东北地区、黄淮地区和四川盆地小麦的最优生育期普遍延长。因此，在上述地区，由于气候变化带来热量资源的增加，因此可以种植生育期更长的晚熟品种达到更高的小麦单产潜力。

由历史基准期中国雨养小麦和灌溉小麦单产潜力及近 20 年相对于基准期的变化百分率可以看出，东北地区、山西、陕西、甘肃南部、江淮流域、河南南部、湖北北部和云南东北部是中国雨养小麦单产潜力较高的地区，其中江淮流域、河南南部和湖北北部一带单产潜力最高,大多在 6 t/hm^2 以上。近 20 年来,雨养小麦呈现单产潜力增加的主要有 4 个区域,分别为东北地区大部、华北南部和华东北部一带、四川盆地和新疆北部,其中由于热量资源更加丰富、最优生育期延长、水分亏缺状况得到缓解,东北区的雨养小麦单产潜力增加最为明显,大部分地区雨养小麦单产潜力增加比例在 20% 以上。山西、陕西及甘肃南部一带的雨养小麦呈现较明显的单产潜力减少;东南大部分地区由于高温和过于湿润,病害增加和小麦春化受影响,雨养小麦也呈现单产潜力减少的态势。

中国灌溉小麦单产潜力较高的区域为华北地区、江淮流域和山西、陕西及甘肃南部一带,普遍单产潜力在 8t/hm^2 左右,东北地区灌溉小麦单产潜力也较高,可以到达 6t/hm^2 以上。灌溉小麦单产潜力增加区域主要在黑龙江北部、四川盆地大部分,由于最优品种的改变、生育期的延长,单产潜力都有 10%～20% 的增加,辽宁南部到河北、山西、陕西北部一线由于冬小麦适应种植区域的北扩,单产潜力显著增加。另外,华北南部到华东北部一带单产潜力略有增加,幅度多在 10% 以下。东南大部分省份主要由于趋于高温高湿的气候条件,灌溉小麦呈现较为明显的单产潜力减少。

就小麦适宜种植的区域来看,研究结果表明,雨养小麦在东北、华北和华东区域高适宜度的土地面积最大。华中和西北区域雨养小麦适宜种植面积受气候变化负面影响最明显,华中和西北区域的雨养小麦高适宜度、中适宜度和低适宜度的土地均呈现减少的态势。其中,华北和西北区域雨养小麦由于水分亏缺的加重,造成高适宜度种植土地面积减少,而华中地区高适宜度种植土地面积减少的主要原因可能是气候变暖带来的高温热害的增加。

在模式的模拟中,灌溉小麦的水分管理方式中人为水分充足,因而华北、东北和西北这样降水较少的区域灌溉小麦高适宜度面积较雨养小麦有大幅度的增加,表明在以上地区水分胁迫是小麦生产潜力的主要限制因子。此外,由于东北区域热量条件的改善,灌溉小麦单产潜力增加可能使得部分土地的小麦适宜种植等级提高。与雨养小麦在西北区域适宜种植面积大幅度减少不同,灌溉小麦在西北区域相对于基准期在生产潜力上变化不大。

气候变化使得小麦适宜种植区域的空间分布形态产生变化。雨养春小麦在新疆和内蒙古北部的适宜种植面积有所增加,而在中国 400 mm 年累计降水线附近一带,春小麦适宜种植带向东南方向收缩。由于冬小麦有效积温的增加,北方地区包括辽宁南部到河北、山西、陕西北部一线、甘肃和新疆部分地区出现了新增的冬小麦适宜种植区;而东南地区由于高温影响和过于湿润,冬小麦适宜种植区域减少,呈现冬小麦适宜种植带的北扩和南收态势,主要减少省份为浙江、湖南和江西。

3.6　研究结论

研究时段内光照、热量和降水等资源均发生了变化,但变化的趋势和程度均存在明显的区域差异。

(1)光照资源的时空分布有所变化:全国多数区域光照资源在不同程度上减少,不适宜小麦生长的光照资源(<1800h)影响区范围扩大,从四川盆地扩大到整个南方地区。全

国日照时数呈现南部低、北部高、东部低、西部高的空间分布特征，1951~2012 年日照时数低值区向高值区移动，自南向北日照时数低值区分布面积扩大，造成全国多数区域的多数站点日照时数呈现下降趋势。

(2) 相关热量资源的时空分布有所变化：相对于前 30 年，1981~2010 年年平均气温等值线在不同程度上向北移动，1951~2012 年全国大多数区域年平均气温为增温趋势。全国最热月平均气温南北差异不大，1951~2010 年淮河流域最热月平均气温等值线有所南退，但是在东北地区和西北地区最热月平均气温有所北进。全国多数站点最热月平均气温呈现上升趋势，但是在黄河和长江中下游之间则存在较多的最热月平均气温为下降趋势的站点。

(3) 相关界限温度及持续天数的时空分布有所变化：0℃积温和 0℃积温持续天数等值线均在不同程度北移，全国 0℃积温基本是上升趋势，但是 0℃积温年际波动幅度与多年变化趋势存在区域差异；虽然 10℃积温和 10℃积温持续天数等值线多年来比较稳定，变化不大，但是多年来全国 10℃积温和 10℃积温持续天数多表现为上升趋势。

(4) 冬季低温和春秋季霜日的时空分布有所变化：最冷月平均气温和年极端最低气温等值线也在不同程度上北移，62 年来全国最冷月平均气温多呈现上升趋势，冬季热量资源在增加；全国 80%以上区域表现为初霜日推后、终霜日提前和无霜期延长的趋势，但是三者的变化幅度、相互关系存在农区差异。从线性倾向率分布看，全国初霜日推迟幅度、终霜日提前幅度和无霜期延长幅度多是北方农区大于南方农区、东部农区大于西部农区；在三者相互关系方面，北方农区、甘新区和青藏区多是初霜日推后和终霜日提前共同作用从春秋两端延长了无霜期，西南区和长江中下游区部分地区与此相同，其他地区则是初霜日推后幅度大于终霜日推后幅度或终霜日提前幅度大于初霜日提前幅度带来无霜期的延长。

(5) 降水资源的时空分布有所变化：相对于前 30 年，1981~2010 年 400mm 等降水量的东段向东北移动，800mm 等降水量有所南移，北方地区降水多表现为下降趋势，南方地区降水多表现为上升趋势，但是南方降水天数则在减少。

研究发现，气温增减趋势都伴随着中国大部分省份耕地面积的减少，可见两者之间的相关性很小；耕地面积的增减趋势在大部分省份是与降水的增减趋势相反的；在考虑三者的情况下，全国省份主要存在两种趋势，而且趋势相同的省份在地理位置上是相邻成片聚集。中国的耕地空间上会向华中及西北地区转移，而相应地区降水却呈现减少趋势，不利于农业生产；而东北、华东地区虽然降水呈增加趋势，但是由于耕地面积的减少趋势，农业总产量可能会受到一定影响。

全国范围内主要存在两种趋势区：耕地减少、气温降低、降水增加主要分布在中国东北、京津冀、内蒙古和华东地区，耕地增加、气温降低、降水减少主要分布在华中及西北地区。从统计学角度来看，本书假设的对农业(粮食单产与耕地面积)可能造成影响的气候及人为因素并未体现出普遍、连续性的显著特征，即在省域分析单元上表现不甚明显，这也提醒我们需对现有研究做更深入的分析。

参 考 文 献

房世波, 韩国军, 张新时, 等. 2011. 气候变化对农业生产的影响及其适应. 气象科技进展, 2: 15-19.

刘纪远, 邵全琴, 延晓冬, 等. 2011. 土地利用变化对全球气候影响的研究进展与方法初探. 地球科学进展, 10: 1015-1022.

刘彦随, 刘玉, 郭丽英. 2010. 气候变化对中国农业生产的影响及应对策略. 中国生态农业学报, 4: 905-910.

刘洋. 2013. 气候变化背景下我国农业水热资源时空演变格局研究. 北京: 中国农业科学院.

宁晓菊, 秦耀辰, 崔耀平, 等. 2015. 60 年来中国农业水热气候条件的时空变化. 地理学报, 3: 364-379.

全国农业区划委员会《中国综合农业区划》编写组. 1981. 中国综合农业区划. 北京: 农业出版社.

孙杨, 张雪芹, 郑度. 2010. 气候变暖对西北干旱区农业气候资源的影响. 自然资源学报, 7: 1153-1162.

孙智辉, 王春乙. 2010. 气候变化对中国农业的影响. 科技导报, 4: 110-117.

田展, 梁卓然, 史军, 等. 2013. 近 50 年气候变化对中国小麦生产潜力的影响分析. 中国农学通报, 29(9): 61-69.

周广胜. 2015. 气候变化对中国农业生产影响研究展望. 气象与环境科学, 1: 80-94.

Liu J H, Gao J X, Geng B. 2007. Study on the dynamic change of land use and landscape pattern in the farming-pastoral region of northern China. Research of Environmental Sciences, 20(5): 148-154.

Smith M, Smith M. 1985. Report on the expert consultation on revision of FAO methodologies for crop water requirements. Nutrition Reviews, 43(2): 49-51.

Zhou Z Y, Sun O J, Huang J H, et al. 2007. Soil carbon and nitrogen stores and storage potential as affected by land use in an Agro-pastoral ecotone of northern China. Biogeochemistry, 82: 127-138.

第4章 气候变化对农作物生长的影响

本章旨在分析气候变化条件下，我国近十几年来主要农作物的物候期和生长期变化规律并预测作物生长期变化趋势，从而为制定和实施气候变化适应对策提供科学参考。具体内容包括以下两方面：①研究我国玉米、小麦和水稻的历史物候期及生长期变化规律及其与平均气温、降水量变化之间的相关性，确定近十余年来我国主要农作物的主要物候期和生长阶段受生长期平均气温、降水量影响的变化规律；②通过总结每种作物生长期与平均气温、降水量之间的历史多元回归关系，通过耦合海洋-大气模型(ECHAM)中 RCP2.6、RCP4.5 和 RCP8.5 三种情景下模拟的未来 2020～2040 年平均气温和降水数据，预估未来我国农作物轮作区的作物生长期变化趋势。

4.1 农业分区的气候和作物

本章研究以农业区为单元(图1-4)，分析气候资源分布和农业耕作特征。东北区地处温带大陆性季风气候区，总土地面积 95.3 万 km^2，该区包括东三省及内蒙古东北部大兴安岭部分地区。东北区土地资源和森林资源丰富，但热量资源不足，且有研究表明，该区干旱化明显，农区干旱面积逐年扩大(白亚梅和戴格文，1995；陈莉等，2010)。东北区是我国主要的商品粮和大豆供应区，玉米、高粱等作物产量所占比重较大，作物熟制为一年一熟。内蒙古及长城沿线区气候条件从东部平原向内蒙古高原逐渐由半湿润向半干旱和干旱带过渡，我国沙漠化地带多在该区，全年降水量少，水热资源欠缺，是全国生态平衡严重失调的主要地区之一。内蒙古及长城沿线区的南部为该区的主要农区，主要作物类型为春小麦、高粱、马铃薯等旱杂粮及耐寒油料等，作物熟制为一年一熟。

甘新区位于我国西北，包括甘肃、新疆、宁夏、内蒙古等 131 个县(市)，地广人稀。该区光热资源充足，太阳辐射强，作物生长期的气温日较差大，但由于地形差异，降水量分配差别大，农牧矛盾突出，农业发展较落后。青藏区包括我国青海、西藏以及甘肃部分地区等共 155 个县(市)，是海拔最高的区域，高寒气候使得该区大部分地区热量不足，不适合农业种植，主要在南部边缘种植玉米、水稻、青稞等耐寒作物。

黄土高原区西起青海日月河、东至太行山、北起长城沿线、南至秦岭，该区除南部部分地区属半湿润气候区、西北小部分地区属干旱区外，大部分区域均为半干旱区且具有大陆性季风气候特点。该区春旱严重、夏雨集中，光热资源较为丰富，雨热同期，但水土流失严重，产量不高。作物种植以小麦、棉花等旱杂粮为主，广种薄收是该区农业种植需要解决的主要问题。黄淮海区位于我国东部，属暖温带季风性气候，东邻渤海、西至太行山、南至淮河、北倚长城，耕地面积 3.36 亿亩[①]，居各农区之首。黄

---

① 1 亩≈666.7m^2。

淮海区是我国重要的粮食产区,棉花、玉米、小麦产量常年占全国总产量一半以上。该区年平均气温 8～15℃,全年大于 0℃积温 4200～4500℃,年降水量 500～800mm(付伟,2013),水热条件适合一年两熟,目前有丘陵水浇地两熟和旱地一熟两熟区(胡志全等,2002)。

长江中下游区北接淮阳山,南邻江南丘陵,属亚热带湿润季风气候。该区平原广阔,无霜期 210～270 天,年降水量 800～2000mm,水热资源丰富,农业发达,是我国重要的粮、棉、油生产基地,盛产小麦、稻谷、油菜等,农业生产一年两熟或三熟。西南区位于我国秦岭以南,包括云南、贵州、四川、重庆等,地处亚热带,属亚热带季风气候,地貌以高原和山地为主。该区高温多雨,年降水量达 1000～1300mm,水热资源丰富,生产条件复杂,是甘蔗、菠萝、烟草、蚕丝等主产区,农业生产以水稻、油菜籽等为主,但粮食生产受干旱灾害等影响较严重,粮食平均亩产较低(韩兰英等,2015)。华南农业区包括广西、广东、福建、云南等地的 191 个县(市),该区多属热带、亚热带季风气候,高温多雨,雨热同期,水热资源居全国首位,是我国主要的热带作物生产区(戴声佩等,2014)。主要种植的作物包括水稻、小麦、高粱、番薯等,也是我国最大的橡胶产区,大部分农作物为三熟制。

东北区、甘新区北部和内蒙古及长城沿线区是我国主要的春玉米播种区,常年总的玉米播种面积和产量占全国的 35%以上。黄淮海区是我国重要的夏玉米播种区,也是我国主要的玉米集中产区,占全国玉米播种面积的 30%以上,常年产量占 40%左右。此外,西南山地丘陵地区和华南部分地区也都是我国重要的玉米播种产区(何奇瑾,2012)。我国小麦种植范围非常广泛,在甘新区、黄淮海区、黄土高原区以及西南区均有集中播种,其中以长城以南黄淮海区为我国冬小麦播种和产量最集中区,占全国小麦播种面积的45%左右。

4.2　农业气象数据处理

研究所用数据主要包括历史农业站点数据、气象站点数据以及 ECHAM 模型模拟的三种情景下的未来气候数据。

所用的历史农业站点数据为 2000～2013 年中国农作物生长发育和农田土壤湿度旬值数据集,主要用到站点信息、经纬度、各物候期首日期数据等指标。首先将研究时段内主要农作物数据按站点和年份进行物候期的筛选,并将其转换为所需的 DOY 形式,以便进行作物生长期研究;之后分别利用每种作物的生长期历史数据计算其 SLOPE 函数值并进行趋势分析。

所用的气象站点数据来自国家气象科学数据中心提供的中国地面气候资料日值数据集,主要用到逐日平均气温和降水指标。气候数据处理中首先进行了每种作物气象站点和农业站点的对应,用到 ArcGIS 中缓冲区模块;之后,逐年逐站点地进行作物生长期的平均气温、降水数据计算;最后,利用每种作物的逐年逐站点生长期平均气温、降水数据计算其 SLOPE 值,并分析其研究期变化趋势。

所用的未来气候数据来自河南大学地理与环境学院陈友民教授提供的 ECHAM 模

型模拟的 RCP2.6、RCP4.5、RCP8.5 三种情景下未来 2020～2040 年逐日平均气温、降水数据。

　　IPCC 第五次评估报告(AR5)中对全球气候变化未来预估采用了新的典型浓度路径(Representative Concentration Pathways, RCPs)系列，该方法是基于各种温室气体排放量和相当的 CO_2 浓度综合确定每个 RCP 等级，利用单位面积的辐射强迫强度来表示稳定浓度下的未来 100 年的新情景(Metz et al.，2007)。相较于之前使用的 SRES 温室气体排放情景，RCPs 系列可以看作是辐射强迫情景，与以往采用的 SRES 情景的传统串行方法不同，RCPs 系列采用的是气候模型工作与综合评估模型工作并行方法(Wynne，1992)，其中气候模型工作将气候、大气、碳循环等与社会经济相结合，综合评估模型工作则能够帮助识别未来的经济、技术、政策会导向哪种浓度路径及其气候变化的程度，大大减少了 SRES 系列从社会经济到最终的影响和脆弱性评估过程中所逐步产生的误差。

　　RCPs 系列情景主要包括四种浓度路径(Moss et al.，2010；van Vuuren et al.，2006)：RCP2.6、RCP4.5、RCP6.0 和 RCP8.5。其中，RCP2.6 为 CO_2 排放低端路径，路径形式为先上升到达峰值然后下降，CO_2 浓度达到峰值约 490ppm 随后下降，预计升温 1.6～3.6℃；RCP4.5 为 CO_2 中间稳定路径(优先)，路径形式为上升至目标值后保持稳定，CO_2 浓度达到 650ppm 随后保持相对稳定，预计升温 2.4～5.5℃；RCP6.0 为 CO_2 中间稳定路径，路径形式为上升至目标值后相对稳定，CO_2 浓度到达 850ppm 随后保持相对稳定，预计升温 3.2～7.2℃；RCP8.5 为 CO_2 排放高端路径，路径形式为持续上升，CO_2 浓度到达 1370ppm 随后持续上升，预计升温 4.6～10.3℃。

　　分别从黄淮海区、黄土高原区、甘新区和西南区这四个主要分布区中各选取出一个有代表性的站点，显示其未来 20 年间在三种情景下逐年生长期预测结果。站点选取情况如表 4-1。

表 4-1　各轮作区站点选取

区域	站点	多元回归方程
黄淮海区	霸州	$y = -2.05a - 0.027b + 392.83$
黄土高原区	渭南	$y = -3.02a + 0.02b + 342.04$
西南区	南阳	$y = -1.68a + 0.023b + 323.63$
甘新区	定州	$y = -2.24a + 0.007b + 346.9$

注：y 为生长期；a 为平均气温；b 为降水量。下同。

　　图 4-1 为选取出的四个站点未来 2020～2040 年逐年生长期模拟结果，由此可以看出，每个站点在未来三种情景下的生长期变化模拟趋势有各自的特点和趋势，总的来说，RCP2.6 和 RCP4.5 两种情景下的模拟生长期变化趋势较为一致，与 RCP8.5 情景下的模拟趋势在程度上有所差异。

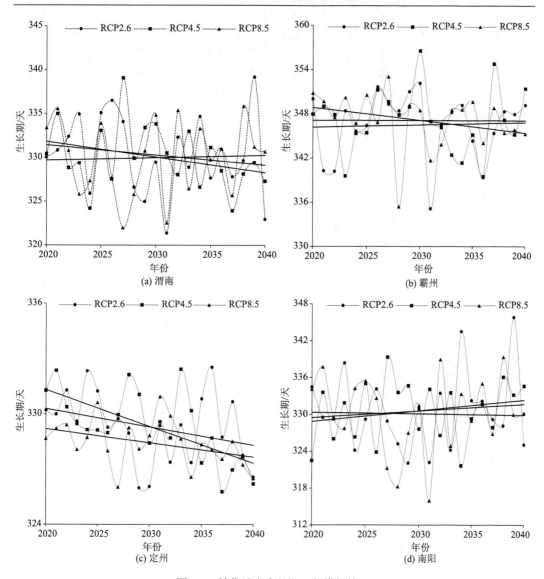

图 4-1　轮作站点生长期逐年模拟情况

4.3　主要农作物物候生长特征及其与气候因子的关系

4.3.1　春玉米生长期与水热气候因子的联立分析

1. 春玉米生长期及其对应气候要素的变化

我国春玉米种植区范围广大，在我国东北区、内蒙古及长城沿线区、黄土高原区、西南区、长江中下游区、华南区以及甘新区 7 个农业行政区中均有分布，其中以新疆北部地区、东北区、内蒙古及长城沿线南区、黄土高原区以及西南区分布最为集中。

对春玉米播种期研究时选取 116 个有效站点，2000～2013 年春玉米平均播种期一般在 5 月中旬以前，在 2 月中旬至 3 月(DOY43-60[①])播种的站点有 4 个，其中 3 个在广西西南种植区，1 个在江西北部；播种期在 4 月(DOY61-90)的站点共 8 个，主要分布在西南区的川渝山地种植区；播种期在 5 月(DOY91-120)的站点共 58 个，5 月是我国大部分春小麦种植区的平均播种期时段，其中以我国北方和新疆北部春玉米种植区分布最为集中；播种期在 5 月初至 5 月中旬(DOY121-139)的站点共 46 个，以东北区及周边春玉米种植区分布最为集中(图 4-2)。

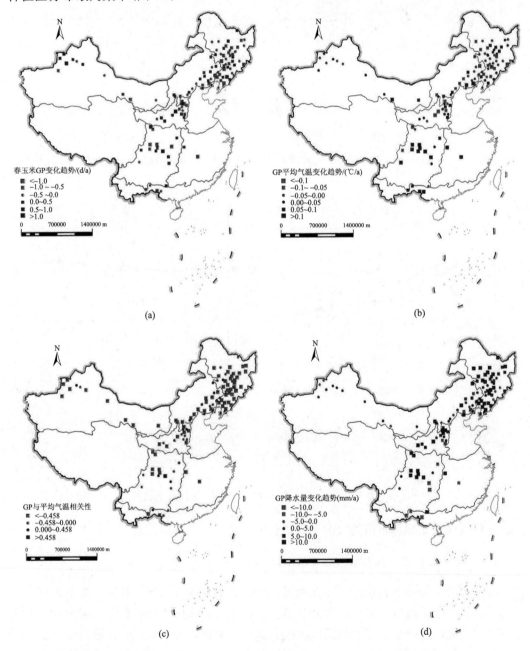

(a)   (b)

(c)   (d)

---

① DOY43-60 指一年中的第 43～第 60 天，即 2 月中旬至 3 月。下同。

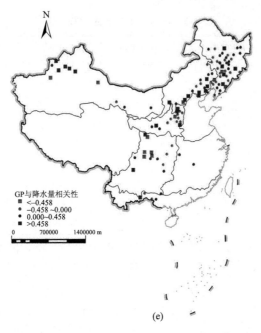

(e)

图 4-2　春玉米生长期(GP)及其对应气候要素变化趋势

对春玉米整个生长阶段 GP 筛选出 117 个有效站点。研究期春玉米生长期长度变化以缩短趋势为主，其中生长期缩短的站点有 73 个，最高缩短趋势达 3.19d/a；春玉米生长期呈延长趋势的站点有 44 个，最大延长趋势为 1.52d/a。

春玉米生长期平均气温呈升高趋势的站点有 59 个，最大升高趋势达 0.24℃/a；平均气温降低的站点 58 个，最大降低趋势为 0.15℃/a。对研究期春玉米生长期长度和对应时段平均气温的相关性分析得出，整个生长期长度与生长期平均气温之间表现出明显的负相关关系，其中呈负相关的站点共 103 个，达到 90%显著负相关水平的站点有 74 个；春玉米生长期长度与平均气温呈正相关的站点共 14 个，达到 90%显著正相关水平的站点只有 1 个。

春玉米生长期降水量普遍呈现出增加趋势，研究期降水量呈增加趋势的站点共 92 个，最大增加趋势达 40.16mm/a；降水量呈降低趋势的站点有 25 个，最大降低趋势为 18.60mm/a。对研究期春玉米生长期变化与降水量之间相关性分析得出，117 个站点中有 52 个呈负相关，达到 90%显著负相关的站点有 12 个；呈正相关的站点有 65 个，其中 25 个达到 90%显著正相关水平。

2. 不同农业区的春玉米生长期变化分析

为了更好地总结我国春玉米种植区各生长期的变化趋势，分别求出全部站点生长期长度与平均气温、降水量之间的多元回归方程，然后对站点进行农业区划的归类，最后总结出我国主要春玉米种植区的区域生长期与平均气温、降水量的多元回归方程，分析春玉米各生长期长度变化与平均气温、降水量之间的线性关系(表 4-2)。

表 4-2　春玉米 GP 多元回归分析

农业区划	最大气温正影响率/(d/℃)	最大气温负影响率/(d/℃)	最大降水量正影响率/(d/10mm)	最大降水量负影响率/(d/10mm)	多元回归方程
东北区	1.22	−11.78	0.19	−0.56	$y=-5.98a-0.0089b+265.75$
甘新区	4.84	−9.95	2.28	−2.19	$y=-4.76a+0.0289b+234.8$
黄土高原区	4.45	−14.21	0.23	−0.26	$y=-4.68a-0.0075b+245.17$
内蒙古及长城沿线区	3.21	−10.23	0.97	−0.57	$y=-3.6a+0.0023b+215.21$
西南区	7.19	−11.10	0.74	−0.35	$y=-2.05a+0.0022b+177.01$
全国春玉米 GP 多元回归方程			$y=-4.58a+0.0017b+234.64$		

　　研究期各主要种植区春玉米整个生长期 GP 与平均气温、降水量之间的多元回归分析结果如下：东北区平均气温每升高 1℃，春玉米 GP 缩短 5.98 天，降水量每增加 10mm，GP 缩短 0.089 天；甘新区平均气温每升高 1℃，春玉米 GP 缩短 4.76 天，降水量每增加 10mm，GP 延长 0.289 天；黄土高原区平均气温每升高 1℃，春玉米 GP 缩短 4.68 天，降水量每增加 10mm，GP 缩短 0.075 天；内蒙古及长城沿线区平均气温每升高 1℃，春玉米 GP 缩短 3.6 天，降水量每增加 10mm，GP 延长 0.023 天；西南区平均气温每升高 1℃，春玉米 GP 缩短 2.05 天，降水量每增加 10mm，GP 延长 0.022 天。

　　总体上，全国春玉米 GP 受平均气温的影响为平均气温每增加 1℃，春玉米生长期缩短 4.58 天；降水量增加会带来春玉米生长期略微延长，但影响系数极低。

　　总结研究期我国春玉米物候期、生长期、气候要素及其相互关系，得到如下事实：2000～2013 年我国春玉米各主要物候期(播种—成熟)表现出不同程度的推迟趋势；站点作物生长期的总体平均气温呈升高趋势、降水量呈增加趋势，全国及各个主要春玉米种植区的生长期均表现出缩短趋势，春玉米生长期的缩短以营养生长期缩短为主；春玉米生长期变化与气候要素之间的关系表现为，总体上春玉米生长期与平均气温之间呈负相关，平均气温每升高 1℃全国平均春玉米生长期缩短 4.58 天，与降水量之间呈正相关但受降水量影响极小。

4.3.2　夏玉米物候特征及其与水热气候因子的关系

1. 夏玉米生长期及其对应气候要素的变化

　　我国夏玉米种植区主要集中在黄淮海平原区、黄土高原区、西南区及甘新区的新疆南部地区。对夏玉米播种期筛选出 74 个有效站点，其播种期分布在 3 月底至 7 月上旬(DOY87-187)。其中，播种期在 3 月底至 4 月中旬的站点有 5 个(DOY87-110)，4 月中旬至 5 月上半月的站点有 4 个(DOY111-135)，主要都分布在西南山地地区；5 月下半月至 6 月上旬的站点有 23 个(DOY136-161)，主要分布在黄淮海平原南部和新疆南部地区；6 月中旬至 7 月上旬的站点有 42 个(DOY162-187)，主要分布在黄淮海平原北部地区和新疆塔里木盆地北部地区(图 4-3)。

对夏玉米整个生长期 GP 筛选出 68 个有效站点。整体上夏玉米生长期以延长趋势为主，其中呈延长趋势的站点共 39 个，最大延长趋势达 1.89d/a；夏玉米生长期呈缩短趋势的站点共 29 个，最大缩短趋势达 1.83d/a。

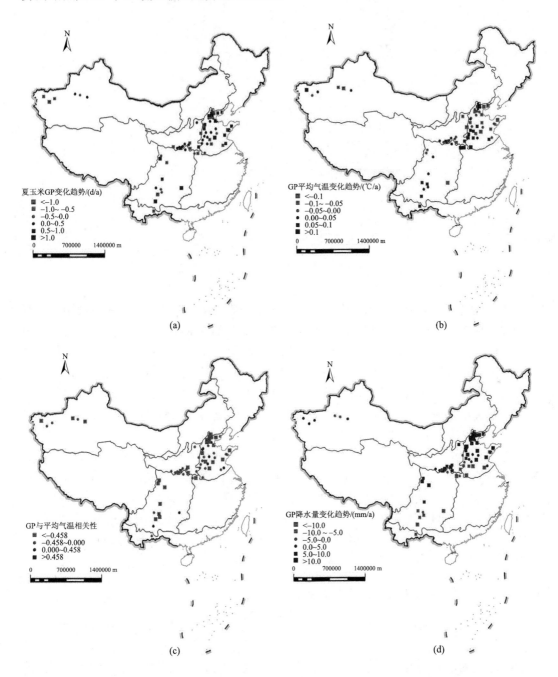

图 4-3　夏玉米生长期(GP)及其对应气候要素变化趋势

　　研究期夏玉米整个生长期的平均气温呈增温趋势的站点共 34 个,主要以河南和西南区的增温趋势最为集中,最大增温趋势达 0.23℃/a;夏玉米整个生长期 GP 的平均气温呈下降趋势的站点共有 34 个,以黄淮海区的河北和山东夏玉米种植区的下降趋势最为集中,最大下降趋势达 0.31℃/a。夏玉米生长期长度和生长期平均气温之间的相关性显示,生长期长度和平均气温之间普遍表现出负相关,其中呈负相关的站点共 60 个,达到 90%显著负相关水平的站点有 29 个;生长期长度与平均气温呈正相关的站点只有 8 个,且没有达到 90%显著正相关水平的站点。

　　夏玉米整个生长期对应的总降水量呈增加趋势的站点共有 46 个,在黄淮海区北部的夏玉米种植区最为集中,最大增加趋势为 51.10mm/a;夏玉米生长期降水量呈减少趋势的站点共 22 个,主要集中在河南及西南夏玉米种植区,最大减少趋势达 42.81mm/a。研究期夏玉米生长期与降水量相关性显示,68 个站点中有 48 个站点呈正相关,其中有 11 个站点达到 90%显著正相关水平;有 20 个站点呈负相关,达到 90%显著负相关的站点有 2 个。

　　2. 不同农业区的夏玉米生长期变化分析

　　下面分别为研究期夏玉米主要种植区的生长期变化与平均气温、降水量之间的多元回归分析(表 4-3)。

　　表 4-3 为研究期夏玉米整个生长期 GP 变化与平均气温、降水量之间的多元回归分析,结果显示,甘新区总体上平均气温每升高 1℃,夏玉米 GP 缩短 4.05 天,降水量每增加 10mm,GP 延长 0.085 天;黄淮海区总体上平均气温每升高 1℃,夏玉米 GP 缩短 2.1 天,降水量每增加 10mm,GP 缩短 0.01 天;黄土高原区平均气温每升高 1℃,夏玉

米 GP 缩短 1.9 天,降水量每增加 10mm,GP 延长 0.043 天;西南区平均气温每升高 1℃,
夏玉米 GP 缩短 5.04 天,降水量每增加 10mm,GP 延长 0.088 天。

表 4-3　夏玉米 GP 多元回归分析

农业区划	最大气温正影响率/(d/℃)	最大气温负影响率/(d/℃)	最大降水量正影响率/(d/10mm)	最大降水量负影响率/(d/10mm)	多元回归方程
甘新区	−1.31	−8.42	1.20	−1.19	$y = -4.05a + 0.0085b + 194.85$
黄淮海区	4.29	−8.69	1.12	−0.64	$y = -2.1a - 0.001b + 152.34$
黄土高原区	3.53	−8.58	0.38	−0.18	$y = -1.9a + 0.0043b + 149.19$
西南区	15.34	−15.87	0.56	−0.22	$y = -5.04a + 0.0088b + 229.12$
全国夏玉米 GP 多元回归方程					$y = -2.74a + 0.0022b + 169.01$

由此可以看出,研究期全国各主要夏玉米种植区的整个生长期 GP 均表现出随温度
升高而缩短的现象,平均缩短幅度为平均气温每升高 1℃,夏玉米 GP 缩短 2.74 天;研
究期夏玉米 GP 受降水量影响普遍不显著。

综合以上结论得出,我国近十余年来夏玉米物候变化、生长期间的气候要素变化以
及二者之间的关系如下:研究期夏玉米主要特征是物候期呈推迟趋势;全部夏玉米站点
中生长期平均气温呈增加和降低趋势的站点数量相同,大部分站点降水量呈增加趋势;
全国及各主要夏玉米种植区生长期缩短的站点数量略多于延长的站点,但在天数上以缩
短的天数更显著;总体上夏玉米生长期变化与平均气温之间呈负相关,全国平均气温每
升高 1℃,夏玉米生长期缩短 2.74 天,夏玉米生长期变化与降水量之间总体呈正相关但
受降水量变化的影响很小。

4.3.3　春小麦物候特征及其与水热气候因子的关系

1. 春小麦生长期及其对应气候要素的变化

我国春小麦以北方为主要种植区,包括甘新区、内蒙古及长城沿线区、青藏区、黄
土高原区西部及黑龙江等地区。2000~2013 年春小麦播种期筛选出 54 个有效站点,其
平均播种期分布在 2 月底至 5 月初之间(DOY58-131)。其中,播种期在 2 月底至 3 月中
旬(DOY58-79)的站点有 18 个,播种期在 3 月下旬至 4 月上旬(DOY80-100)的站点有 18
个,主要以新疆、青海、甘肃等地分布最为集中;播种期平均值在 4 月中旬至 4 月底
(DOY101-120)的站点共 16 个,黑龙江种植区分布较集中;播种期平均值在 5 月初
(DOY121-131)的站点有两个(图 4-4)。

春小麦全生长期 GP 筛选出 53 个有效站点,其中 GP 呈延长趋势的站点共 31 个,
最大延长趋势达 2.19d/a;春玉米 GP 呈缩短趋势的站点共 22 个,最大缩短趋势达 1.75d/a。

研究期春小麦的生长期平均气温呈下降趋势的站点有 28 个,最大下降趋势为 0.19℃/a;
春小麦生长期平均气温呈上升趋势的站点有 25 个,最大上升趋势为 0.26℃/a。对春小麦
整个生长期 GP 长度与平均气温之间的相关性分析,结果显示,春小麦 GP 长度变化与
平均气温之间表现为普遍的显著负相关关系,53 个站点中,呈负相关的站点有 42 个,

达到 90%显著负相关水平的站点有 23 个；呈正相关的站点共 11 个，其中只有一个站点生长期长度与平均气温之间达到显著正相关水平。

春小麦生长期降水量呈减少趋势的站点有 27 个，最大减少趋势达 9.98mm/a；春小麦生长期降水量呈增加趋势的站点有 26 个，最大增加趋势达 16.86mm/a。对研究期春小麦生长期与降水量之间的相关性分析，结果显示，53 个站点中呈负相关的站点有 21 个，其中有 4 个站点达到 90%显著负相关水平；呈正相关的站点有 32 个，达到 90%显著正相关水平的站点有 9 个。

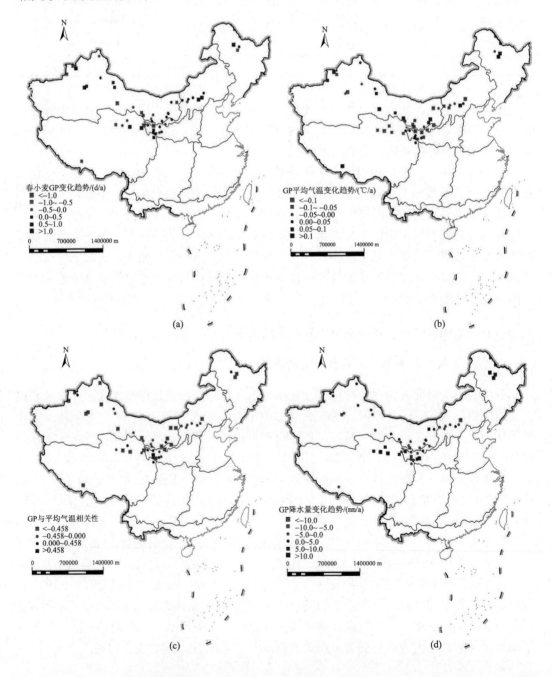

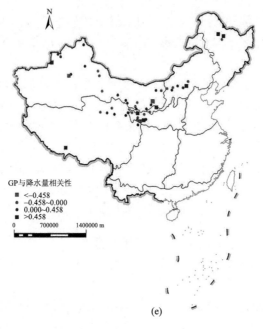

(e)

图 4-4　春小麦生长期(GP)及其对应气候要素变化趋势

2. 不同农业区的春小麦生长期变化分析

表 4-4 为研究期春小麦各主要种植区的生长期变化与平均气温、降水量之间的多元回归分析。

表 4-4　春小麦 GP 多元回归分析

农业区划	最大气温正影响率/(d/℃)	最大气温负影响率/(d/℃)	最大降水量正影响率/(d/10mm)	最大降水量负影响率/(d/10mm)	多元回归方程
东北区	4.23	−7.68	0.82	0.25	$y = -2.89a + 0.049b + 140.72$
甘新区	4.01	−9.89	1.65	−1.83	$y = -3.51a - 0.0065b + 178.06$
黄土高原区	8.37	−4.73	4.11	−0.63	$y = -0.4a + 0.0353b + 129.58$
内蒙古及长城沿线区	0.03	−7.96	1.20	−0.66	$y = -3.35a - 0.0025b + 170.97$
青藏区	0.44	−13.37	0.28	−0.50	$y = -6.15a - 0.0022b + 228.25$
全国春小麦 GP 多元回归方程			$y = -3.14a + 0.0127b + 168.79$		

表 4-4 为研究期我国春小麦主要种植区的整个生长期 GP 变化与平均气温、降水量之间的多元回归分析。结果显示，东北区总体上平均气温每升高 1℃，春小麦 GP 缩短 2.89 天，降水量每增加 10mm，GP 延长 0.49 天；甘新区总体上平均气温每升高 1℃，春小麦 GP 缩短 3.51 天，降水量每增加 10mm，GP 缩短 0.065 天；黄土高原区平均气温每升高 1℃，春小麦 GP 缩短 0.4 天，降水量每增加 10mm，GP 延长 0.353 天；内蒙

古及长城沿线区平均气温每升高 1℃，春小麦 GP 缩短 3.35 天，降水量每增加 10mm，GP 缩短 0.025 天；青藏区平均气温每升高 1℃，春小麦 GP 缩短 6.15 天，降水量每增加 10mm，GP 缩短 0.022 天。

由此可以看出，研究期全国各主要春小麦种植区的 GP 均表现出随温度升高而缩短的现象，全国平均缩短幅度为平均气温每升高 1℃，春小麦 GP 缩短 3.14 天；研究期全国平均降水量每增加 10mm，春小麦 GP 延长 0.127 天，总体影响并不显著。

总结以上数据分析得出以下基本事实：近十几年来，我国春小麦主要物候期以推迟趋势为主；主要站点的春小麦生长期以及生长期的平均气温、降水量增减变化的站点数量没有明显差异；春小麦生长期长度变化与平均气温之间总体上呈负相关性，全国平均气温每升高 1℃春小麦生长期缩短 3.14 天，春小麦生长期长度受降水量变化影响不显著。

4.3.4　冬小麦物候特征及其与水热气候因子的关系

1. 冬小麦生长期及其对应气候要素的变化

对冬小麦选取了 2001～2012 年连续 13 年数据进行物候期变化研究。我国冬小麦种植范围广泛，主要集中在黄淮海区、黄土高原区、西南区、长江中下游区北部及新疆等地。对冬小麦播种期选取出 202 个有效站点，其播种期范围在 9 月下旬至 11 月底，表现出明显的由北至南逐渐推后的趋势。其中，播种期在 9 月下半月至 9 月底(DOY258-273)的站点共 30 个，主要分布在北方黄土高原区以及新疆部分地区；播种期在 10 月上旬至10 月中旬(DOY274-293)的站点共 96 个，在我国秦岭—淮河以北的黄淮区、黄土高原区和新疆冬小麦种植区分布广泛；播种期在 10 月下旬至 11 月上旬(DOY294-314)的站点共72 个，主要分布在秦岭—淮河以南的西南区和长江中下游冬小麦种植区；播种期为 11月中下旬(DOY315-334)的站点只有 4 个(图 4-5)。

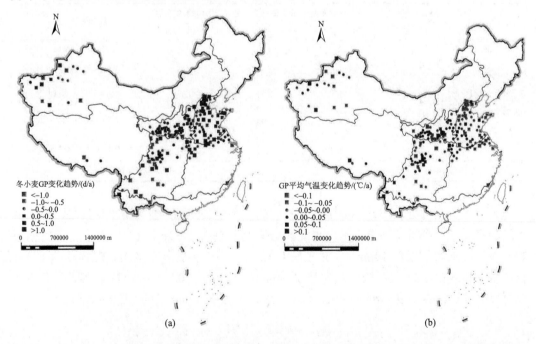

(a)　　　　　　　　　　　　　　　　　　　(b)

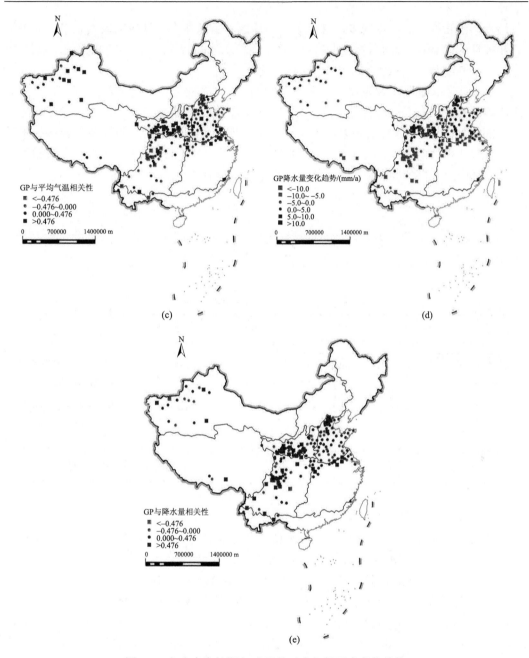

图 4-5　冬小麦生长期(GP)及其对应气候要素变化趋势

　　研究期冬小麦生长期 GP 共筛选出 193 个有效站点。冬小麦生长期 GP 以呈延长趋势的站点居多，共有 123 个站点，最大延长趋势为 3.14d/a；冬小麦整个生长期呈缩短趋势的站点共 70 个，最大缩短趋势达 3.85d/a。

　　冬小麦生长期平均气温以降低趋势为主，呈降低趋势的站点共 117 个，其中最大降低趋势达 0.70℃/a；生长期平均气温呈升高趋势的站点共 76 个，最大升高趋势为 0.60℃/a。对冬小麦生长期长度和平均气温之间的相关性分析，结果显示，生长期持续时间与平均气温之间呈正相关的站点居多，且以黄土高原区和新疆冬小麦种植区最为集中，其中呈正相关性的站点有 128 个，达到 90%显著正相关水平的共 34 个；呈负相关的站点共 65 个，达到 90%显著负相关水平的站点有 21 个。

冬小麦生长期降水量表现出普遍下降的趋势，其中呈下降趋势的站点有 116 个，最大下降趋势达 27.68mm/a；生长期降水量呈增加趋势的站点共 77 个，最大增加趋势为 16.82mm/10a。统计分析结果显示，冬小麦生长期长度与降水量之间呈现出普遍的正相关性，呈正相关的站点共 149 个，达到 90%显著正相关性的站点有 47 个；呈负相关的站点有 44 个，其中达到 90%显著负相关水平的站点有 2 个。

2. 不同农业区的冬小麦生长期变化分析

表 4-5 为研究期冬小麦各主要种植区的生长期变化与平均气温、降水量之间的多元回归分析。

表 4-5   冬小麦 GP 多元回归分析

农业区划	最大气温正影响率/(d/℃)	最大气温负影响率/(d/℃)	最大降水量正影响率/(d/10mm)	最大降水量负影响率/(d/10mm)	多元回归方程
长江中下游区	16.64	−16.61	2.07	−0.18	$y = 1.29a + 0.0319b + 184.77$
甘新区	21.28	−3.71	5.14	−1.14	$y = 4.52a + 0.091b + 231.4$
黄淮海区	9.19	−9.02	1.38	−0.40	$y = 0.33a + 0.0115b + 235.48$
黄土高原区	16.66	−10.02	1.29	−2.56	$y = 2.7a + 0.0261b + 234.64$
西南区	8.38	−15.03	1.20	−1.10	$y = -1.24a + 0.0347b + 201.82$
全国冬小麦 GP 多元回归方程			$y = 1.11a + 0.0309b + 220.86$		

表 4-5 为研究期我国冬小麦主要种植区的整个生长期 GP 变化与平均气温、降水量之间的多元回归分析。结果显示，长江中下游区总体上平均气温每升高 1℃，冬小麦 GP 延长 1.29 天，降水量每增加 10mm，GP 延长 0.319 天；甘新区总体上平均气温每升高 1℃，冬小麦 GP 延长 4.52 天，降水量每增加 10mm，GP 延长 0.91 天；黄淮河区平均气温每升高 1℃，冬小麦 GP 延长 0.33 天，降水量每增加 10mm，GP 延长 0.115天；黄土高原区平均气温每升高 1℃，冬小麦 GP 延长 2.7 天，降水量每增加 10mm，GP 延长 0.261 天；西南区平均气温每升高 1℃，冬小麦 GP 缩短 1.24 天，降水量每增加 10mm，GP 延长 0.347 天。

研究期除西南区总体上平均气温上升使得冬小麦 GP 缩短外，其他各主要冬小麦种植区 GP 均表现出随平均气温升高而延长，平均延长幅度为平均气温每升高 1℃，冬小麦 GP 延长 1.11 天；研究期全国总体上表现为冬小麦 GP 随降水量增加而延长，平均每增加 10mm，冬小麦 GP 延长 0.309 天。

总结发现，从总的生长期来看，全国冬小麦总的生长期以呈延长趋势的站点居多，平均气温每升高 1℃，全国冬小麦平均生长期延长 1.11 天；冬小麦生长期降水量呈下降趋势且与冬小麦生长期变化呈正相关，平均降水量每增加 10mm，冬小麦 GP 延长 0.309 天。

4.3.5 早稻生长期与水热气候因子的联立分析

1. 早稻生长期及其对应气候要素的变化

我国早稻种植区范围比较集中，主要分布在长江中下游区和华南区。2000~2013 年早稻播种期共选出 63 个有效站点，其平均播种期中有 61 个有效站点，分布在 1 月下旬至 3 月上旬(DOY24-98)，剩余两个为 DOY257、DOY281。其中，播种期在 1 月下旬到 2 月底的站点有 2 个(DOY24-59)，分布在海南北部；3 月的站点有 43 个(DOY60-90)，主要分布在广西东部和南部、广东、湖南东南部以及江西；4 月的站点有 16 个(DOY91-120)，零星分布在江南丘陵的西部、长江中下游平原和浙闽丘陵的中部；5 月至 9 月中旬的站点有 2 个(DOY121-281)，分布在海南中部和云南南部，主要是因为研究期内的播种期由 12 月推迟到第 2 年的 1 月或 2 月(图 4-6)。

研究期早稻整个生长期的平均气温呈增温趋势的站点共 31 个，主要以华南区和长江中下游区东南部的增温趋势最为集中，最大增温趋势达 0.51℃/a；早稻整个生长期 GP 的平均气温呈下降趋势的站点共有 31 个，最大下降趋势达 0.22℃/a。早稻生长期长度和生长期平均气温之间的相关性显示，生长期长度和平均气温之间普遍表现出负相关，其中呈负相关的站点共 54 个，达到 90%显著负相关水平的站点有 39 个；生长期长度与平均气温呈正相关的站点只有 8 个，达到 90%显著正相关水平的站点有 4 个。

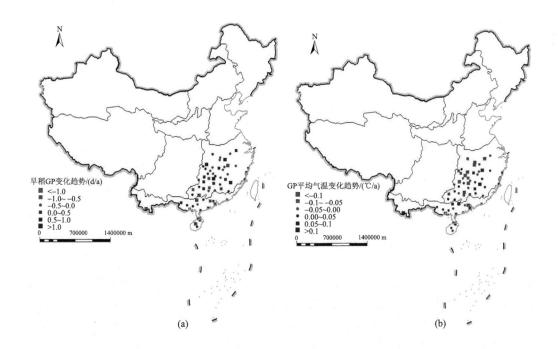

(a)   (b)

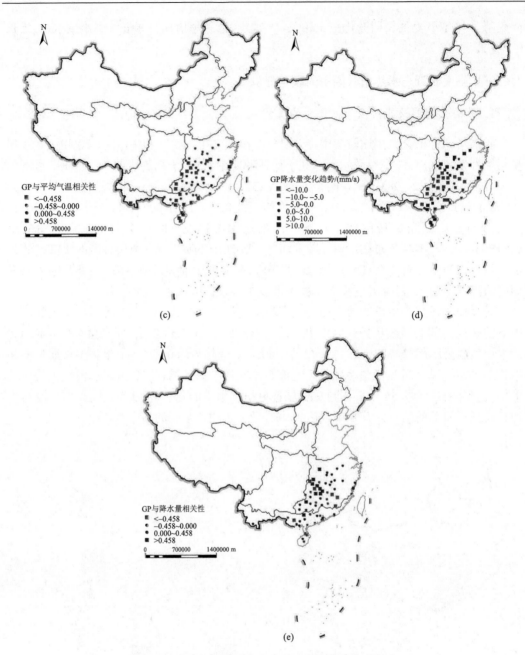

图 4-6　早稻生长期(GP)及其对应气候要素变化趋势

早稻整个生长期对应的降水量呈增加趋势的站点共有 23 个,在湖南东南部的水稻种植区最为集中,最大增加趋势为 25.27mm/a;早稻生长期降水量呈减少趋势的站点共 39个,最大减少趋势达 69.14mm/a。研究期早稻生长期与降水量相关性显示,62 个站点中有 40 个站点呈正相关,其中有 27 个站点达到 90%显著正相关水平;有 22 个站点呈负相关,达到 90%显著负相关的站点有 11 个。

2. 不同农业区的早稻生长期变化分析

表 4-6 为研究期早稻主要种植区的生长期变化与平均气温、降水量之间的多元回归分析。在多元回归方程中，a 指平均气温(℃)，b 指降水量(mm)，y 指生长期长度的变化(d)。

表 4-6　早稻 GP 多元回归分析

农业区划	最大气温正影响率/(d/℃)	最大气温负影响率/(d/℃)	最大降水量正影响率/(d/10mm)	最大降水量负影响率/(d/10mm)	多元回归方程
长江中下游区	7.48	−18.46	0.37	−0.20	$y=-2.78a+0.0022b+173.04$
华南区	9.05	−20.08	0.24	−0.27	$y=-5.56a+0.0005b+261.44$
全国早稻 GP 多元回归方程				$y=-3.68a+0.0013b+201.56$	

表 4-6 中为研究期我国早稻主要种植区的全生长期 GP 变化与平均气温、降水量之间的多元回归分析。结果显示，长江中下游区总体上平均气温每升高 1℃，早稻 GP 缩短 2.78 天，降水量每增加 10mm，GP 延长 0.022 天；华南区总体上平均气温每升高 1℃，早稻 GP 缩短 5.56 天，降水量每增加 10mm，GP 延长 0.005 天。

研究期主要早稻种植区的 GP 均表现出随温度升高而缩短的现象，平均缩短幅度为平均气温每升高 1℃，早稻 GP 缩短 3.68 天；研究期平均降水量每增加 10mm，早稻 GP 延长 0.013 天。

4.3.6　晚稻生长期与水热气候因子的联立分析

1. 晚稻生长期及其对应气候要素的变化

我国晚稻种植区也主要集中在长江中下游区和华南区，以湖南、江西、广西、广东分布最为广泛。对晚稻播种期筛选出 64 个有效站点，其播种期分布在 5 月底至 7 月底 (DOY159-204)。其中，播种期在 5 月底到 6 月中上旬的站点有 8 个(DOY159-171)，6 月下旬的站点 25 个(DOY172-181)，主要分布在东南丘陵以南地区；7 月上旬的站点 15 个(DOY182-191)，主要分布在东南丘陵地区；7 月中下旬的站点 16 个(DOY192-204)，主要分布在广东沿海地区和广西大部分地区。整体上来看，从北到南播种期有延后的特征(图 4-7)。

晚稻全生长期 GP 筛选出 64 个有效站点，以延长趋势为主，其中 GP 呈延长趋势的站点共 41 个，最大延长趋势达 3.44d/a；晚稻 GP 呈缩短趋势的站点共 23 个，最大缩短趋势达 3.02d/a。

研究期晚稻的生长期平均气温呈下降趋势的站点有 38 个，最大下降趋势为 0.21℃/a；晚稻生长期平均气温呈上升趋势的站点有 26 个，最大上升趋势为 0.33℃/a。对晚稻整个生长期 GP 长度与平均气温之间的相关性分析，结果显示，晚稻 GP 长度变化与平均气温之间表现为普遍的显著负相关关系，64 个站点中，呈负相关的站点有 49 个，达到 90%

显著负相关水平的站点有 48 个；呈正相关的站点共 15 个，达到 90%显著负相关水平的站点有 7 个。

　　晚稻生长期降水量呈减少趋势的站点有 28 个，最大减少趋势达 76.06mm/a；晚稻生长期降水量呈增加趋势的站点有 36 个，最大增加趋势达 81.36mm/a。对晚稻生长期与降水量之间的相关性分析，结果显示，晚稻 GP 长度变化与降水量之间表现为普遍的显著正相关关系，64 个站点中呈负相关的站点有 16 个，其中有 10 个站点达到 90%显著负相关水平；呈正相关的站点有 48 个，达到 90%显著正相关水平的站点有 40 个。

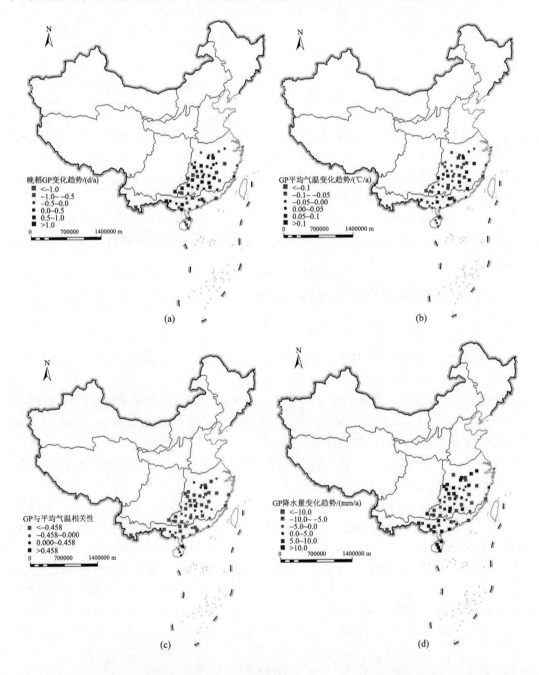

(a)　　　　　　　　　　　　　　　　　　　(b)

(c)　　　　　　　　　　　　　　　　　　　(d)

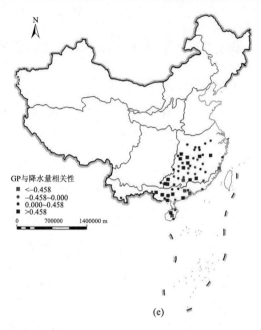

(e)

图 4-7 晚稻生长期(GP)及其对应气候要素变化趋势

2. 不同农业区的晚稻生长期变化分析

表 4-7 为研究期晚稻主要种植区的生长期变化与平均气温、降水量之间的多元回归分析。

表 4-7 晚稻 GP 多元回归分析

农业区划	最大气温正影响率/(d/℃)	最大气温负影响率/(d/℃)	最大降水量正影响率/(d/10mm)	最大降水量负影响率/(d/10mm)	多元回归方程
长江中下游区	11.57	−12.74	1.18	−0.31	$y = -3.59a + 0.0091b + 206.93$
华南区	13.14	−19.62	0.35	−0.23	$y = -2.60a + 0.0061b + 180.25$
西南区					$y = -4.18a - 0.0005b + 226.35$
全国晚稻 GP 多元回归方程			$y = -3.27a + 0.0080b + 198.48$		

表 4-7 中为研究期我国晚稻主要种植区的全生长期 GP 变化与平均气温、降水量之间的多元回归分析。结果显示,长江中下游区总体上平均气温每升高 1℃,晚稻 GP 缩短 3.59 天,降水量每增加 10mm,GP 延长 0.091 天;华南区总体上平均气温每升高 1℃,晚稻 GP 缩短 2.60 天,降水量每增加 10mm,GP 延长 0.061 天;西南区的一个站点平均气温每升高 1℃,晚稻 GP 缩短 4.18 天,降水量每增加 10mm,GP 缩短 0.005 天。

从整个晚稻种植区来看,GP 整体上表现出随温度升高而缩短的现象,平均缩短幅度为平均气温每升高 1℃,晚稻 GP 缩短 3.27 天;研究期平均降水量每增加 10mm,晚稻 GP 延长 0.08 天。

4.4　小麦玉米轮作生长期与气候因子的关系

4.4.1　轮作区小麦玉米生长期与气候因子的关系

采用年平均气温和降水量数据，对全部 56 个冬小麦夏玉米轮作站点 2001～2013 年的生长期(y)和平均气温(a)、降水量(b)之间进行多元回归分析，得到研究期每个站点的生长期和平均气温、降水量之间的多元回归方程(表 4-8)。

表 4-8　轮作站点多元回归方程

区域	站点	多元回归方程
	密云（京）	$y=-19a-0.094b+619.82$
	通州（京）	$y=5.88a-0.045b+312.15$
	宝坻（津）	$y=2.49a-0.004b+332.71$
	静海（津）	$y=9.35a-0.019b+476.19$
	栾城（冀）	$y=-3.75a-0.014b+428.07$
	内丘（冀）	$y=-5.43a+0.023b+419.41$
	涉县（冀）	$y=27.88a-0.011b-15.05$
	肥乡（冀）	$y=-7.27a+0.014b+442.3$
	涿州（冀）	$y=-6.4a+0.017b+427.73$
	容城（冀）	$y=1.42a+0.009b+338.14$
	霸州（冀）	$y=-2.05a-0.027b+392.83$
	三河（冀）	$y=6.31a-0.016b+295.4$
	唐山（冀）	$y=-1.78a-0.005b+385.36$
	昌黎（冀）	$y=-9.55a-0.073b+507.62$
	河间（冀）	$y=-13.96a+0.008b+521.73$
黄淮海区	黄骅（冀）	$y=-14.46a-0.076b+576.52$
	定州（冀）	$y=-2.24a+0.007b+346.9$
	藁城（冀）	$y=-7.49a+0.002b+460.46$
	聊城（鲁）	$y=2.77a+0.1b+250.76$
	泰安（鲁）	$y=-1.86a+0.001b+353.26$
	胶州（鲁）	$y=-11.15a-0.014b+505.85$
	莱阳（鲁）	$y=-2.11a-0.017b+388.27$
	菏泽（鲁）	$y=11.28a+0.026b+159.01$
	济宁（鲁）	$y=-8.26a-0.004b+449.99$
	莒县（鲁）	$y=-19.07a-0.004b+586.62$
	新乡（豫）	$y=9.74a-0.03b+212.4$
	汤阴（豫）	$y=-14.9a-0.061b+596.23$
	濮阳（豫）	$y=2.29a+0.02b+297.76$
	卢氏（豫）	$y=-14.73a-0.042b+561.94$
	汝州（豫）	$y=7.95a+0.036b+187.12$
	郑州（豫）	$y=4.34a-0.009b+263.7$

续表

区域	站点	多元回归方程
黄淮海区	杞县（豫）	$y=4.91a+0.005b+257.02$
	内乡（豫）	$y=3.96a+0.05b+208.94$
	南阳（豫）	$y=-1.68a+0.023b+323.63$
	驻马店（豫）	$y=-71.93a+0.027b+1401.37$
	商丘（豫）	$y=-2.94a+0.001b+366.58$
	沭阳（苏）	$y=-2.84a+0.015b+358.11$
黄土高原区	运城（晋）	$y=1.41a+0.01b+325.25$
	芮城（晋）	$y=-19.3a-0.009b+620.65$
	商州（陕）	$y=-22.64a+0.029b+623.02$
	凤翔（陕）	$y=11.23a+0.002b+218.23$
	武功（陕）	$y=-0.9a+0.005b+354.52$
	长安（陕）	$y=-9.94a+0.017b+467.29$
	大荔（陕）	$y=-5.35a+0.019b+361.35$
	临潼（陕）	$y=-9.04a-0.015b+475.89$
	渭南（陕）	$y=-3.02a+0.02b+342.04$
	咸阳（陕）	$y=-5.49a-0.01b+419.68$
西南区	平武（川）	$y=6.87a+0.034b+209.14$
	苍溪（川）	$y=24.58a-0.012b-110.99$
	赫章（黔）	$y=-8.68a-0.045b+507.1$
甘新区	文县（甘）	$y=0.01a+0.035b+308.12$
	库车（新）	$y=-4.8a-0.179b+417.62$
	轮台（新）	$y=3.43a-0.088b+313.5$
	喀什（新）	$y=2.23a+0.077b+304.53$
	巴楚（新）	$y=-23.28a-0.29b+669.68$
	麦盖提（新）	$y=3.46a+0.07b+299.97$

　　基于每个站点的多元回归结果，进一步按农业区划对各区划的冬小麦夏玉米轮作站点的多元回归方程进行总结，得出每个农业区划及全国的总体轮作站点生长期和平均气温、降水量之间的多元回归方程（表 4-9）。

表 4-9　主要种植区轮作站点多元回归方程

农业区划	多元回归方程
黄淮海区	$y=-2.48a-0.007b+382.88$
黄土高原区	$y=-4.45a+0.004b+391.23$
西南区	$y=-10.96a+0.011b+467.74$
甘新区	$y=-5.46a-0.028b+416.31$
全国	$y=-3.97a-0.009b+395.06$

对各农业区划的分析结果如下：冬小麦夏玉米轮作最集中的黄淮海区，平均气温升高带来整个轮作期缩短，平均气温每升高 1℃，生长期缩短 2.48 天；黄土高原区平均气温每升高 1℃，冬小麦夏玉米轮作期缩短 4.45 天；西南区平均气温每升高 1℃，轮作期缩短 10.96 天；甘新区平均气温每升高 1℃，轮作期缩短 5.46 天。在我国有冬小麦夏玉米轮作站点分布的农业区，降水量对轮作期的影响均不显著。

由此可以看出，研究期我国主要冬小麦夏玉米轮作区对温度变化的响应表现为平均气温升高轮作期缩短，全国平均气温每升高 1℃，轮作期缩短 3.97 天；降水量对轮作期的影响并不明显。

4.4.2 轮作区小麦玉米未来生长期及其变化趋势预测

利用 ECHAM 模型模拟出的 RCP2.6、RCP4.5 和 RCP8.5 三种情景下的 2021~2040 年逐年平均气温和降水数据，结合 ArcGIS10.0 中的 sample 样本工具，提取出 56 个冬小麦轮作站点的未来平均气温、降水量数据，并根据历史物候期与年值气候数据的多元回归方程，推求出未来 2020~2040 年的冬小麦夏玉米轮作站点逐年生长期长度，并进行三种情景下的生长期长度变化趋势分析。

将 ECHAM 模型模拟的未来平均气温、降水量数据与历史多元回归方程相结合，预估 RCP2.6、RCP4.5、RCP8.5 三种情景下各冬小麦夏玉米轮作站点未来 2021~2040 年的逐年轮作生长期，并对其生长期变化趋势进行预测分析，得出三种情景下的预估轮作站点生长期变化趋势及其分布情况(图 4-8)。

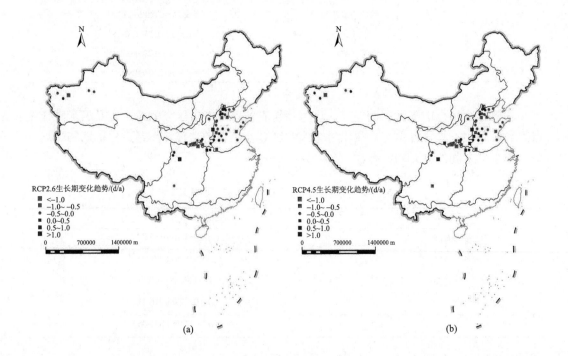

(a)　　　　　　　　　　　　　　　　　　(b)

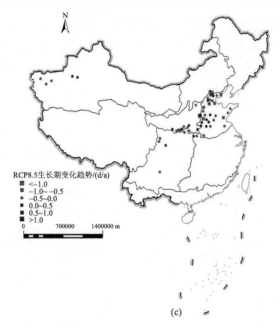

(c)

图 4-8　未来情景冬小麦夏玉米轮作站点生长期变化趋势

图 4-8(a)～图 4-8(c)分别为三种情景下的冬小麦夏玉米轮作站点模拟生长期变化趋势结果,其中图 4-8(a)为 RCP2.6 情景下的各站点生长期变化趋势,56 个站点中生长期呈缩短趋势的站点有 35 个,最大缩短趋势为 1.32d/a,呈延长趋势的站点共 21 个,最大延长趋势为 1.18d/a;图 4-8(b)中 RCP4.5 情景下生长期呈缩短趋势的站点有 35 个,最大缩短趋势为 1.18d/a,呈延长趋势的站点有 21 个,最大延长趋势为 1.96d/a;RCP8.5 情景下生长期呈缩短趋势的站点有 38 个,最大缩短趋势为 1.38d/a,呈延长趋势的站点有 18个,最大延长趋势为 1.05d/a。

进一步对我国冬小麦夏玉米轮作站点按照农业区划进行划分,得出各农业区划中的轮作站点未来生长期变化趋势情况(表 4-10)。

表 4-10　2021～2040 年主要冬小麦夏玉米轮作区生长期变化趋势预测　　(单位:d/a)

区域	2021～2030 年	2031～2040 年	2021～2040 年
黄淮海区	−0.11	0.60	−0.17
黄土高原区	−0.09	−0.10	−0.07
西南区	0.14	0.41	0.09
甘新区	−0.41	−0.62	−0.33
全国	−0.12	0.29	−0.11

未来气候条件下,我国冬小麦夏玉米轮作种植区的作物生长期呈现出缩短趋势。研究期全国冬小麦夏玉米轮作区生长期缩短趋势达 0.11d/a,其中 2021～2030 年这十年生长期缩短趋势达 0.12d/a,2031～2040 年这十年生长期呈延长趋势,平均延长 0.29d/a。

各个主要种植区的生长期变化情况如下:研究期 2021～2040 年黄淮海区冬小麦夏玉

米轮作生长期呈缩短趋势，平均缩短 0.17d/a，其中 2021～2030 年这十年生长期缩短趋势为 0.11d/a，2031～2040 年这十年生长期呈延长趋势，平均延长 0.60d/a；黄土高原区研究期冬小麦夏玉米轮作生长期总体呈缩短趋势，平均缩短 0.07d/a，其中 2021～2030 年这十年生长期缩短趋势为 0.09d/a，2031～2040 年这十年生长期缩短趋势为 0.10d/a；研究期西南区冬小麦夏玉米轮作生长期总体呈延长趋势，平均延长 0.09d/a，其中 2021～2030 年这十年平均延长趋势为 0.14d/a，2031～2040 年这十年平均延长趋势达 0.41d/a；研究区甘新区冬小麦夏玉米轮作生长期总体呈缩短趋势，平均缩短 0.33d/a，其中 2021～2030 年这十年缩短趋势为 0.41d/a，2031～2040 年这十年缩短趋势为 0.62d/a。

由此得出，未来气候条件下，我国冬小麦夏玉米轮作站点中生长期呈缩短趋势的站点居多，且研究期总体上全国轮作区呈缩短趋势，各主要种植区中除西南区轮作作物生长期呈现出延长趋势外，其余各区均表现出不同程度的缩短。就研究的两个十年来看，全国冬小麦夏玉米轮作生长期在 2021～2030 年这十年呈缩短趋势，而在 2031～2040 年这十年呈延长趋势，各区中除西南区在两个十年均呈延长趋势外，其余各区在 2021～2030 年这十年均呈缩短趋势。

4.5　早稻晚稻轮作生长期与气候因子的关系

4.5.1　轮作区水稻生长期与气候因子的关系

在已有的农业站点实测数据中共选取 2001～2013 年的早稻晚稻轮作站点 59 个，其分布如图 4-9 所示。

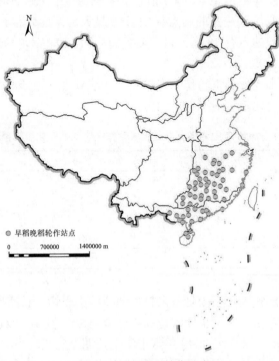

图 4-9　早稻晚稻轮作站点

采用年平均气温和降水量数据，对全部 59 个（长江中下游区 40 个、华南区 19 个）早稻晚稻轮作站点 2001～2013 年的生长期(y)和平均气温(a)、降水量(b)之间进行多元回归分析，得到研究时间段各站点的生长期和平均气温、降水量之间的多元回归方程（表 4-11）。

表 4-11　轮作站点多元回归方程

区域	站点	多元回归方程
长江中下游区	孝感(鄂)	$y=-3.55a+0.008b+196.316$
	南县(湘)	$y=-21.131a+0.044b+548.929$
	常德(湘)	$y=-2.789a-0.009b+280.336$
	赫山(湘)	$y=-27.285a+0.001b+706.387$
	平江(湘)	$y=-27.435a+0.132b+549.734$
	宜丰(赣)	$y=-1.207a-0.015b+1418.287$
	邵东(湘)	$y=-5.831a-0.009b+338.985$
	湘乡(湘)	$y=-1.827a-0.034b+309.591$
	醴陵(湘)	$y=-4.85a-0.001b+316.056$
	莲花(赣)	$y=1.026a+0.006b+204.205$
	武冈(湘)	$y=-3.225a-0.015b+298.834$
	冷水滩(湘)	$y=-10.382a+0.00024b+413.515$
	衡阳(湘)	$y=4.808a-0.006b+149.646$
	茶陵(湘)	$y=11.705a+0.088b-121.648$
	泰和(赣)	$y=-6.91a-0.022b+377.811$
	融安(桂)	$y=-21.486a+0.002b+652.736$
	兴安(桂)	$y=-1.311a-0.003b+250.151$
	临武(湘)	$y=-4.259a-0.022b+352.683$
	资兴(湘)	$y=-12.685a-0.016b+474.663$
	南康(赣)	$y=6.945a-0.001b+78.333$
	蕲春(鄂)	$y=6.311a+0.009b+108.93$
	贵池(皖)	$y=9.116a-0.011b+89.401$
	宣城(皖)	$y=-1.234a+0.028b+195$
	阳新(鄂)	$y=5.433a+0.009b+108.962$
	湖口(赣)	$y=4.36a-0.01b+197.211$
	南昌县(赣)	$y=-2.586a-0.004b+270.287$
	樟树(赣)	$y=9.414a-0.01b+71.734$
	余干(赣)	$y=2.34a-0.01b+195.672$
	广丰(赣)	$y=-45.995a-0.016b+1081.391$
	南丰(赣)	$y=9.282a+0.01b+39.869$
	平阳(浙)	$y=2.755a-0.017b+218.094$
	宁都(赣)	$y=-17.705a-0.018b+582.191$
	连城(闽)	$y=-7.054a-0.04b+460.582$
	沙塘(桂)	$y=-10.013a-0.019b+467.425$
	蒙山(桂)	$y=-10.568a-0.014b+463.86$

区域	站点	多元回归方程
长江中下游区	江华(湘)	$y=-5.279a-0.006b+316.801$
	连州(粤)	$y=-0.47a-0.003b+242.953$
	韶关(粤)	$y=-3.644a-0.008b+319.407$
	龙南(赣)	$y=-24.53a-0.027b+764.944$
	梅县(粤)	$y=0.526a-0.003b+226.686$
华南区	景洪(云)	$y=-76.425a-0.057b+2106.563$
	长乐(闽)	$y=13.354a-0.003b-32.844$
	天等(桂)	$y=-3.054a+0.002b+313.661$
	桂平(桂)	$y=-4.607a-0.006b+340.175$
	苍梧(桂)	$y=-11.384a-0.016b+505.585$
	高要(粤)	$y=17.33a+0.01b-163.395$
	南海(粤)	$y=-11.62a-0.013b+512.381$
	南宁(桂)	$y=2.212a+0.008b+195.062$
	灵山(桂)	$y=-4.685a+0.018b+311.542$
	玉林(桂)	$y=2.61a-0.001b+169.35$
	中山(粤)	$y=-3.815a-0.017b+340.278$
	陆丰(粤)	$y=20.4a+0.005b-238.15$
	钦州(桂)	$y=-2.914a-0.004b+312.77$
	合浦(桂)	$y=-7.626a+0.003b+401.288$
	化州(粤)	$y=-2.546a-0.004b+303.685$
	阳江(粤)	$y=-9.5a+0.007b+433.618$
	琼山(琼)	$y=-3.51a+0.00026b+345.189$
	儋州(琼)	$y=-5.985a+0.00024b+386.745$
	琼中(琼)	$y=13.285a-0.002b+25.317$

　　基于每个站点的多元回归结果，进一步按农业区划对各区划的早稻晚稻轮作站点的多元回归方程进行总结，得出每个农业区划及全国的总体轮作站点生长期和平均气温、降水量之间的多元回归方程(表 4-12)。

表 4-12　主要播种区轮作站点多元回归方程

农业区划	多元回归方程
长江中下游区	$y=-5.281a-0.001b+355.424$
华南区	$y=-4.131a-0.004b+343.062$
全国	$y=-4.91a-0.002b+351.443$

　　对各农业区划的分析结果如下：早稻晚稻轮作站点主要分布于长江中下游区与华南区；长江中下游区平均气温升高使得早稻晚稻轮作生长期缩短，平均气温每升高 1℃，生长期缩短 5.281 天；华南区平均气温每升高 1℃，早稻晚稻轮作生长期缩短 4.131 天；在我国早稻晚稻轮作站点分布的农业区中，降水量对轮作生长期的影响均不显著。

　　由此可以看出，研究期我国主要早稻晚稻轮作区对温度变化的响应表现为平均气温升高使得轮作生长期缩短，全国平均气温每升高 1℃，轮作生长期缩短 4.91 天；降水量对轮作生长期的影响并不明显。

4.5.2　轮作区水稻未来生长期及其变化趋势预测

通过以上分析，将 ECHAM 模型模拟的未来平均气温、降水量数据与 4.2 节中计算的多元回归方程相结合，预估 RCP2.6、RCP4.5、RCP8.5 三种情景下各早稻晚稻轮作站点未来 2021～2040 年的逐年轮作生长期，并对其生长期变化趋势进行预测分析，得出三种情景下的预估轮作站点生长期变化趋势及其分布情况(图 4-10)。

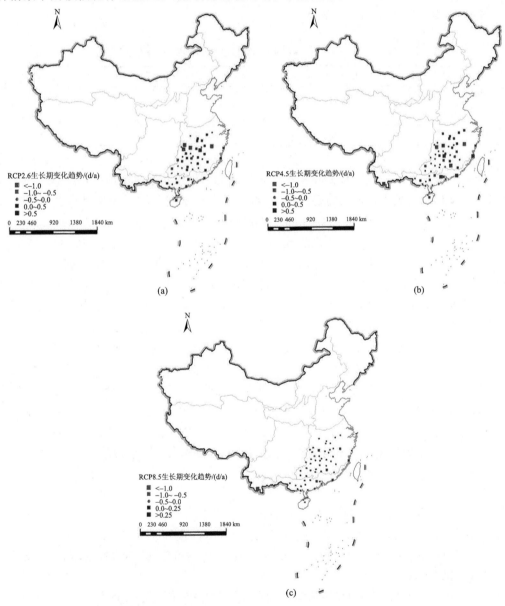

图 4-10　未来情景早稻晚稻轮作站点生长期变化趋势

图 4-10(a)～图 4-10(c)分别为三种情景下的早稻晚稻轮作站点模拟生长期变化趋势结果,其中图 4-10(a)为 RCP2.6 情景下的各站点生长期变化趋势,59 个站点中生长期呈缩短趋势的站点有 34 个,最大缩短趋势为 3.18d/a,呈延长趋势的站点共 25 个,最大延长趋势为 0.63d/a;图 4-10(b)中 RCP4.5 情景下生长期呈缩短趋势的站点有 37 个,最大缩短趋势为 3.42d/a,呈延长趋势的站点有 22 个,最大延长趋势为 0.944d/a;RCP8.5 情景下生长期呈缩短趋势的站点有 40 个,最大缩短趋势为 1.7d/a,呈延长趋势的站点有 19 个,最大延长趋势为 0.39d/a。

进一步对我国早稻晚稻轮作站点按照农业区划进行划分,得出各农业区划中的轮作站点未来生长期变化趋势情况(表 4-13)。

表 4-13　2021～2040 年主要早稻晚稻轮作区生长期变化趋势预测　　　(单位: d/a)

区域	2021～2030 年	2031～2040 年	2021～2040 年
长江中下游区	-0.11	-0.30	-0.15
华南区	0.23	-0.37	-0.1
全国	-0.002	-0.33	-0.14

未来气候条件下,我国早稻晚稻轮作种植区的作物生长期呈现出缩短趋势。研究期全国早稻晚稻轮作区生长期缩短趋势达 0.14d/a,其中 2021～2030 年这十年生长期缩短趋势达 0.002d/a,2031～2040 年这十年生长期呈缩短趋势,平均缩短 0.33d/a。

各个主要种植区的生长期变化情况如下:研究期 2021～2040 年长江中下游区早稻晚稻轮作生长期呈缩短趋势,平均缩短 0.15d/a,其中 2021～2030 年这十年生长期缩短趋势为 0.11d/a,2031～2040 年这十年生长期缩短趋势为 0.30d/a;华南区研究期早稻晚稻轮作生长期总体呈缩短趋势,平均缩短 0.1d/a,其中 2021～2030 年这十年生长期呈现延长趋势,趋势值为 0.23d/a,2031～2040 年这十年生长期缩短趋势为 0.37d/a。

由此得出,未来气候条件下,我国早稻晚稻轮作站点中生长期呈缩短趋势的站点居多,且研究期全国总体上轮作区呈缩短趋势,主要种植区均表现出不同程度的缩短且长江中下游区域缩短幅度要略高于华南区。就研究的两个十年来看,全国早稻晚稻轮作生长期在 2021～2030 年与 2031～2040 年这两个十年均为缩短趋势,长江中下游区水稻轮作生长期均为缩短的,且缩短幅度在加大,华南区在 2021～2030 年早稻晚稻轮作生长期是延长的,在 2030～2040 年轮作生长期是缩短的,整体上呈现缩短趋势。

参 考 文 献

白亚梅, 戴格文. 1995. 东北区农业气候土壤资源潜力及开发利用研究. 地理科学, 15(3):243-252.

陈莉, 方丽娟, 李帅. 2010. 东北地区近 50 年农作物生长季干旱趋势研究. 灾害学, 25(4):5-10.

戴声佩, 李海亮, 罗红霞, 等. 2014. 1960—2011 年华南地区界线纬度 10℃积温时空变化分析. 地理学报, 65(5):650-660.

付伟. 2013. 近 20 年内黄淮海地区气候变暖对冬小麦夏玉米生育进程及产量的影响. 南京: 南京农业大学.

韩兰英, 张强, 马鹏里, 等. 2015. 中国西南地区农业干旱灾害风险空间特征. 中国沙漠, 35(4): 1015-1023.

何奇瑾. 2012. 我国玉米种植分布与气候关系研究. 南京: 南京信息工程大学.

胡志全, 褚庆全, 吴永常. 2002. 黄淮海区耕作制度演变特征及发展对策研究. 中国农业科技导报, 4(6): 23-27.

李建军, 辛景树, 张会民. 2015. 长江中下游粮食主产区 25 年来稻田土壤养分演变特征. 植物营养与肥料学报, 21(1): 92-103.

宁晓菊, 秦耀辰, 崔耀平, 等. 2015. 60 年来中国农业水热气候条件的时空变化. 地理学报, 70(3): 364-379.

杨尚威. 2011. 中国小麦生产区域专业化研究. 重庆: 西南大学.

朱显谟. 1997. 黄土高原区的自然保护. 水土保持研究, 4(5): 2-46.

IPCC Working Group Contribution to the Fifth Assessment Report of the Intergouvermental Panel on Climate Change. 2014. Climate Change 2013: The Physical Science Basis. United Kingdom and New York, Cambridge: Cambridge University Press.

Metz B, Davidson O R, Bosch P R, et al. 2007. Climate Change 2007: Mitigation// Contribution of Working Group III to the Fourth Assessment Report of the Intergovernmental Panel on Climate Change. Cambridge: Cambridge University.

Moss R H, Edmonds J A, Hibbard K A, et al. 2010. The next generation of scenarios for climate change research and assessment. Nature, 463(7282): 747-756.

van Vuuren D P, Eickhout B, Lucas P L, et al. 2006. Long-term multigas scenarios to stabilize radiative forcing-Exploring costs and benefits within an integrated assessment framework. Energy Journal, 27(Special Issue): 201-234.

Wynne B. 1992. Uncertainty and environmental learning. Global Environmental Change, 2(2): 111-127.

第5章　气候变化下小麦适生区时空分异

区域作物分布是由热量和水分资源共同决定的,气候因子对作物适生区地理分布的影响主要来源于3个方面:作物生长能够忍受的温度界限;作物完成生活史所需的生长季长度和热量供应;形成和维持作物冠层的必需水分(Woodward,1987;Fang et al.,2002)。因此,本章研究考虑作物分布的三个气候条件,根据已有研究,总结影响小麦地理分布的气候因子。

小麦在我国大部分地区均有种植,以冬小麦种植为主,不过在纬度较高或海拔较高的地区也可以种植春小麦。考虑作物能够忍受的温度界限,主要是冬季低温对冬小麦能否安全越冬设定了门槛,冬季负积温、最冷月平均气温和极端最低气温是影响冬小麦种植的关键因素(中国农林作物气候区划协作组,1987;Sun et al.,2012;钱锦霞等,2014),同时其也是冬小麦与春小麦种植的分界线。不过,小麦属于喜凉作物,温度过高时,也会影响小麦产量,如蔡剑和姜东(2011)发现,最高气温超过32℃时易出现高温催熟现象,使得小麦产量显著降低,品质变劣。在小麦生长季长度和热量供应方面,可以考虑冬小麦和春小麦对≥0℃积温、平均气温、日照时数需求量的差异,来划分冬小麦和春小麦的适宜种植范围(中国农林作物气候区划协作组,1987)。赵广才(2010)对中国小麦种植区进行划分时,则使用了>0℃积温、年平均气温、最冷月平均气温和日照时数来表征小麦生长季长度和热量供应。最后是小麦生长时的水分供应,年降水量或者平均降水日数无疑是最基本的气候指标(赵鸿等,2007;张宇等,2000;李德等,2015)。因此,影响小麦生长的气候条件可以归纳为年平均气温、0℃积温、0℃积温持续天数、日照时数、最冷月平均气温、年极端最低气温、年降水量和年降水天数。

根据第3章对农业气候资源的分析,可以发现,1951~2012年62年内各气候要素均发生了变化,但是变化的方向和幅度却存在差异。同时,IPCC AR5指出,在北半球,1983~2012年可能是过去1400年中最暖的30年(IPCC,2014)。因此,本章研究以第3章的分析为基础,结合IPCC的报告,将传统的以年代为节点的分界进行适当调整,以1983年为节点,分别模拟1953~1982年和1983~2012年前后两个气候标准年内小麦适生区的变化趋势,进而重点考虑1983~2012年后气候标准年,以10年为间隔,分成三期模拟小麦适宜生长范围随年代的变化。

在具体模拟时,将小麦生长的气候条件及地表限制小麦生长的海拔和土壤类型分布三大要素作为影响小麦生长的环境变量,小麦农业气象观测数据作为小麦种植的物种变量,两类数据输入MaxEnt模型中进行模拟,模拟结果为小麦种植适生区的分布图。由于冬小麦和春小麦对光、热、水的需求具有明显差异,所以将其分开模拟,然后将春小麦和冬小麦适生区进行空间叠加,得到小麦适生区的空间分布。后面第6、7章对玉米和水稻适生区的模拟亦是如此。

农业观测数据来自中国气象科学数据共享服务网提供的《中国农作物生长发育和农田土壤湿度旬值数据集》。小麦、玉米和水稻3种作物农业观测站在各农区的分布见图5-1。全国DEM分布来自美国地质调查局(US Geological Survey,USGS)提供的分辨率为 0.0083°的全球 DEM 分布图,利用 ArcGIS10.3 的空间分析方法,提取出中国区域 DEM 分布,并对其进行重采样,得到 1 km×1 km 栅格图。全国土壤分布来自联合国粮食及农业组织下的国际土壤参考和信息中心(International Soil Reference and Information Centre)与中国科学院南京土壤研究所提供的中国区域土壤分布图,借助 ArcGIS10.3 对其按照 1 km×1 km 栅格进行重采样。

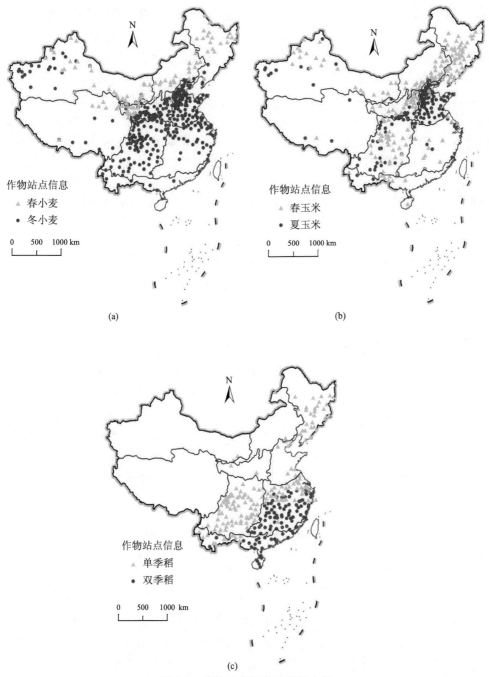

图 5-1 作物站点信息的空间分布

在此涉及的研究方法主要包括 GIS 空间分析方法和最大熵模型。GIS 空间分析方法的使用贯穿整个研究的始末：首先，使用 Kriging 空间插值方法，将气候因子的点数据空间化，得到各气候因子的空间分布。第一，在对温度类要素进行插值时，多以海拔作为协变量进行空间插值；第二，在对其他气候因子进行插值时，如果气候因子存在明显的趋势，则采用 Universal Kriging 方法进行空间插值，如果无明显的趋势面，则采用 Ordinary Kriging 方法进行空间插值。其次，在 ArcGIS 中对数据格式进行变换，生成 MaxEnt 模型要求的输入格式，或者将 MaxEnt 模型的模拟结果可视化。最后，使用分区统计、栅格运算和空间叠加等方法，分析 3 种粮食作物适宜生长区的时空分布。

Phillips 等(2006)基于生态位理论，考虑气候、海拔、植被等环境因子，用最大熵原理作为统计推断工具，构建了物种地理尺度上空间分布的生态位模型，并编写了可以免费获取的软件 MaxEnt。MaxEnt 在实际应用中，采用物种出现的点数据和环境变量数据对物种生境适宜性进行评价，从符合条件的分布中选择熵最大的分布作为最优分布，预测的结果是物种存在的相对概率。何奇瑾(2012)将这种方法引入，分析气候变化对玉米种植的影响。该模型是定义一个未知的概率分布 π，π 是有限集合 X，X 的单个元素 $\pi(x)$ 是非负的概率分布，$\pi(x)$ 的和为 1。π 的相似分布称为 $\hat{\pi}$，$\hat{\pi}$ 的熵定义为

$$H(\hat{\pi}) = -\sum_{x \in X} \hat{\pi}(x) \ln \hat{\pi}(x) \tag{5-1}$$

式中，ln 为自然对数；$H(\hat{\pi})$ 非负，最多是 X 中元素个数的自然对数。

5.1　小麦适生区影响因素贡献率分析

5.1.1　春小麦适生区影响因素贡献率分析

根据气候、地形和土壤三大因素模拟 1953～1982 年和 1983～2012 年两个气候标准年内春小麦种植概率，模拟结果取值范围为 0～1。根据 MaxEnt 模型自身的特点，结合统计学上对概率取值的界定和 IPCC AR5 对已发生或未来将发生某些明确结果的可能性或概率的量化(表 5-1)，以 0.1、0.3 和 0.5 为间隔，将春小麦种植概率分成 0～0.1、0.1～0.3、0.3～0.5 和 0.5～1 四个等级，对应着春小麦种植的不适宜区、低适宜区、中适宜区和高适宜区。同时，以下对冬小麦、春玉米和夏玉米、单季稻和双季稻的分析中亦使用此分类。

表 5-1　IPCC AR5 对可能性或概率的量化

可能性	几乎确定	极有可能	很可能	可能	多半可能	不可能	很不可能	不可能	几乎不可能
概率值	0.99～1	0.95～1	0.9～1	0.66～1	0.5～1	0～0.33	0～0.1	0～0.5	0～0.01

MaxEnt 模型的 Jacknife 模块可以较好地计算出每个因素对春小麦适生区的贡献率、缺少该因素时其他因素对春小麦适生区的贡献率，以及所有因素对春小麦适生区的贡献率，以此剔除因素之间的共线性，得出因素之间对春小麦适生区的相对贡献率(表 5-2)。因此，可结合 Jacknife 模块和对因素相对贡献率的计算，分析影响春小麦种植概率的主

要因素和春小麦适生区变动的原因。比较因素之间对春小麦适生区的相对贡献率，0℃积温持续天数是相对贡献率最高的因素，海拔分布其次，年降水天数、年平均气温和年极端低温的相对贡献率均在 5%以上。0℃积温、最冷月平均气温、日照时数和年降水量的相对贡献率相对较低，不过也在 1%以上。土壤分布对春小麦适生区的相对贡献率最低，两个气候标准年内均为 0.2%。因此，可以看出，气候因素中，0℃积温持续天数、年平均气温、年极端低温和年降水天数等指标对春小麦适生区的影响更为显著。

表 5-2　基于 Jacknife 模块的春小麦适生区各因素的相对贡献率　　（单位：%）

因素	1953～1982 年相对贡献率	1983～2012 年相对贡献率
0℃积温持续天数	37.2	37.5
0℃积温	1.7	3.3
年平均气温	7.9	8.7
年极端低温	6.9	5.9
最冷月平均气温	2.2	1.5
日照时数	1.4	1.4
年降水量	3.7	1.9
年降水天数	11.7	13
海拔分布	27.1	26.6
土壤分布	0.2	0.2

5.1.2　冬小麦适生区影响因素贡献率分析

根据 Jacknife 模块和对各因素相对贡献率（表 5-3）的分析可知，从各因素相对贡献率来讲，0℃积温持续天数一直最高，年降水量次之，年平均气温和日照时数的相对贡献率在后气候标准年内分别有所降低和上升，年极端低温和最冷月平均气温的相对贡献率在两个气候标准年内比较稳定，0℃积温由于与 0℃积温持续天数有很强的相关性，其相对贡献率较低，年降水天数的相对贡献率最低。土壤分布和海拔分布作为限制作物种植的地表因素，对冬小麦种植的相对贡献率一直比较高。综合以上对各因素相对贡献率的分析，可以发现，气候因素中，0℃积温持续天数、年平均气温、年极端低温、最冷月平均气温和年降水量相较于其他因素，对冬小麦适生区的影响更为重要。

表 5-3　基于 Jacknife 模块的冬小麦适生区各因素的相对贡献率　　（单位：%）

因素	1953～1982 年相对贡献率	1983～2012 年相对贡献率
0℃积温持续天数	33.2	35
0℃积温	5.8	4.1
年平均气温	11.4	5.2
年极端低温	5.9	8.4
最冷月平均气温	5.6	4.1

因素	1953~1982 年相对贡献率	1983~2012 年相对贡献率
日照时数	4.2	8.3
年降水量	12.1	12
年降水天数	0.3	0.7
海拔分布	11	10.1
土壤分布	10.5	12.1

5.2　春小麦适生区时空分异

5.2.1　60 年来春小麦适生区时空分异

1. 春小麦适生区的农区分异

将春小麦适生区与全国综合农业区划划分的九大农区进行空间叠加，查看春小麦适生区在农区上的分布与变化。1953~1982 年，春小麦种植适宜区相对集中在纬度较高的北方农区，在青藏的河谷地带也有零星分布[图 5-2(a)]。首先，春小麦种植高适宜区按照分布面积从高到低依次是甘新区、内蒙古及长城沿线区、东北区、黄土高原区和青藏区。中适宜区围绕高适宜区分布，主要位于内蒙古及长城沿线区、甘新区和东北区，在黄土高原区和青藏区也有少量分布。春小麦的低适宜区围绕中高适宜区分布，基本上分布在以上农区，在黄淮海区也有少量分布。南方农区全部、青藏区和黄淮海区大部分区域是春小麦种植不适宜区。

比较 60 年来春小麦种植不同等级适宜区的变动特征，1983~2012 年，春小麦适生区在全国的分布格局基本不变，但是在具体农区的分布面积有所变化[图 5-2(b)]。首先，高适宜区有所增加，在全国的面积比值从 9.1%增加到了 9.7%，增加区域主要位于内蒙古及长城沿线区中部；其次，中适宜区相对变化不大，低适宜区则由 16%减少到 14.9%，减少区主要出现在甘新区和东北区。因此，内蒙古及长城沿线区春小麦种植适宜等级有所升高，在气候变化背景下，该农区春小麦种植的适应能力有所提高；东北区和甘新区适宜等级有所降低，在气候变化背景下，两农区春小麦种植的适应能力有所下降；但是从全国水平上看，春小麦种植的适宜区略微减少，不适宜区略微增加，意味着全国春小麦种植的适应能力有所下降。

结合 60 年来气候要素的变化特征和春小麦适生区各因素的贡献率，分析春小麦适生区的变化原因。60 年来，全国多数区域 0℃积温持续天数、年平均气温和年极端低温均表现为增加特征，尤其是甘新区、内蒙古及长城沿线区和东北区等适宜春小麦种植的农区，意味着这些农区增加的热量资源更有利于春小麦生长期的热量供应，如在内蒙古及长城沿线区中部，更好的热量资源使得该区域的春小麦种植中适宜区转化为高适宜区。不过在东北区年降水天数等值线的南移和部分站点年降水量的减少趋势使得该区域的水分供应有所减少，造成雨养条件下春小麦种植适宜区的缩小。

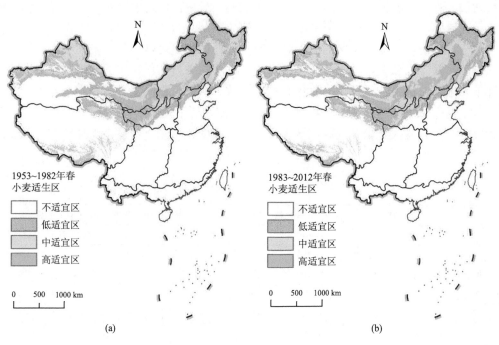

图 5-2　60 年来春小麦适生区的农区分布

2. 春小麦适生区的海拔分异

根据已有研究发现,海拔对气候变化有显著的放大效应,即升温幅度随海拔上升而增大,增温存在明显的海拔依赖性(Wang et al.,2014;张渊萌和程志刚,2014),而且部分地区降水也受到海拔的影响,如我国西南地区较高海拔地区降水量增加,较低海拔地区则是极端降水事件增加(Li et al.,2012)。显然,不同海拔温度和降水的变化特征并不一致,这对农作物适生区也会产生重要影响。为明晰气候变化背景下海拔对农作物适生区的影响,考虑到中国的地形特征,本节研究以中国三大阶梯为单元,分析春小麦适生区各类型面积比值及变化幅度在不同海拔的变化特征(表 5-4),以下对冬小麦、玉米和水稻的分析亦是如此。

1953～1982 年,春小麦种植高适宜区主要分布在第二阶梯的内蒙古高原和天山北部,其次是第一阶梯的东北平原,在第三阶梯的河谷地区也有分布;中适宜区紧邻高适宜区分布,在内蒙古高原上分布最多,其次是东北平原,在第三阶梯的河谷地区也有少量分布;春小麦低适宜区在三大阶梯的分布格局依旧延续中、高适宜种植区的特征;不适宜种植区分布在第一、第二阶梯的中南部和在第三阶梯的高海拔地区。

相对于前 30 年,1983～2012 年春小麦适生区在三大阶梯上的分布有所变化。首先,增加的高适宜区主要分布在内蒙古高原东部,占第二阶梯的面积比值为 1.07%,东北平原和青藏河谷的高适宜区也有所增加,其对应的阶梯面积比值分别增加了 0.36%和

0.24%；其次，中适宜区在第二阶梯的分布面积基本不变，不过在第一阶梯的东北平原少量增加，在第三阶梯的青藏河谷减少了 0.11%；最后，低适宜区在三大阶梯上均有所减少，在第一、第二和第三阶梯上减少的比例分别是 0.57%、1.82%和0.54%。

在所有影响春小麦适生区的因素中，海拔分布的相对贡献率仅次于 0℃积温持续天数。不同海拔 0℃积温持续天数、年平均气温、年降水量和年降水天数等因素的变化趋势并不一致，造成春小麦适生区变化幅度不一致。例如，在内蒙古高原和东北平原上，60 年来，两区域增加的热量资源和降水量的增加或减少的不同组合使得高原地区春小麦高适宜区增大幅度大于平原地区，这也说明在气候变化背景下，春小麦种植的适应能力是高原大于平原。

表5-4　春小麦适生区各类型面积比例及变化幅度　　　（单位：%）

阶梯	1953~1982 年各类型面积比例				1983~2012 年各类型面积变化幅度			
	不适宜区	低适宜区	中适宜区	高适宜区	不适宜区	低适宜区	中适宜区	高适宜区
第一阶梯	61.092	16.477	13.283	9.148	−0.26	−0.57	0.48	0.36
第二阶梯	47.180	19.120	21.700	12.000	0.71	−1.82	0.04	1.07
第三阶梯	82.158	10.010	3.919	3.913	0.42	−0.54	−0.11	0.24
总和	59.690	15.862	15.341	9.107	0.61	−1.36	−0.02	0.77

5.2.2　近 30 年春小麦适生区变化特征

1. 春小麦适生区的农区变化

以 1983~2012 年气候标准年内春小麦适生区分布为基础，按照每 10 年平均值分成三期（即 1983~1992 年、1993~2002 年和 2003~2012 年），模拟春小麦适生区在各农区上的分布(图 5-3)。近 30 年来，春小麦高适宜区在甘新区和内蒙古及长城沿线区的分布面积增加，不过在东北、黄土高原区和青藏区则出现波动，综合各农区的变化可知，高适宜区在全国的分布呈现弱增加特征，其数值依次是 9.9%、9.92%和 10.5%。中适宜区在内蒙古及长城沿线区呈现大幅减少特征，在东北区、黄土高原区和甘新区的分布面积出现波动，造成中适宜区在全国分布面积减少，其占全国的面积比例依次是 14.6%、14.3%和 14%。春小麦的低适宜区在 1993~2002 年分布面积最大，其次是 1983~1992 年，2003~2012 年近 10 年的分布面积最小，这主要在于东北区低适宜区的年代变化。春小麦种植的不适宜区在各个农区的分布均呈现波动特征，形成全国春小麦种植不适宜区的轻微波动。显然，东北区、黄土高原区和青藏区春小麦不同等级适生区在 30 年内呈现波动变化特征，内蒙古及长城沿线区和甘新区则是由低适宜等级向高适宜等级转换，带来两农区春小麦种植中、高适宜区面积的扩大。因此，30 年里内蒙古及长城沿线区和甘新区春小麦种植的适应能力略有增加，其余农区则处于波动中。

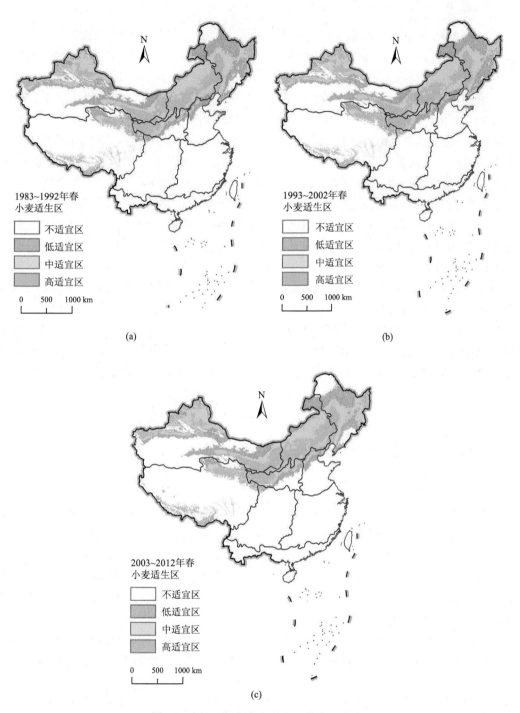

图 5-3　近 30 年春小麦适生区的农区分布

2. 春小麦适生区的海拔变化

分析 1983～2012 年春小麦适生区随阶梯分布的变化。内蒙古中部高原的高适宜区呈现增加特征,造成高适宜区在第二阶梯上分布的增加。1993～2002 年春小麦种植高适宜区在第一阶梯上分布面积的减少源于三江平原上高适宜区的缩减。30 年来,高适宜区在第三阶梯上也有所增加,按照时间顺序,其在 3 个时期的分布面积比例依次是 4.1%、4.4% 和 4.3%。东北平原春小麦中适宜区在 1993～2002 年的分布面积最大,其次是 1983～1992 年,2003～2012 年最少,两时期差值占第一阶梯面积比值为 1.6%。第二阶梯上 3 个时期春小麦中适宜区分布面积依次减少,占第二阶梯的面积比例依次是 21.4%、19.74% 和 19.72%。青藏河谷春小麦的中适宜区在 1983～1992 年最大,随后下降,到了 2003～2012 年又有所上升,3 个时期占第三阶梯的面积比例依次是 3.82%、3.72% 和 3.78%。对于低适宜区,在东北平原的分布面积于 1993～2002 年达到最大,2003～2012 年最小;在内蒙古高原和天山北侧的分布面积逐渐增加,3 个时期占第二阶梯的面积比例依次是 17.03%、17.92% 和 17.98%;其在青藏河谷的分布面积于 1983～1992 年最大,2003～2012 年最小。显然,30 年来,春小麦种植的适生区在第一阶梯上随时间向中、高适宜等级转化,不适宜和低适宜区比值在降低;在第二阶梯上,春小麦适生区向不适宜和低适宜等级转化,中、高适宜种植比值在降低;在第三阶梯上,春小麦低、中适宜区比值在下降,而不适宜和高适宜区比值有所上升。因此,在气候变化背景下,春小麦种植的适应能力在第一阶梯上有所提高,在第二阶梯上有所下降,在第三阶梯上处于波动中。

5.3　冬小麦适生区时空分异

5.3.1　60 年来冬小麦适生区时空分异

1. 冬小麦适生区的农区分异

分析冬小麦适生区在各个农区上的分布发现[图 5-4(a)],1953～1982 年,冬小麦的高适宜区主要分布在黄淮海区及其相邻区域,其次是西南区的四川盆地,青藏区的河谷地区有少量分布;冬小麦的中适宜区紧邻高适宜区分布,主要位于黄土高原区和黄淮海区的东部沿海,在长江中下游区和西南区也分布数量较多的中适宜区斑块;西南区、长江中下游区和华南区多是冬小麦的低适宜区,青藏区、甘新区、内蒙古及长城沿线区和东北区基本是冬小麦种植的不适宜区。

1983～2012 年,冬小麦适生区在农区上的分布有所变化[图 5-4(b)]。在黄淮海区,伴随着中适宜区的减少,高适宜区增加,农区面积增加了 3.7%。在黄土高原区,东中部的中、高适宜区向西扩大,挤占原有的低适宜区,中、高适宜区增加面积比值约 4%。高适宜区在西南区、青藏区和黄土高原区也有所增加,不过在长江中下游区则是 2%的高适宜区转换为中适宜区。高适宜区在不同农区的增减导致其占全国的面积比例减少0.02%,而中适宜区增加 0.1%。低适宜区在西南区、长江中下游区和华南区的分布均有所下降,在北方,甘新区低适宜区有所扩大,同时内蒙古及长城沿线区和东北区狭长的低适宜区在向北推进，导致 60 年间低适宜区减少 0.3%，相应地，不适宜区增加 0.1%。因此，从全国来讲，60 年来，冬小麦种植适宜区从 31.6% 减少到 31.5%，并且这 0.1% 的变化源于低和高适宜区减少、中适宜区增加的综合影响。在分农区上，60 年来，北方的黄淮海区、黄土高原区和甘新区冬小麦种植的适宜等级在升高，而南方的长江中下游区、西南区和华南区冬小麦种植的适宜等级在下降。这意味着气候变化背景下，北方农区冬小麦种植的适应能力在提高，而南方农区冬小麦种植的适应能力有所下降。

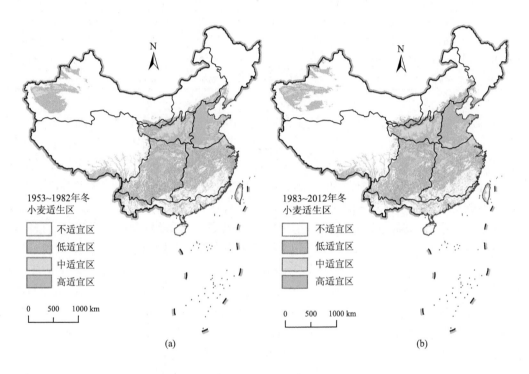

图 5-4　60 年来冬小麦适生区的农区分布

结合 60 年来农业气候资源的变化特征和冬小麦适生区的主要影响因素，分析冬小麦适生区的变化。0℃积温持续天数和年平均气温在全国基本呈增加趋势，保证了冬小麦生长期的热量供应，而年极端低温和最冷月平均气温的上升则降低了低温对冬小麦安全越冬的限制，因此有利于雨养条件下北方的黄淮海区、黄土高原区等农区冬小麦种植的适宜等级升高，同时有利于冬小麦适宜种植界线的向北移动。但是对于南方农区，冬季温度的上升和其他热量资源的增加，反而不能满足冬小麦对低温的需求，如不利于冬小麦的春化，使得华南区等农区冬小麦种植的适宜等级降低。

2. 冬小麦适生区的海拔分异

查看冬小麦适生区在三大阶梯上的分布(表 5-5)，1953～1982 年，冬小麦的高适宜区主要分布在第一阶梯的华北平原，其次是第二阶梯的四川盆地和黄土高原，在第三阶梯的河谷地区也有零星分布；中适宜区在第一、第二阶梯上围绕高适宜区分布，第一阶梯分布面积相对较多；低适宜区多分布在第二阶梯的云贵高原、四川盆地周边和黄土高原北部，其次是第一阶梯的长江中下游平原及以南地区；冬小麦的不适宜区在每个阶梯均有大量分布，按照分布面积从高到低依次是第三、第二和第一阶梯。

表 5-5　冬小麦适生区各类型面积比例及变化幅度　　　　　　　（单位：%）

阶梯	1953~1982 年各类型面积比例				1983~2012 年各类型面积变化幅度			
	不适宜区	低适宜区	中适宜区	高适宜区	不适宜区	低适宜区	中适宜区	高适宜区
第一阶梯	54.78	16.79	12.99	15.44	-1.41	1.21	0.26	-0.06
第二阶梯	63.11	22.61	9.39	4.89	1.06	-1.16	0.11	-0.01
第三阶梯	94.18	3.80	1.19	0.83	0.50	-0.31	-0.20	0.01
总和	74.22	15.88	6.46	3.44	0.86	-0.86	0.00	-0.01

比较冬小麦适生区随时间在海拔上的变化，1983~2012 年，在第一阶梯上，华北平原上高适宜区面积基本不变，不过长江干流以北区域高适宜区面积稍微减少，长江中下游平原地区高适宜区面积因中适宜区面积的增加略微增加，但是南方丘陵及以南地区低适宜区面积减少，华北平原以南的低适宜区面积略微增加，种植界线稍微北移。因此，第一阶梯上高适宜区面积相对稳定，中和低适宜区面积均有所增加，而不适宜区从54.78%减少到53.37%，换言之，第一阶梯上冬小麦的适宜等级在升高。在第二阶梯上，虽然云贵高原和黄土高原的高适宜区分布有所变化，但是总体面积比例依旧保持 4.9%；黄土高原中和低适宜区分别呈现增加与减少的特征，加之云贵高原南部低适宜区向不适宜区转化，造成中适宜区面积比例从 9.39%增加到 9.5%，低适宜区面积比例从 22.61%减少到21.45%，相应地，不适宜区面积比例从 63.11%增加到64.17%。总之，第二阶梯上冬小麦适宜种植面积比例有所降低，冬小麦适宜种植等级基本在降低。对于第三阶梯，冬小麦的高适宜区面积比例保持在 0.8%左右，中和低适宜区面积比例分别从 1.19%和 3.80%下降到 0.99%和 3.49%，说明河谷地区冬小麦种植的适宜区面积缩小，适宜等级降低。因此，在气候变化背景下，冬小麦种植的适应能力在第一阶梯上提高，在第二和第三阶梯上有所下降。

对冬小麦适生区各因素贡献率进行排序发现，虽然海拔分布位于 0℃积温持续天数、年平均气温和年降水量等热量和水分要素之后，但是对冬小麦适生区的影响依然重要。在不同海拔地区，不同水热要素的组合，使得高海拔地区较低海拔地区的冬小麦适生区变化更为复杂和敏感，如相较于高海拔的黄土高原和云贵高原，低海拔的华北平原和四川盆地的冬小麦高适宜区的分布变化更为稳定。

5.3.2　近 30 年冬小麦适生区变化特征

1. 冬小麦适生区的农区变化

1983~2012 年，黄淮海区东部冬小麦高适宜区先缩减后扩大，相应地，中适宜区则是先增加后缩小(图 5-5)。黄土高原区高适宜区持续向西扩展，在黄土高原区的面积比值从 23.32%经 25.98%增加到 27.41%，导致中适宜区分布面积逐渐缩小。在甘新区，新疆地区中适宜区缩小，虽然低适宜区北部边界基本稳定，但是分布面积明显缩小。在青藏区的河谷地区，高适宜区在 1993～2002 年的分布范围最小，在 2003～2012 年分布范围最大。30 年里，高适宜区在长江中下游区的西北端有所收缩，但是在其东北部有所增加，取代原斑点状的中适宜区，造成高适宜区在长江中下游的分布面积逐渐增加。1993～2002 年农区中部中适宜的斑块数量减少或面积缩小，相应面积比值从 23.47%下降到 21.09%，不过到了 2003～2012 年，中适宜区斑块数量和斑块面积又有所增大，这使得整个农区中适宜区面积先下降后有所增大。1993～2002 年，低适宜区在长江中下游区分布面积相对于前 10 年明显缩小，到了 2003～2012 年基本又扩张到原来范围，故 30 年来低适宜区所占比值依次是 34.94%、32.09%和 34.22%。在西南区，高适宜区在四川盆地及周边的分布范围在缩小，导致高适宜区在西南区的分布逐渐缩减，从 14.74%经 13.99%减少到 13.57%。中适宜区斑块在形状和空间位置上在 30 年内多有变化，不过整体面积所占农区比值相对稳定。低适宜区在向西南方向扩展，逐渐取代不适宜区，故在西南区的分布面积逐渐增大，所占面积比值从 47.56%经 47.96%增加到 51.79%。因此，近 30 年内，冬小麦种植不同等级适宜区间的比例在多数农区处于波动变化中，相应地，气候变化下冬小麦种植的适应能力在多数农区也处于波动中。

2. 冬小麦适生区的海拔变化

分析近 30 年来冬小麦适生区的海拔分布。在第一阶梯，冬小麦高适宜区在汉中平原先向北收缩后又向西南部扩张，在华北平原东部于 1993～2002 年向内陆收缩、北部于 2003～2012 年向北有所扩张，造成 1993～2002 年高适宜区的分布面积最少、2003～2012 年最大，故总体上冬小麦高适宜区在第一阶梯上呈现先减少后增加的特征。中适宜区在长江中下游平原的分布先减少后增加，在华北平原北部的分布界限比较稳定，在华北平原东部沿海和山东丘陵地区有所扩大。综合下来，第一阶梯上中适宜区在 1993～2002 年面积最小、2003～2012 年最大。北端低适宜区分布面积先减少后有所扩大，其分布界限向北有所移动；在长江中下游平原及以南的低适宜区，1993～2002 年分布面积减少，到了 2003～2012 年又有所增大，故 1993～2002 年低适宜区在第一阶梯上的分布面积最少、2003～2012 年最大。

在第二阶梯，新疆地区和四川盆地及云贵高原地区高适宜区的分布位置随年代变化，不过总体上高适宜区分布面积变化不大。中适宜区在新疆地区分布面积减少，在黄土高原的分布面积增大，在南方的四川盆地及云贵高原的分布减少，总体上该阶梯中适宜区于 1983～1992 年分布面积最大，在 1993～2002 年分布面积最小，所占面积比值分别是 9.49%和 8.66%。低适宜区在新疆地区有所减少，在黄土高原北部先减少后增加，在黄土高原北部的分布界限向北也有所移动；在云贵高原，低适宜区分布界限逐渐向南移动，但是分布面积并没有随着分布界限的移动而增加，故 30 年来，低适宜区在减少，3 个时期所占面积比值依次是 22.59%、21.64%和 21.34%。在第三阶梯，冬小麦适生区的分布变化同青藏区。因此，虽然冬小麦不同适宜等级在第一和第二阶梯的分布面积基本处于波动中，但是其适宜种植区的分布界限分别向南和向北移动，这意味着近 30 年内全国冬小麦种植的适应能力略有上升。

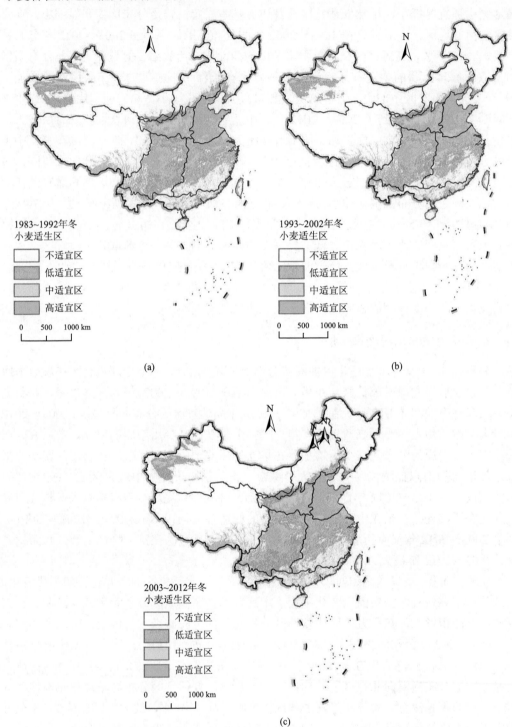

图 5-5　近 30 年冬小麦适生区的农区分布

5.4　小麦适生区时空分异

5.4.1　60 年来小麦适生区时空分异

1. 小麦适生区的农区分异

将同时期春小麦和冬小麦适生区分布按照取高值原则进行空间叠加，得到小麦适生区。分析小麦适生区在农区上的分布[图 5-6(a)]，1953～1982 年，小麦高适宜区基本分布在黄淮海区、内蒙古及长城沿线区的中间地带、甘新区的东部和西北部、东北区的松嫩平原和三江平原、西南区的四川盆地和长江中下游区的北部。中适宜区在内蒙古及长城沿线区、黄土高原区和新疆地区多紧邻高适宜区分布，在西南区和长江中下游区多以斑点形状出现，周边被低适宜区包围。低适宜区在西南区和长江中下游区分布最广泛，在东北区和甘新区基本紧邻中适宜区分布，不适宜区多分布在海拔高的青藏区、甘新区的沙漠地带、纬度较高的东北区北端以及纬度较低的长江中下游区南部和华南区。

1983～2012 年，小麦适生区在具体农区上有所变化[图 5-6(b)、图 5-6(c)和表 5-6]。在甘新区东端经内蒙古及长城沿线区向东北区西部延伸的带状高适宜区范围变化明显，以内蒙古及长城沿线区中部为界，西部是高适宜区范围扩大，挤占原有的中适宜区，东部是高适宜区范围缩小，转化为中适宜区。自甘新区东北端向西延伸的河西走廊的高适宜区范围缩小，转化为中适宜区，在新疆北部和三江平原地区高适宜区范围也有所扩大，取代原中适宜区。同时，在甘新区和东北区的其他区域存在较多低或高适宜区转化为中适宜区的斑点。因此，总体上，甘新区高适宜区缩小、中适宜区增加，相应的减少或增加幅度占该农区面积比值分别是 0.43%和 1.02%；内蒙古及长城沿线区高适宜区增加、中适宜区减少，对应的变化幅度分别是 6.09%和 3.87%；东北区则是高和中适宜区均少量增加，增加的面积比值分别是 0.47%和 0.85%。在不适宜区与低适宜区转化方面，甘新区的新疆地区低适宜区范围缩小，转化为不适宜区，但是也存在不适宜区转化为低适宜区的斑块，在河西走廊更多是低适宜区转化为不适宜区的斑块，故甘新区低适宜区范围缩小，面积比值从 32.60%下降到 28.11%，不适宜区范围扩大，面积比值从 34.71%增加到 38.61%；内蒙古及长城沿线区低适宜区有所减少，不过不适宜区基本稳定；在东北区的北端低适宜区种植界限有所南移，转化为不适宜区。显然，三农区小麦适生区的变化多源于春小麦适生区的分布变化。

黄淮海区南部分别出现自中适宜区转化为高适宜区和自高适宜区转化为中适宜区的斑块，但是前者面积大于后者，其东部也有自中适宜区转化为高适宜区的斑点，故总体上黄淮海区高适宜区面积扩大、中适宜区面积缩小。黄土高原区、青藏区、西南区和长江中下游区也有其他等级转化为高适宜区的斑点，但是长江中下游区北部有较多高适宜区转化为中适宜区的斑点，故总体上黄土高原区、青藏区和西南区高适宜区面积有所增加，而长江中下游区高适宜区面积下降，中适宜区面积增加。对于低适宜区分布变化，西南区、长江中下游区有大量不适宜区和少量高适宜区转化为低适宜区的斑点，同时也存在低适宜区转化为不适宜区的斑点，导致西南区低适宜区范围缩小，所占该农区面积

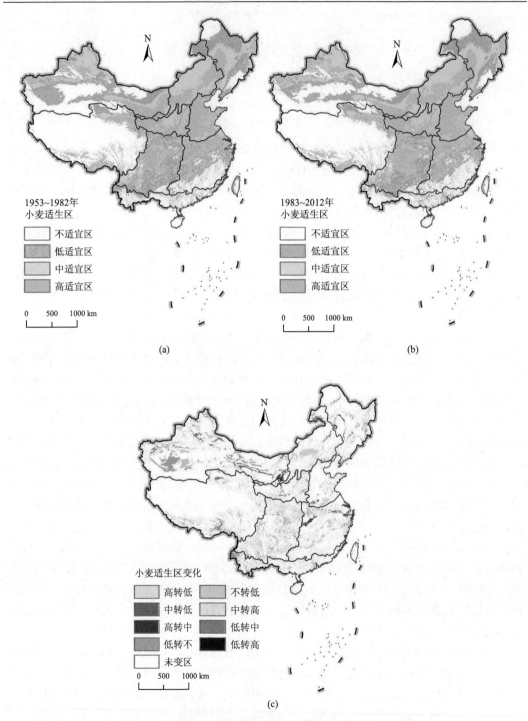

图 5-6　60 年来小麦适生区的农区分布

比值从 50.07%下降到 49.16%，而不适宜区范围少量增加，所占面积比值从 14.41%增加
到 14.61%；长江中下游区低适宜区略微扩大，增加幅度的面积比值为 0.59%，而不适宜
区范围缩小，占该农区面积比值从 32.52%下降到 31.86%。这些农区上的小麦适生区的

变化多源于冬小麦适生区的分布变化。

因此，虽然全国小麦种植的中高适宜区分布面积增加，但是低适宜区面积的缩小导致不适宜区面积的增加，这说明在部分农区，如内蒙古及长城沿线区、黄土高原区和黄淮海区等原本多是适宜等级较高的农区，小麦种植的适应能力有所提高，在西南区、长江中下游区、华南区和甘新区等原本多是适宜等级较低的农区，小麦种植的适应能力有所下降。因此，整体上小麦生长适应气候变化的能力在多数农区略有上升。相对于南方农区，北方农区小麦生长对气候变化的响应较为强烈。

表 5-6　小麦适生区各类型面积比例及变化幅度　　　　　（单位：%）

农区	1953~1982 年各类型面积比例				1983~2012 年各类型面积变化幅度			
	不适宜区	低适宜区	中适宜区	高适宜区	不适宜区	低适宜区	中适宜区	高适宜区
华南区	69.20	27.28	3.14	0.38	−0.60	1.56	−0.67	−0.29
西南区	14.41	50.07	21.61	13.91	0.20	−0.91	0.24	0.47
长江中下游区	32.52	33.00	21.05	13.43	−0.66	0.59	2.29	−2.22
黄土高原区	0.34	7.93	43.47	48.26	0.01	−0.99	0.23	0.75
青藏区	80.00	11.27	4.68	4.05	−0.09	−0.14	−0.03	0.26
黄淮海区	0.01	4.66	25.43	69.90	0.00	−0.75	−2.94	3.68
甘新区	34.71	32.60	20.76	11.93	3.90	−4.49	1.02	−0.43
内蒙古及长城沿线区	0.03	15.24	54.33	30.40	−0.01	−2.21	−3.87	6.09
东北区	21.65	36.64	27.61	14.10	0.54	−1.87	0.85	0.47
总和	36.54	25.90	21.51	16.05	0.94	−1.60	0.06	0.60

2. 小麦适生区的海拔分异

分析小麦适生区的海拔分布（表 5-7）：1953~1982 年，小麦高适宜区主要分布在第一阶梯和第二阶梯上，其中在第一阶梯上的分布面积稍大于第二阶梯，在第三阶梯上的柴达木盆地也有较多分布。中适宜区主要分布在第二阶梯的黄土高原中北部、内蒙古高原东部和天山北侧，以及第一阶梯的东北平原，其中在第二阶梯上分布面积最大。无论是第一或第二阶梯，北方中适宜区基本是紧邻高适宜区分布，在南方则是以斑点形状出现，周边多被低适宜区包围。低适宜区多分布在南方地区，在北方地区多分布在中适宜区的外围。不适宜区则是分布在海拔较高的第三阶梯、第二阶梯的内蒙古高原西部、天山以南和云贵高原南端和第一阶梯的大兴安岭和南岭地区。

表 5-7　小麦适生区各类型面积比例及变化幅度　　　　　（单位：%）

阶梯	1953~1982 年各类型面积比例				1983~2012 年各类型面积变化幅度			
	不适宜区	低适宜区	中适宜区	高适宜区	不适宜区	低适宜区	中适宜区	高适宜区
第一阶梯	23.20	27.16	25.10	24.54	−0.54	−0.08	0.33	0.28
第二阶梯	21.25	33.28	28.64	16.83	2.37	−3.31	−0.05	0.98
第三阶梯	80.12	11.11	4.36	4.41	0.16	−0.39	−0.07	0.30
总和	42.30	25.35	19.96	12.39	1.58	−2.26	−0.06	0.73

1983～2012年，小麦适生区在各个阶梯的分布出现变化：对于第一阶梯，华北平原有数量较多的中、高适宜区间相互转化的斑块以及低适宜区转化为中适宜区的斑块，造成第一阶梯高和中适宜区范围均有轻微增加，在数值上，高和中适宜区占第一阶梯的面积比值分别增加了0.28%和0.33%。在长江中下游平原和东北平原分布大量的由中适宜区或不适宜区转化为低适宜区的斑块，以及低适宜区转化为不适宜区的斑块，尤其是东北平原最北端低适宜区种植界限有所南移，变成不适宜区。这导致第一阶梯上低适宜区和不适宜区范围均缩小，各自占第一阶梯的面积比值分别减少了0.08%和0.54%。因此，第一阶梯上小麦中、高适宜的扩大主要由冬小麦贡献，低适宜和不适宜区的缩小则是冬小麦和春小麦共同作用形成的，这也说明气候变化下小麦适宜等级在升高，该阶梯上小麦种植的适应能力提高。

第二阶梯的内蒙古高原和天山北侧是小麦适生区变化最为明显的区域，存在面积较大的中适宜区转化为高适宜区、高或低适宜区转化为中适宜区以及低适宜区转化为不适宜区的斑块，南方则是有较多不同等级之间相互转化的斑点。因此，总体上第二阶梯高适宜区和不适宜区范围扩大，而中和低适宜区范围缩小，高适宜和不适宜区占第二阶梯的面积比值分别增加了0.98%和2.37%，中和低适宜区的面积比值分别减少了0.05%和3.31%。在第三阶梯的柴达木盆地，存在一个面积较大的中适宜区转化为高适宜区和低适宜区转化为中适宜区的斑块，也有几个不适宜区转化为低适宜区的斑块，而雅鲁藏布江河谷地区也有大量不同等级间转化的斑点，这带来第三阶梯的高适宜区和不适宜区范围扩大，中和低适宜区范围缩小，高适宜区和不适宜区占第三阶梯的面积比值分别增加了0.30%和0.16%，中和低适宜区的面积比值分别减少了0.07%和0.39%。因此，第二阶梯上小麦高适宜区的扩大和中适宜区的缩小基本由春小麦贡献，低适宜区的缩小由冬小麦贡献，说明气候变化下该阶梯上小麦适宜等级在下降，小麦种植的适应能力有所下降；在第三阶梯上，整体上小麦适宜等级有所下降，小麦种植的适应能力相应下降。

5.4.2 近30年小麦适生区变化特征

1. 小麦适生区的农区变化特征

分析近30年小麦适生区在各个农区的分布(图5-7)，小麦高适宜区在内蒙古及长城沿线区和甘新区逐渐增加，尤其是最近10年在内蒙古及长城沿线区增加明显，在甘新区的西北部空间分布位置变动明显。内蒙古及长城沿线区的小麦中适宜区与高适宜区属于此消彼长的关系，因此中适宜区在持续减少。中适宜区在甘新区的分布面积处于波动减少中，其分布变化主要取决于新疆地区中、高适宜区的变动，中适宜区在东北区处于波动增加中。低适宜区在甘新区的分布面积和分布位置变化最为明显，1983～1992年，甘新区小麦低适宜区自西向东相连，几乎形成条带，到1993～2002年，其在南疆地区的条带开始断开，在最近10年南疆地区断开的距离越来越长，因此甘新区低适宜区分布面积在逐渐减少，所占面积比值从29.59%经28.25%下降到25.9%。低适宜区在东北区南端的分布处于波动减少中，在北端的分布是持续减少，而且北部界限在逐渐南移，因此总体上，1993～2002年东北区低适宜区的分布面积轻微增加，但是在2003～2012年下降明显，导致30年内不适宜区在东北区的面积比值增加了近7%。

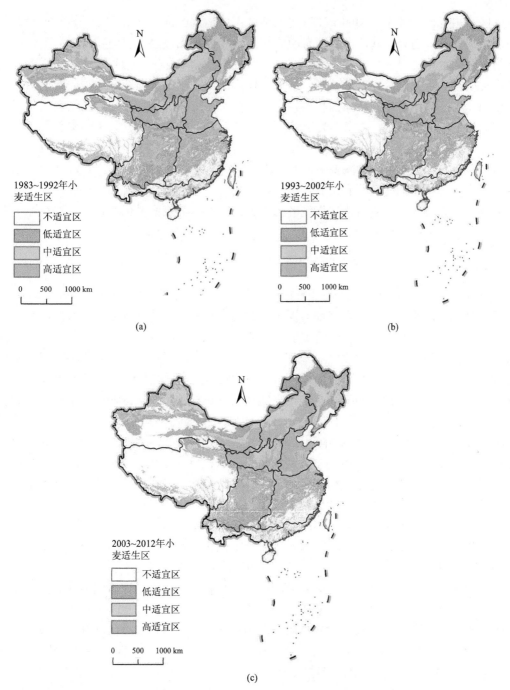

图 5-7 近 30 年小麦适生区的农区分布

在黄土高原区，小麦高适宜区在逐渐增加，中适宜区则是波动减少。小麦高、中适宜区在黄淮海区是此消彼长的关系，小麦高适宜区在 1983～1992 年占农区面积比值的 74.49%，到 1993～2002 年有 4%的高适宜区减少，转化为中适宜区，不过到了 2003～2012 年，又有 3.2%的中适宜区转化为高适宜区。长江中下游区小麦高适宜区处于逐渐增加中，增加区域主要位于其东北端的长江三角洲地区；中适宜区则是有所下降，其分布位置也在随年代变化；适宜区向西北方向有所收缩，分布面积比值处于波动减少中。高、中、低适宜区的变化，导致长江中下游区不适宜区处于波动增加中。与其同纬度的西南区，小麦种植高适宜区则是在持续下降，主要表现为西南区中南部高适宜区斑块数量减少和斑块面积缩小；中适宜区分布面积比较稳定，但是在空间上发生移动。低适宜区分布界限随年代逐渐向南迁移，尤其是在西南区与华南区交界处，低适宜区逐渐覆盖整个西南区，并继续向南，对华南区的影响范围扩大。对于青藏区，与中、高适宜区的波动减少一致，低适宜区也处于波动减少中，而不适宜区则是波动增加。因此，近30年内，大多数农区小麦种植不同等级适宜区面积比例随年代处于波动变化中，加之小麦在东北区北部界线的向南移动和华南区南部界线的向南移动，意味着气候变化背景下多数农区小麦种植的适应能力随年代波动。

2. 小麦适生区的海拔变化特征

近30年，第一阶梯上小麦高适宜区在随年代变化，相对于前10年，1993~2002年高适宜区在三江平原缩小，在南部的汉中平原向北收缩，导致该时期第一阶梯上高适宜区分布面积明显减少，其占第一阶梯的面积比值为23.39%。到了2003~2012年，高适宜区在三江平原分布范围再次恢复，在东北平原的分布范围也有所扩大，同时在汉中平原向南有所扩张，使得小麦高适宜区分布范围达到最大，所占面积比值高达26.07%。中适宜区在第一阶梯上的分布变化基本与高适宜区呈负相关，即中适宜区随着1993~2002年高适宜区的减少而扩大，到了2003~2012年则随着高适宜的扩大而减少，因此第一阶梯上中适宜区在1993~2002年分布范围最大，1983~1992年次之，2003~2012年最小。1993~2002年辽东半岛和南方丘陵地区低适宜区分布范围明显扩大，造成该时期低适宜区在第一阶梯上分布范围最大；到了2003~2012年，低适宜区在辽东半岛和东北平原北部收缩，同时在南方丘陵的低适宜区斑点数量和面积均有所减少，导致该时期第一阶梯上低适宜区分布最少，所以30年来低适宜区在第一阶梯上呈现先增加后减少的特征。因此，在第一阶梯上，近30年内小麦种植不同等级适宜区面积范围随年代均在波动变化中，意味着气候变化下小麦种植的适应能力随年代也在波动中。

在第二阶梯上，高适宜区的分布面积随年代变化不大，不过在新疆地区和四川盆地及云贵高原的分布位置则随年代变化。相对于1983~1992年，1993~2002年在天山北侧、内蒙古高原、黄土高原和云贵高原地区中适宜区均是呈现减少的特征，造成该时期中适宜区分布最少。不过到了2003~2012年，天山北侧和云贵高原中适宜区分布范围又有所扩大，带来中适宜区的轻微增加。因此，30年来中适宜区的分布面积随年代呈现波动减少的特征，所占面积比值从28.38%经26.15%减少到26.23%。低适宜区在第二阶梯上分布面积相对稳定，但是分布位置变化较大。例如，北部和西北部低适宜区在逐渐减少，尤其是南疆地区条带状低适宜区被不适宜区断开，但是在云贵高原则是适宜区在逐渐向南扩展，使得云贵高原低适宜区分布范围扩大。在第三阶梯上，无论是北部的柴达木盆地，还是南部的青藏河谷，高适宜区的分布范围均有所扩大，占第三阶梯的面积比值从4.59%经4.79%增加到4.93%，中和低适宜区分布面积则是波动减少，导致第三阶梯上不适宜区分布面积波动增加。因此，在第二阶梯上，小麦种植的高和低适宜区分布面积相对稳定，中适宜区和不适宜区分布面积在波动变化中，意味着气候变化背景下小麦种植的适应能力有所波动；在第三阶梯上小麦种植的不同等级适宜区基本也在波动中，相应地，气候变化下的适应能力也无趋势可言。

5.5　研　究　结　论

(1)春小麦和冬小麦适生区各因素贡献率存在差异：0℃积温持续天数、年平均气温、年极端低温和年降水天数是影响春小麦适生区的关键；0℃积温持续天数、年平均气温、年极端低温、最冷月平均气温和年降水量是影响冬小麦适生区的主要气候要素。另外，海拔作为地表限制性要素，对春小麦和冬小麦适生区均至关重要。

(2)春小麦和冬小麦适生区的空间分布存在差异：在农区上，春小麦种植的中、高适宜区主要分布在纬度较高的甘新区、内蒙古及长城沿线区、东北区和黄土高原区的北端，冬小麦的中、高适宜区主要分布在黄淮海区及其周边区域和西南区的四川盆地；在海拔上，春小麦中和高适宜区主要分布在第二阶梯和第一阶梯的高纬度地区，冬小麦的中、高适宜区主要分布在第一阶梯的华北平原，第二阶梯的黄土高原和四川盆地。

(3)60年来春小麦和冬小麦适生区的变化存在空间差异：在农区上，内蒙古及长城沿线区春小麦种植适宜等级升高，东北区和甘新区适宜等级有所降低，这使得春小麦种植适应气候变化的能力前者在升高、后者在下降。冬小麦种植的适宜等级在黄淮海区、黄土高原区和甘新区有所提高，在南方三农区有所下降，说明北方农区冬小麦种植适应气候变化的能力多在提高，南方农区则是在下降；在海拔上，相对于平原地区，春小麦中、高适宜等级的增加区多分布在内蒙古高原上，表明春小麦种植适应气候变化的能力是高原大于平原。冬小麦的适宜种植面积在第一阶梯上增加、在第二和第三阶梯上减少，种植的适宜等级在第一阶梯升高、在第二和第三阶梯基本是降低，相应地，冬小麦种植适应气候变化的能力在第一阶梯上提高、在第二和第三阶梯上有所下降。

(4)近30年春小麦和冬小麦适生区多处于变动中：在农区上，东北区、黄土高原区和青藏区春小麦不同等级适生区随年代波动，内蒙古及长城沿线区和甘新区则是由低适宜等级向高适宜等级转换，带来两农区春小麦中、高适宜区面积的扩大，相应地，春小麦适应气候变化的能力略有增加。冬小麦种植不同等级适宜区面积在多数农区处于波动中，相应地，适应气候变化的能力处于波动中；在海拔上，春小麦低和不适宜区在第一阶梯上向中、高适宜区转化，春小麦中、高适宜区在第二阶梯上向不适宜区和低适宜区转化，使得春小麦适应气候变化的能力在第一、第二和第三阶梯上分别有所提高、下降和波动。冬小麦不同适宜等级在第一和第二阶梯上的分布面积基本处于波动中，但是其种植适宜区的分布界限分别向南和向北移动，这在一定程度上说明全国冬小麦种植的适应能力略有上升。

(5)在春小麦和冬小麦影响下，60年来小麦适生区的变化存在空间差异：在农区上，小麦中、高适宜区在内蒙古及长城沿线区、黄土高原区和黄淮海区等分布面积的增加带来全国中、高适宜区的增加，这些农区小麦适应气候变化的能力有所提高，小麦低适宜区在南方三农区和甘新区等减少，转化为不适宜区，导致这些农区适应气候变化的能力有所下降；在海拔上，小麦中、高适宜区在第一阶梯上的扩大多由冬小麦贡献，低适宜区和不适宜区的缩小则是冬小麦和春小麦共同作用所致，第二阶梯上小麦高适宜区扩大和中适宜区缩小基本由春小麦贡献，低适宜区的缩小由冬小麦贡献，说明气候变化下第一和第二阶梯上小麦适宜等级分别在升高和下降，相应地，小麦种植适应气候变化的能力分别提高和降低。第三阶梯上小麦适宜等级有所下降，相应的适应气候变化的能力也有所下降。

(6)近 30 年来小麦适生区在春小麦和冬小麦变化影响下存在以下时空分布特征：在农区上，大多数农区小麦种植不同等级适宜区面积比例处于波动变化中，加之小麦的北部和南部界线均向南移动，意味着多数农区小麦种植适应气候变化的能力处于波动中；在海拔上，第一阶梯上小麦种植不同等级适宜区面积均在波动，第二阶梯上小麦高和低适宜区分布面积相对稳定，中适宜区和不适宜区分布面积在波动，相应地，小麦种植适应气候变化的能力在第一和第二阶梯上均处于波动中。

参 考 文 献

蔡剑, 姜东. 2011. 气候变化对中国冬小麦生产的影响. 农业环境科学学报, 30(9): 1726-1733.

何奇瑾. 2012. 我国玉米种植分布与气候关系研究. 南京: 南京信息工程大学.

李德, 景元书, 祈宦. 2015. 1980-2012 年安徽淮北平原冬小麦灌浆期连阴雨灾害风险分析. 资源科学, 37(4): 0700-0709.

钱锦霞, 李娜, 韩普. 2014. 冬季变暖对山西省冬小麦可种植区的影响. 地理学报, 69(5): 672-680.

张宇, 王石立, 王馥棠. 2000. 气候变化对我国小麦发育及产量可能影响的模拟研究. 应用气象学报, 11(3): 264-270.

张渊萌, 程志刚. 2014. 青藏高原增暖海拔依赖性研究进展. 高原山地气象研究, 34(2): 91-96.

赵广才. 2010. 中国小麦种植区划研究(一). 麦类作物学报, 30(5): 886-895.

赵鸿, 肖国举, 王润元, 等. 2007. 气候变化对半干旱雨养农业区春小麦生长的影响. 地球科学进展, 22(3): 322-327.

中国农林作物气候区划协作组. 1987. 中国农林作物气候区划. 北京: 气象出版社.

Fang J Y, Song Y C, Liu H Y, et al. 2002. Vegetation-climate relationship and its application in the division of vegetion zone in China. Journal of Integrative Plant Biology, 44: 1105-1122.

IPCC. 2014. Climate Change 2013: The Physical Science Basis. United Kingdom and New York: Cambridge University Press.

Li Z X, He Y Q, Theakstone W H, et al. 2012. Altitude dependency of trends of daily climate extremes in southwestern China, 1961-2008. Journal of Geographical Sciences, 22(3): 416-430.

Phillips S J, Anderson R P, Schapire R E. 2006. Maximum entropy modeling of species geographic distributions. Ecological Modelling, 190: 231-259.

Sun J S, Zhou G S, Sui X H. 2012. Climatic suitability of the distribution of the winter wheat cultivation zone in China. European Journal of Agronomy, 43: 77-86.

Wang Q, Fan X, Wang M. 2014. Recent warming amplification over high elevation regions across the globe. Climate Dynamics, 43(1-2): 87-101.

Woodward F I. 1987. Climate and Plant Distribution. Cambridge: Cambridge University Press.

第6章　气候变化下玉米适生区时空分异

玉米是喜温作物，生长发育及灌浆成熟需要在温暖的条件下完成。玉米种子在 $10\sim12℃$ 时萌发，高于 $14℃$ 时可以出苗，如果生长后期日平均气温低于 $16℃$，籽粒灌浆基本停止(中国农林作物气候区划协作组，1987)。因此，春季日平均气温 $<14℃$ 和秋季日平均气温 $<16℃$ 是玉米无法忍受的低温，通常可用最低气温、逐日平均气温来分析玉米生长期是否出现了临界温度(葛亚宁等，2015；陈长青等，2011；纪瑞鹏等，2012)。其次是玉米生长期持续时间和持续期的热量供应，所以，可根据春季日平均气温 $\geqslant14℃$ 到秋季日平均气温 $\geqslant16℃$ 的天数计算玉米实际可生育期长度和可生育期热量供应(中国农林作物气候区划协作组，1987)，部分学者使用最热月平均温度、$\geqslant10℃$ 积温、$\geqslant10℃$ 积温持续天数、$\geqslant0℃$ 积温、无霜期和气温年较差表达玉米生育期的热量供应(何奇瑾，2012；纪瑞鹏等，2012)。年降水量或月降水量、湿润指数可以用来分析玉米生长期的水分供应状况(翟志芬等，2012；徐玲燕等，2013)。

因此，选择以下水热要素模拟春玉米和夏玉米适生区的空间分布：年平均气温、$\geqslant10℃$ 积温、最热月平均气温、无霜期和日照时数，这些水热要素也是表征作物生长期持续时间和持续期热量供应的指标，年降水量和年降水天数是表征作物生长期水分供应的指标，土壤分布和海拔分布作为限制玉米适生区的地表因素。

6.1　玉米适生区影响因素贡献率分析

6.1.1　春玉米适生区影响因素贡献率分析

根据 Jacknife 模块的分析(表 6-1)，进一步分析春玉米适生区各因子的相对贡献率，海拔分布是限制春玉米适生区空间分布最高的一个地表因子，在气候因素中，春玉米适

表 6-1　基于 Jacknife 模块的春玉米适生区各因素的相对贡献率　　　(单位：%)

因素	1953～1982 年相对贡献率	1983～2012 年相对贡献率
海拔分布	31.8	33.1
年平均气温	4.3	2.9
最热月平均气温	11.7	6.3
年降水天数	3.2	0.4
年降水量	16.2	16.4
无霜期	19.6	16.6
土壤分布	9.6	15.6
$\geqslant10℃$ 积温	1.7	6
日照时数	1.9	2.8

生区相对贡献率排在前三名的是无霜期、年降水量和最热月平均气温。由于剔除了因素之间的相对贡献率，≥10℃积温和年降水天数对春玉米适生区的相对贡献率较低。如同对单因素贡献率的分析,年平均气温和日照时数的相对贡献率也较低。因此,综合 Jacknife 模块和相对贡献率的分析, 最热月平均气温、年降水量和无霜期是影响春玉米适生区分布的主要水热条件, 海拔分布是春玉米分布的主要地表限制因素。

6.1.2　夏玉米适生区影响因素贡献率分析

根据 Jacknife 模块的分析,进一步分析夏玉米适生区各因素的相对贡献率（表 6-2）, 在所有气候因素中,两个气候标准年内年平均气温的夏玉米适生区相对贡献率均是最高, 均在 33%以上。其次是年降水量,两期的相对贡献率也在 11%以上,最热月平均气温的相对贡献率仅次于年降水量。由于剔除了变量之间的共线性,≥10℃积温、无霜期和年降水天数的相对贡献率远低于其他水热因素。两个气候标准年内,日照时数的夏玉米适生区相对贡献率比较稳定,均为 0.6%。相对于土壤分布, 海拔分布对夏玉米适生区的影响较大, 甚至高于气候要素中的年平均气温, 其相对贡献率值在 36%或以上。因此, 综合以上分析发现, 年平均气温、最热月平均气温和年降水量是影响夏玉米适生区空间分布最重要的水热气候条件。

表 6-2　基于 Jacknife 模块的夏玉米适生区各因素的相对贡献率　　　　　（单位：%）

因素	1953~1982 年相对贡献率	1983~2012 年相对贡献率
海拔分布	37.8	36
年平均气温	35.2	33.5
最热月平均气温	11.5	8.5
年降水天数	1.6	2.6
年降水量	11.4	16.9
无霜期	0	0
土壤分布	1	1
≥10℃积温	1	0.9
日照时数	0.6	0.6

6.2　春玉米适生区时空分异

6.2.1　60 年来春玉米适生区时空分异

1. 春玉米适生区的农区分异

分析春玉米适生区在农区上的分布与变化。1953~1982 年, 春玉米种植高适宜区主要分布在自东北区的三江平原向西南方向延伸到四川盆地的狭长地带, 中间途经内蒙古及长城沿线区南部、黄淮海和黄土高原区, 在西南区的东南部、甘新区的新疆地区和青藏区的河谷地区也有高适宜区的分布。中适宜区多分布在黄淮海区, 紧邻高适宜区分布, 在新疆地区、黄土高原区、西南区和长江中下游区也有分布。低适宜区主要分布在长江中下游区和华南区, 低适宜区在东北区、内蒙古及长城沿线区、黄淮海区、黄土高原区和西南区多紧邻中适宜区分布。青藏区、甘新区大部、内蒙古及长城沿线区和东北区的北部、西南区的横断山区属于春玉米种植不适宜区[图 6-1(a)]。

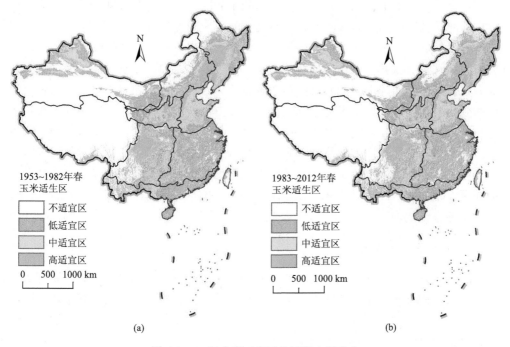

图 6-1 60 年来春玉米适生区的农区分布

1983~2012 年, 春玉米适生区在农区上的分布略有变化[图 6-1(b)]。对于中、高适宜区, 东北区高适宜区有所增加, 而中适宜区则是减少, 综合下来, 东北区中、高适宜区分布面积在下降, 其分布比例从 47.67%下降到 45.42%; 内蒙古及长城沿线区则是高适宜区有所下降、中适宜区面积有所增加, 综合下来, 该农区中、高适宜区分布面积比值从 37.48%轻微增加到 37.74%; 在黄土高原区的南部, 高适宜区面积有所收缩, 被中适宜区取代, 故农区中、高适宜区面积比值从 66.17%轻微增加到 66.81%; 在西南区的东部和东南部, 中和高适宜区分布面积在减少, 二者占西南区面积比值从 45.87%下降到 44.1%; 在黄淮海区, 围绕其西北段和北段的带状高适宜区有所收缩, 变成中适宜区。对于低适宜区, 东北区低适宜区种植北界有所北移, 春玉米适宜种植面积扩大; 在内蒙古及长城沿线区的北部, 原先斑点状低适宜区消失, 被不适宜区取代, 但是在其西部与甘新区交接处, 则是低适宜区面积扩大, 故整体上内蒙古及长城沿线区低适宜区面积扩大, 不适宜区面积比值从 32.2%减少到 31.48%, 而甘新区与青藏区相邻的东南部则是低适宜区减少, 导致甘新区低适宜区和不适宜区影响范围相对稳定。在长江中下游区, 不适宜区斑块面积有所扩大, 占据低适宜区, 相应地, 不适宜区面积比值从 10.05%增加到 12.92%, 而低适宜区则从 75.35%下降到 73.17%。在西南区, 低适宜区面积相对稳定,但是由于中、高适宜区的减少，其不适宜区面积比值从 24.2%增加到 26.1%。华南区低适宜区分布相对稳定。因此，东北区、内蒙古及长城沿线区和黄土高原区春玉米种植的适宜区面积均在增加，整体上三农区春玉米种植的适宜等级在提高，而西南区则是适宜面积的减少和适宜等级的降低，同时黄淮海区春玉米适宜等级也有所下降，表明在气候变化背景下，春玉米中、高适宜区大量分布的东北区、内蒙古及长城沿线区和黄土高原区的适应能力有所提高，而西南区和黄淮海区的适应能力有所下降。

结合农业气候资源变化特征和春玉米适生区各因素贡献率，分析春玉米适生区的变动原因：60 年来，最热月平均气温等值线在向北移动，最热月平均气温为增加趋势，无霜期为延长趋势，而降水量的变化则存在区域差异，不同水热要素的组合造成春玉米适生区的变化。例如，在春玉米高适宜区分布的北方农区，包括东北区、内蒙古及长城沿线区和黄土高原区，虽然降水为增加或减少的站点相邻分布，但年降水量基本在 400mm以上，因此雨养条件下增加的热量资源和延长的玉米生长期有利于春玉米高适宜区范围扩大。在长江中下游区，热量资源和年降水量均为增加趋势，而该农区原本就是降水丰富的地区，增加的水热反而不利于春玉米的种植，使得春玉米中适宜区和低适宜区有所减少，不适宜区增加。

2. 春玉米适生区的海拔分异

分析春玉米适生区在不同海拔上的分布与变化。1953～1982 年，在第一阶梯上，春玉米适生区不同等级从南到北随着纬度的增加依次是低、中、高适宜区和不适宜区。在第二阶梯上，自四川盆地向北到黄土高原地区属于春玉米的中、高适宜区，周边被低适宜区包围，内蒙古高原和新疆地区多属于不适宜区。低、中和高适宜区均是在第一阶梯上的分布面积最多。第三阶梯基本是春玉米种植的不适宜区，但是在河谷地区也分布有春玉米种植的适宜区。

比较 60 年内春玉米适生区在不同海拔上的分布差异(表 6-3)，1983～2012 年第一阶梯上高适宜区的南部界限向北有所收缩，南部中适宜区面积也有所减少，被低适宜区占据，因此第一阶梯上中、高适宜区分布面积有所减少，中、高适宜区的面积比值从 42.80%下降到41.33%；东北平原上低适宜区种植北界向北有所移动，取代原有的不适宜区，因此第一阶梯上低适宜区面积扩大，所占第一阶梯面积比值从 43.81%增加到 44.84%。在第二阶梯上，云贵高原东南部的高适宜区和其北部的中适宜区范围有所扩大，但是黄土高原地区高和中适宜范围分别有所减少和扩大，故第二阶梯上高适宜区面积有所下降，中适宜区面积有所增加，综合起来中、高适宜区面积稍微扩大，所占第二阶梯面积比值从 25.34%增加到 25.45%。对于低适宜区，内蒙古高原中部和黄土高原北部面积有所扩大，扩大的面积比例是 0.16%，相应地，不适宜区范围略微下降，下降比例是 0.26%。在第三阶梯上，河谷地区高和低适宜区面积有所缩小，而中适宜区面积有所扩大，综合下来，该阶梯上春玉米种植适宜区面积下降，不适宜区面积增加，增加的面积比值是0.20%。因此，第一和第三阶梯上春玉米种植的适宜区减少、适宜等级下降，第二阶梯上春玉米种植的适宜区增加，这意味着气候变化背景下大多数区域春玉米种植的适应能力略微下降。

表 6-3　春玉米适生区各类型面积比例及变化幅度　　　　　（单位：%）

阶梯	1953~1982 年各类型面积比例				1983~2012 年各类型面积变化幅度			
	不适宜区	低适宜区	中适宜区	高适宜区	不适宜区	低适宜区	中适宜区	高适宜区
第一阶梯	13.39	43.81	25.05	17.75	0.43	1.03	-0.68	-0.79
第二阶梯	48.56	26.10	16.38	8.96	-0.26	0.16	0.24	-0.13
第三阶梯	97.77	1.30	0.31	0.62	0.20	-0.19	0.01	-0.02
总和	66.16	17.22	10.64	5.98	-0.10	0.03	0.16	-0.09

根据玉米适生区各因素贡献率的分析，可以发现，无论是单因素还是相对贡献率，海拔分布对春玉米适生区的影响均高于气候要素，可见春玉米适生区的分布对海拔更为敏感。60 年来，相对于海拔较高的云贵高原和黄土高原高适宜区的变化，海拔较低的东北平原及华北平原北部的春玉米高适宜区更为稳定。对于低适宜区亦是如此，如东北平原北端的种植界线向北有所移动，而内蒙古高原地区则是低适宜区空间分布和面积明显变化。

6.2.2　近 30 年春玉米适生区变化特征

1. 春玉米适生区的农区变化特征

进一步分析 1983~2012 年后气候标准年内春玉米适生区在农区上的分布变化(图 6-2)。在东北区，春玉米高适宜区在 1993~2002 年明显扩大，随后又有所下降，中适宜区则是在 1983~1992 年分布面积最大，低适宜区分布北界在 1993~2002 年最为偏北。在内蒙古及长城沿线区，2003~2012 年不适宜区范围快速扩大，占据了原有低适宜区，中、高适宜区的分布面积也相应收缩，使得不适宜种植面积比例从 1983~2002 年的 32.59%增加到 47.32%。在甘新区，新疆地区高适宜区收缩，而中适宜区则是先减少后扩大，其东部的低适宜区则是随年代逐渐向西部扩张，带来低适宜区的扩大。在黄淮海区，中、高适宜区均是在 1993~2002 年分布面积最大，2003~2012 年分布面积最小，尤其是 2003~2012 年中适宜区在南部和山东半岛收缩明显。在黄土高原区，中、高适宜区的分布面积在 1993~2002 年达到最大，其次是 1983~1992 年，由于 2003~2012 年该农区西部低适宜区向东扩展，造成这 10 年黄土高原区中、高适宜区分布面积最小。在青藏区，近 30 年内高适宜区面积有所下降，中适宜区在前 20 年略微上升，但是到了 2003~2012 年下降，下降的面积比值是 0.02%，其低适宜区分布面积则是随着年代波动上升，占该农区面积比值从 1.15%上升到 1.21%后稳定在 1.16%。在西南区，南部的高适宜区分布面积先增加后减少，而中适宜区分布面积有所增加，低适宜区则是在 1993~2002 年因为中、高适宜区的扩张而达到最小。对于长江中下游区，1983~1992 年中适宜区主要分布在西部与西南区相邻处，1993~2002 年分布面积有所扩大，其东部也出现了中适宜区的斑点，不过到了 2003~2010 年，东部的中适宜区斑点消失，只保留西部的中适宜分布区，在这一过程中，低适宜区分布面积先收缩后扩大。在华南区，1983~1992 年第 1 个 10 年的中、高适宜区分布面积最大，随后下降，低适宜区在持续扩大。显然，近 30 年内，全国多数农区春玉米种植的不同适宜等级所占面积比值处于波动变化中，也意味着气候变化下春玉米种植的适应能力在全国多数农区处于波动变化中，无明显变化趋势。

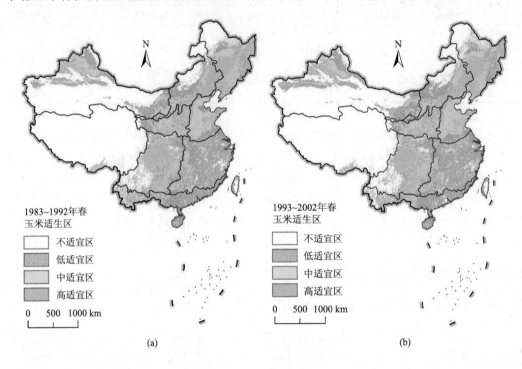

(a)　　　　　　　　　　　　　　　　　　　　　　(b)

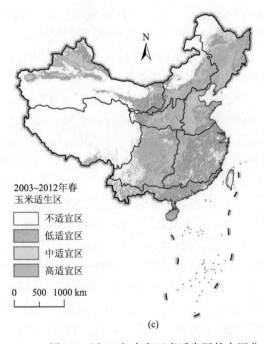

(c)

图 6-2　近 30 年来春玉米适生区的农区分布

2. 春玉米适生区的海拔变化特征

分析 1983～2012 年后气候标准年内春玉米适生区在不同海拔上的分布变化。在第一阶梯上，春玉米高适宜区在减少，主要表现在辽东半岛的高适宜区随年代的变化以及高适宜区的种植南界向北有所收缩；中适宜区则是在 1983～2002 年的前 20 年比较稳定，在 2003～2012 年则明显减少；对于北部的低适宜区，1993～2002 年的北界最为靠北，而 1983～1992 年低适宜区北界最为偏南。在长江中下游平原及以南地区，1993～2002 年由于中适宜区斑块的增加，中适宜区面积有所减少，到了 2003～2012 年则是不适宜区的扩大占据了部分低适宜区，故 1983～1992 年低适宜区在第一阶梯上的分布面积最大，2003～2012 年不适宜区分布面积最大。在第二阶梯上，春玉米高适宜区在黄土高原上是先增加后减少，但是在四川盆地和云贵高原则是先减少后增加，在总体面积数值上则是持续减少，其面积比值从 9.7% 经 9.38% 下降到 8.76%；黄土高原中适宜区在逐渐减少，被低适宜区占据，南部有所增加，不过北方变化较南方明显，故第二阶梯中适宜区面积在持续减少，其面积比值从 17.46% 经 16.58% 下降到 16.05%；1983～2002 年，低适宜区在内蒙古高原中部扩大明显，不过到了 2003～2012 年又有所收缩，在面积比值上从 25.85% 增加到 26.9% 后回落到 26.06%。相应地，第二阶梯上不适宜区在 2003～2012 年大量增加，其面积比值从 47% 经 47.14% 增加到 49.13%。近 30 年，春玉米适生区在第三阶梯上的分布变化同青藏区。因此，近 30 年三大阶梯上春玉米种植不同等级适宜区分布面积均是在波动变化中，无明显变化趋势，这意味着气候变化下三大阶梯上的春玉米种植适应能力处于波动变化中。

6.3　夏玉米适生区时空分异

6.3.1　60 年来夏玉米适生区时空分异

1. 夏玉米适生区的农区分异

分析夏玉米适生区在农区上的分布与变化。1953～1982 年，夏玉米种植的高适宜区主要分布在黄淮海区，在黄土高原区的关中平原和西南区四川盆地的西部边缘也有条带状分布。中适宜区主要紧邻黄淮海区高适宜区的南部边界以狭长条带的形状分布。华南区的西部、西南区大部、黄土高原区大部、长江中下游区的北部和甘新区的天山南侧山麓属于夏玉米种植的低适宜区，在青藏区的河谷地区也分布高、中、低适宜区。青藏区、甘新区、内蒙古及长城沿线区、东北区、长江中下游区的中南部和华南区的东部基本属于夏玉米种植不适宜区[图 6-3(a)]。

1983～2012 年，夏玉米不同等级适生区在农区上的分布有所变化[图 6-3(b)]。在黄淮海区，高适宜区向南有所移动，使得该农区高适宜区面积有所扩大，相应地，中适宜区面积缩小。在黄土高原区，中南部中、高适宜区的范围略微扩大，取代原有的低适宜区，同时该农区低适宜区向西有所移动，占据不适宜区，故 60 年来黄土高原区低、中和高适宜区有所增加，不适宜区面积比值相应地从 34.1% 下降到 31%。在西南区，北部斑

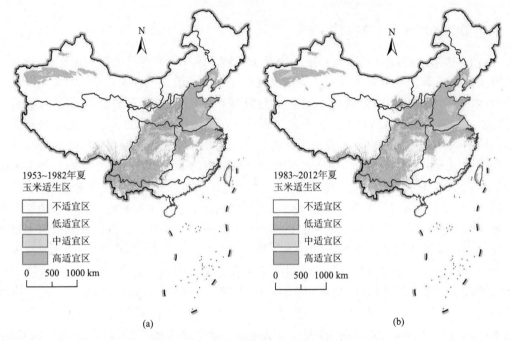

图 6-3　60 年来夏玉米适生区的农区分布

点状高适宜区有所减少，被中适宜区取代；南部则是新增加中适宜区斑点，占据原有的低适宜区；在东部，不适宜区向西扩展，使得低适宜区收缩，故 60 年来西南区高适宜区和低适宜区有所减少，中适宜区和不适宜区范围扩大。华南区低适宜区依旧分布在该农区的西半部，变化较小。在长江中下游区，北部边缘的中适宜区面积稍微扩大，与其相邻的低适宜区也在向北收缩，中部低适宜区斑块消失，被不适宜区取代，造成 60 年来长江中下游区中适宜区略微扩大，低适宜区缩小，不适宜区面积增加。在低适宜区分布的北部边界处，内蒙古及长城沿线区的低适宜区向北有所移动，分布范围扩大，甘新区的低适宜区范围也有所扩大。在青藏区的河谷地区，中、高适宜区变化不大，低适宜区的面积增加明显。因此，黄淮海区和黄土高原区夏玉米种植的适宜等级在升高，西南区和长江中下游区夏玉米的适宜等级则是有所下降，说明气候变化下北方农区夏玉米种植的适应能力有所提高，南方农区夏玉米种植的适应能力则是有所下降。

　　结合 60 年来农业气候资源变化特征和夏玉米适生区因素贡献率，分析夏玉米适生区的分布与变化原因：玉米是喜温作物，60 年来最热月平均气温和年平均气温的增加趋势可以为玉米生长提供充足的热量资源，扩大玉米的适生区。例如，在黄土高原区，相对于同纬度的黄淮海区，热量资源相对较少，最热月平均气温的增加趋势可以更好地满足夏玉米生长期的热量供应，使得雨养条件下该农区夏玉米种植的低、中和高适宜区均有所扩大。不过，在长江中下游区，增加的水热资源反而不利于夏玉米的种植，更适合其他作物的生长，造成该农区夏玉米种植低适宜区的减少。

2. 夏玉米适生区的海拔分异

分析夏玉米适生区随海拔的分布与变化。1953～1982 年，夏玉米种植的高适宜区主要分布在第一阶梯的华北平原，在第二阶梯上的四川盆地西部和关中平原以条带状分布。夏玉米的中适宜区基本紧邻高适宜区分布，在第一阶梯上主要在华北平原的南端呈狭长带分布。低适宜区在第一阶梯上分布在华北平原中、高适宜区的南北两侧，不过南侧的分布面积大于北侧，而在第二阶梯上分布范围较广，基本占据第二阶梯的云贵高原、四川盆地和黄土高原中南部，围绕中、高适宜区分布。在第三阶梯的河谷地带也有夏玉米不同等级适宜区的分布，这与分农区上青藏区的分布较为一致。第二阶梯的内蒙古高原和新疆地区、第一阶梯的南方丘陵和东北平原基本是夏玉米种植的不适宜区（表 6-4）。

1983～2012 年，夏玉米不同等级适生区在不同海拔上分布也有所变化。在第一阶梯上，华北平原高适宜区和中适宜区分布面积均是少量增加；南部低适宜区向北收缩，一些斑点状低适宜区消失，变成不适宜区，在北侧则是低适宜区略微有所北移，但是变化幅度要远小于南部，故总体上第一阶梯上低适宜区面积缩小，所占面积比值从 14.033%下降到 12.924%，不适宜区面积扩大，所占面积比值从 66.739%增加到 67.151%。在第二阶梯上，中、高适宜区面积有所扩大，不过由于中、高适宜区原本在第二阶梯上分布较少，所以整体上变化不大。对于低适宜区，黄土高原的分布面积有所扩大，但是云贵高原东部分布面积减少，总体上第二阶梯低适宜区面积略微扩大，所占面积比值从 24.820%增加到 25.198%。第三阶梯基本与青藏区重合，在这里不再重复分析夏玉米适生区的分布变化。因此，60 年来，第一阶梯上夏玉米种植的低适宜区分别转向中、高适宜区和不适宜区，造成适宜等级转化的方向存在区域性，相应地，在气候变化下，北方地区夏玉米种植的适应能力有所提高，南方地区有所下降；第二阶梯上高、中和低适宜区面积均有所扩大，适宜等级升高，相应地，气候变化下夏玉米种植的适应能力在提高。

海拔依旧是影响夏玉米适生区分布与变化的重要变量。从夏玉米适生区的分布来看，无论是第一或第二阶梯，高、中适宜区均分布在海拔较低的平原或盆地，海拔较高的高原或丘陵基本是夏玉米的低适宜区或不适宜区。从夏玉米适生区在前后气候标准年的变化来看，无论是纬度较低、热量资源相对多些的云贵高原，还是纬度较高、热量资源相对低些的黄土高原，相比海拔较低的平原如华北平原和四川盆地，夏玉米适生区的变化更为明显。

表 6-4　夏玉米适生区各类型面积比例及变化幅度　　　　（单位：%）

阶梯	1953～1982 年各类型面积比例				1983～2012 年各类型面积变化幅度			
	不适宜区	低适宜区	中适宜区	高适宜区	不适宜区	低适宜区	中适宜区	高适宜区
第一阶梯	66.739	14.033	7.072	12.156	67.151	12.924	7.096	12.829
第二阶梯	69.246	24.820	4.501	1.433	68.640	25.198	4.715	1.447
第三阶梯	96.618	2.823	0.349	0.210	96.439	3.010	0.338	0.213
总和	79.036	16.953	3.016	0.995	78.582	17.263	3.149	1.006

6.3.2   近30年夏玉米适生区变化特征

1. 夏玉米适生区的农区变化特征

分析 1983~2012 年后气候标准年内夏玉米适生区在各个农区上的分布变化(图 6-4)。黄淮海区夏玉米高适宜区的南部边界线有所波动,使得该农区高适宜区分布面积逐渐减少,其占该农区面积比值从 81.03%经 79.46%下降到 77.6%,相应地,该农区中适宜区逐渐增加,所占农区面积比值从 16.54%经 17.64%上升到 19.98%。在黄土高原区,高适宜区面积有所扩大,中适宜区面积在 1993~2002 年达到最小,低适宜区也在该时期分布范围达到最大,相应地,不适宜区在该时期分布面积最少。所以,近 30 年,黄土高原区低、中和高适宜区的分布面积比值从 67.01%上升到 70.04%后又回落到 69.97%。在西南区,斑点状高适宜区所属空间有所变化,不过分布面积变化不大,中适宜区分布面积则是随年代减少,分布面积占该农区比值从 17.35%经 16.13%下降到 13.98%;该农区低适宜区的东部在变化,但是其他区域中、高适宜区的变化导致低适宜区分布也发生变化,总体上低适宜区在西南区的分布面积比较稳定。在华南区,云南南部低适宜区的分布有所变化,华南区中东部的低适宜区斑块在 1993~2002 年基本消失,不过总体上华南区低适宜区变化不大。在长江中下游区,中南部的低适宜区斑块在减少,不过北部低适宜区的范围有所扩大,故总体上低适宜区占该农区面积比值从 25.59%增加到 26.95%后又回落到 26.91%。对于低适宜区分布北界,在内蒙古及长城沿线区与东北区的相交处,低适宜区分布范围相对稳定,甘新区的新疆地区低适宜区分布面积有所减少。因此,近 30 年,夏玉米种植的不同适宜等级在几个农区的分布面积基本稳定,这也意味着气候变化下夏玉米种植的适应能力在几个农区基本也无明显变化。

2. 夏玉米适生区的海拔变化特征

分析 1983~2012 年后气候标准年内夏玉米适生区随年代在不同海拔上的分布变化。在第一阶梯上,相对于 1983~1992 年,在随后 20 年内华北平原高适宜区分布面积略微下降,30 年内高适宜区的面积比值依次是 13.02%、12.83%和 12.44%;中适宜区在 1993~2002 年有所下降,随后上升,其占第一阶梯的面积比值依次是 7.2%、6.64%和 7.15%;南侧低适宜区随年代变化明显,表现为一些飞地型低适宜区斑块的消失和紧邻中适宜区的低适宜区的扩张,北侧低适宜区的北部种植边界相对稳定,总体上 30 年内低适宜区面积比值依次是 13.59%、13.65%和 13.62%。在第二阶梯上,四川盆地和关中平原两个带状的中、高适宜区随年代均在变化,不过由于总体面积较少,随年代变化的面积并不大,在数值上,中、高适宜区占第二阶梯的面积比值依次是 6.17%、6.3%和 5.93%;云贵高原的低适宜区随着年代在扩张或收缩,同时期黄土高原的适宜区也在随年代变动,如 1983~2012 年云贵高原低适宜区在向东北方向扩张,但是低适宜区的核心区则是被新出现的中适宜区斑点侵占,而黄土高原则是在收缩,导致第二阶梯上低适宜区所占面积比值从 25.82%经 25.29%下降到 25.08%。夏玉米适生区在第三阶梯上的分布变化同青藏区。因此,近 30 年内,夏玉米种植不同适宜等级在各个阶梯上的分布大致处于稳定中,只是

在局部区域略有波动，这意味着气候变化下夏玉米种植的适应能力在各个阶梯上比较稳
定，无明显变化。

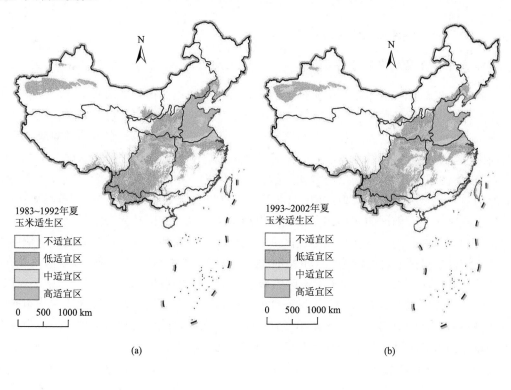

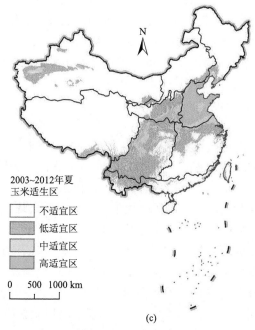

图 6-4　近 30 年夏玉米适生区的农区分布

6.4　玉米适生区时空分异

6.4.1　60 年来玉米适生区时空分异

1. 玉米适生区的农区分异

将春玉米与夏玉米适生区按照最大值原则进行空间叠加得到玉米适生区,分析玉米适生区在农区上的分布与变化。1953~1982 年,玉米高适宜区主要自东北区的三江平原向西南方向延伸到内蒙古及长城沿线区后分为两个方向分布,第一个方向是向南到达黄淮海区,第二个方向是继续向西南方向经黄土高原区到达西南区的四川盆地,在甘新区的新疆地区、西南区的东南部和青藏区的河谷地区也有少量分布。玉米中适宜区在各个农区的分布可以分为三种类型:第一种类型围绕高适宜区分布,基本上包围着高适宜区,如黄土高原区和西南区的东南部;第二种类型基本为高适宜区转化为低适宜区的狭长过渡带,如东北区和内蒙古及长城沿线区高适宜区的北侧和西北侧、黄淮海区的南侧向长江中下游区的低适宜区过渡带、四川盆地边缘;第三种类型呈现斑块或斑点状散落分布,周边被低适宜区包围,如长江中下游区的南部。玉米低适宜区主要分布在长江中下游区、华南区、西南区以及甘新区与黄土高原区的相邻区域,在内蒙古及长城沿线区与东北区的北侧也有条带状分布。玉米种植不适宜区主要分布在青藏区和甘新区的大部,内蒙古及长城沿线区和东北区的北部也有较多分布[图 6-5(a)]。

到了 1983~2012 年,玉米不同等级适生区在具体农区上的分布比例存在变化[图 6-5(b)、图 6-5(c)和表 6-5]。在东北区的辽东半岛,高适宜区范围扩大,占据了中适宜区,在松嫩平原上,随着高适宜区向北迁移,中适宜区和低适宜区也相应向北移动,造成高、中、低三种适宜区的扩大;自长白山区向三江平原的过渡地带,中、高适宜区缩小,变成了低适宜区。因此,东北区后气候标准年内高适宜区和低适宜区略微增加、中适宜区缩小,其中,中适宜区下降的面积比值为 2.47%,低适宜区上升比值为 2.94%,这导致不适宜区下降了 0.73%。在内蒙古及长城沿线区,其东北部中适宜区影响范围略微北扩,侵占原有的低适宜区或者取代原高适宜区,而低适宜区则是向南收缩,导致不适宜区范围扩大;在其西部,则是低适宜区明显扩大,占据了不适宜区。因此,总体上内蒙古及长城沿线区高适宜区略微缩小,中适宜区和低适宜区扩大明显,二者扩大的面积比值分别是 1.27%和 2.25%。对于甘新区,天山北侧的高和低适宜区条带宽度有所增加,但是中适宜区宽度减小,天山南侧新增加中、高适宜区斑块;在甘新区东部,北端与内蒙古及长城沿线区相邻处的低适宜区范围扩大,取代原不适宜区;河西走廊的东部一些低适宜区消失,变成不适宜区,其西部也新增加一些低适宜区斑块,故总体上甘新区中、高适宜区轻微增加,低适宜区轻微下降。在黄土高原区,依旧保持着高、中、低三种适宜区交错分布的格局,不过具体等级的形状和空间范围还是有所不同,主要是表现在高适宜区和中适宜区范围的略微扩大以及低适宜区的相应减少。在青藏区,河谷地区低、中和高适宜区的分布面积均有所下降,导致不适宜区面积比值增加了 0.09%。

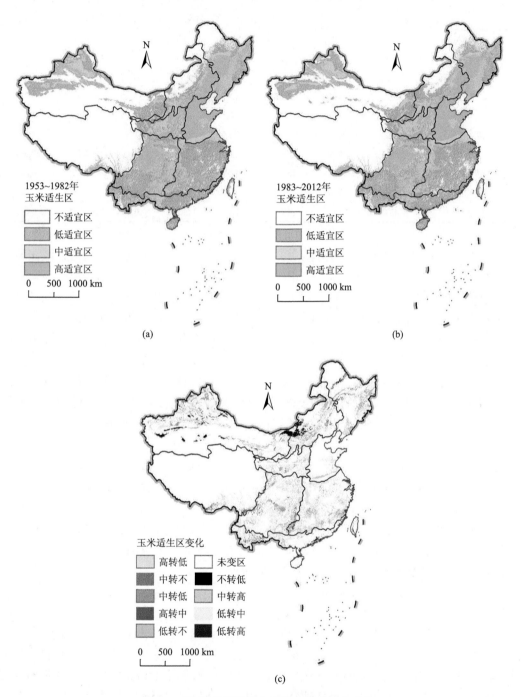

图 6-5　60 年来玉米适生区的农区分布与变化

表 6-5　玉米适生区各类型面积比值及变化幅度　　　　　　（单位：%）

农区	1953~1982 年各类型面积比值				1983~2012 年各类型面积变化幅度			
	不适宜区	低适宜区	中适宜区	高适宜区	不适宜区	低适宜区	中适宜区	高适宜区
华南区	12.54	73.01	12.32	2.13	−0.09	−1.73	0.36	1.46
西南区	5.28	45.79	27.54	21.39	0.00	0.95	0.07	−1.02
长江中下游区	6.60	72.51	19.75	1.14	4.12	−4.32	0.79	−0.59
黄土高原区	6.20	26.40	38.57	28.83	0.02	−2.15	1.80	0.33
青藏区	96.30	2.59	0.41	0.70	0.09	−0.02	−0.05	−0.02
黄淮海区	0.01	1.26	19.59	79.14	0.00	−0.46	−3.36	3.82
甘新区	60.25	26.80	10.01	2.94	−0.12	−0.05	0.07	0.09
内蒙古及长城沿线区	42.01	20.51	15.97	21.51	−2.52	2.25	1.27	−1.01
东北区	32.21	20.07	21.37	26.35	−0.73	2.94	−2.47	0.26
总和	45.99	27.02	14.03	12.96	0.05	0.04	−0.14	0.06

　　黄淮区高适宜区南部界限向南移动，占据原中适宜区。在西南区，高适宜区在四川盆地的影响范围基本稳定，不过在东北和正东方向还是有所扩张；西南区一些高适宜区降为中适宜区，同时一些中适宜区占据低适宜区，尤其是北部向长江中下游区扩展明显，不过长江中下游区南侧的中适宜区则退化为低适宜区，因此，总体上西南区的高适宜区略微缩小，而西南区和长江中下游的中适宜区均有所增大。西南区多是中、高适宜区占据低适宜区，且境内鲜有不适宜区，虽然长江中下游区南部低适宜区占据中适宜区，但北部中适宜区侵占低适宜区，同时在南部伴随着不适宜区范围的扩大，导致 60 年内西南区的低适宜区面积比值从 45.79%轻微增加到 46.74%，而长江中下游区低适宜区面积比值则从 72.51%下降到 68.19%。对于华南区，云南地区高适宜区的条带面积有所增加，广西地区中适宜区向东略微移动，面积扩大，且云南地区在不适宜区扩大的影响下，低适宜区分布范围更为破碎，故总体上华南区中、高适宜区略微扩大，而低适宜区所占面积比值从 73.01%下降到 71.28%。因此，东北区、内蒙古及长城沿线区和黄淮海区玉米种植的适宜等级在升高，西南区既有高适宜区转向中、低适宜区的部分，也有不适宜区转向中、低适宜区的部分，总体上其适宜等级也在升高，长江中下游区和华南区适宜等级基本在降低，这表明气候变化下北方农区玉米种植的适应能力在提高，南方农区的适应能力在下降或者存在明显的区域性。

2. 玉米适生区的海拔分异

　　分析玉米适生区在不同海拔上的分布与变化。1953~1982 年，玉米种植的低、中、高适宜区基本上分布在第一和第二阶梯上。在第一阶梯上，中北部的华北平原和东北平原是中、高适宜区，南北两侧是低适宜区，其中最北端属于不适宜区。在第二阶梯上，自南向北随纬度增加基本上也是低适宜区，中、高适宜区，低适宜区和不适宜区，但是相对于第一阶梯，第二阶梯上的中、高适宜区不再连片分布，中间被低适宜区和不适宜区隔离，在第二阶梯的西北地区也分布大量的不适宜区。第三阶梯上基本是玉米种植不适宜区，不过河谷地区也分布着玉米种植的低、中和高适宜区。

分析60年来玉米适生区在不同海拔上的分布变化(表6-6)。在第一阶梯上，高适宜区主要在三个区域有所增加，第一是在华北平原南侧，高适宜区向南有所扩大，占据原有的中适宜区，第二是在辽东半岛，一些中适宜区转换成高适宜区，第三是在东北平原北侧，高适宜区向北有所迁移。因此，对于中适宜区，两个区域的中适宜区向高适宜区的转化以及在三江平原和南方丘陵向低适宜区转化，造成该阶梯的中适宜区有所减小。相应地，适宜区在三江平原和南方丘陵的增加以及种植北界的向北移动，会带来低适宜区的增加，不过南方丘陵地区也有一些低适宜区转化成不适宜区，使得南方丘陵片状低适宜区上分布多个不适宜区斑块，综合下来，第一阶梯上低适宜区面积轻微减少，不适宜区面积比值从11.84%增加到12.74%。相对于第一阶梯，第二阶梯上高适宜区的分布比较零散，60年来高适宜区的变化区也比较零散，在新疆地区、黄土高原地区、四川盆地和云贵高原东南部都有零散的高适宜新增区，相应地，中适宜区的变化亦是如此，如在新疆地区、黄土高原地区和云贵高原上均存在中适宜区的新增区。所以60年来第二阶梯上中、高适宜区均是略微增加。对于低适宜区，内蒙古高原的中部出现了适宜区新增斑块，取代原有的不适宜区，新疆地区和河西走廊的西部有一些低适宜区新增斑块，不过河西走廊东部则是一些低适宜区转化为不适宜区，在南方亦存在中适宜区或不适宜区转化为低适宜区的斑块，总体上第二阶梯上低适宜区略微增加，不适宜区减少。第三阶梯上的玉米适生区分布同青藏区。因此，对于第一阶梯而言，中、低适宜区分别向高适宜区和不适宜区两个方向转化，造成气候变化下该阶梯玉米种植的适应能力存在区域性差异；在第二阶梯上，玉米种植的适宜等级在升高，意味着玉米种植的适应能力的提高。

表6-6　玉米适生区在不同海拔各类型面积比值及变化幅度　　　　(单位：%)

阶梯	1953~1982年各类型面积比值				1983~2012年各类型面积变化幅度			
	不适宜区	低适宜区	中适宜区	高适宜区	不适宜区	低适宜区	中适宜区	高适宜区
第一阶梯	11.84	38.93	20.64	28.59	0.90	−0.03	−1.04	0.17
第二阶梯	41.02	32.45	17.19	9.34	−0.50	0.10	0.38	0.02
第三阶梯	96.14	2.86	0.38	0.62	0.00	0.02	0.00	−0.02
总和	60.74	21.87	11.17	6.22	−0.32	0.07	0.24	0.01

6.4.2　近30年玉米适生区变化特征

1. 玉米适生区的农区变化特征

进一步分析1983~2012年后气候标准年内玉米适生区在各个农区上分布的变动(图6-6)。后气候标准年内，玉米适生区在全国的分布格局基本不变，不过在具体农区上的分布等级存在变动。对于玉米高适宜区，其在黄淮海的南部界线向北有所迁移，变成中适宜区，在环渤海的东北区，高适宜区变化明显，尤其是1993~2012年该区域高适宜区收缩明显，变成中适宜区。在内蒙古及长城沿线区，高适宜区的西北侧也在向东部收缩。在黄土高原区和西南区，位于四川盆地的高适宜区比较稳定，不过其边缘在1993~

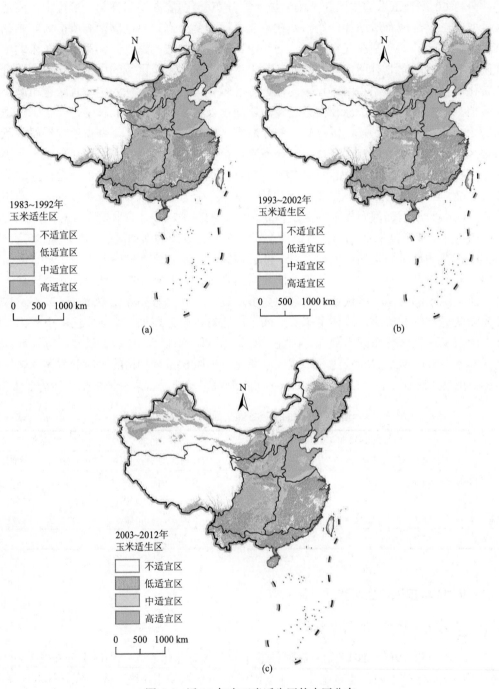

图 6-6　近 30 年来玉米适生区的农区分布

2002 年收缩明显，其他区域零散的高适宜区也在变化，如关中平原地区高适宜区增加，西南区的东南部高适宜区在 1993～2002 年分布面积最大。所以，总体上，黄淮海区、内蒙古及长城沿线区和西南区高适宜区均在下降，黄土高原区高适宜区则增加，东北区和甘新区高适宜区是在 1993～2002 年达到最大，而 2003～2012 年分布最少，这导致全国水平上高适宜区有所下降。对于中适宜区，在黄淮海区，随着高适宜区南部界限的移动，中适宜区的范围增加；在内蒙古及长城沿线区和东北区的西北侧与北侧，随高适宜区的变化，中适宜区表现为先增加后减少的特征，而东北区的南部则表现为先减少后增加的特征；甘新区中适宜区在增加，黄土高原区中适宜区在 2003～2012 年达到最少；在西南区和长江中下游区，中适宜区的范围和空间位置变化最为明显，1993～2002 年两农区相邻处连片的中适宜区被打散，长江中下游区内部新增了许多中适宜区斑块，到了 2003～2012 年两农区相邻处中适宜区再次连成片状。所以，黄淮海区和长江中下游区的中适宜区分别增加和减少，东北区中适宜区在 1993～2002 年达到最小，其次是 2003～2012 年，内蒙古及长城沿线区、黄土高原区和西南区中适宜区在 1993～2002 年分布最大，而 2003～2012 年分布最小，这导致全国玉米中适宜区随年代下降。

对于低适宜区，在长江中下游区由于中适宜区面积的减少和不适宜区斑块的减少带来低适宜区增加，在西南区中、高适宜区的增加或减少导致低适宜区分布面积在 1993～2002 年达到最小，2003～2012 年达到最大，华南区西部由于中、高适宜区与不适宜区的变动，导致低适宜区在 1983～2012 年分布面积最少，东部低适宜区在 1993～2002 年分布最少，其次是 2003～2012 年。在甘新区，东部适宜区随年代有所增减，西部低适宜区形状也在随年代变化，总体上甘新区低适宜区随年代增加。在内蒙古及长城沿线区，西部低适宜区先增加后减少，东部则是随年代减少，总体上该农区低适宜区面积比值从 27.25%先增加到 28.53%后又回落到 27.4%。在东北区，低适宜区种植北界随年代在向北移动，在 1993～2002 年北移幅度最大，南部随着中、高适宜区的变化，相应地，适宜区在 1993～2002 年面积达到最大，所以该农区 1993～2002 年低适宜区分布面积最大，2003～2012 年分布面积最小。在全国水平上，低适宜区分布面积比例在 1993～2002 年达到最大，数值为 24.55%，2003～2012 年面积最小，数值为 20.95%，全国不适宜区面积比例是先下降后上升，数值依次是 45.15%、45.12%和 16.63%。另外，在青藏区，高适宜区有所下降，中适宜区先增加后减少，低适宜区则是先减少后增加，综合下来玉米种植适宜区逐渐上升，适宜区面积比值是从 2.3%经 3.57%上升到 3.83%。因此，近 30 年内，东北区玉米适宜区波动增加、适宜等级波动上升，内蒙古及长城沿线区适宜区则是波动减少、适宜等级波动下降，黄淮海区适宜等级在下降，黄土高原区、西南区和长江中下游区不同等级适宜区分布面积处于波动中，适宜等级无明显变化趋势，这意味着气候变化下玉米种植的适应能力在东北区有所提高，在内蒙古及长城沿线区和黄淮海区则有所下降，在黄土高原区、西南区和长江中下游区等农区则处于波动变化中。

2. 玉米适生区的海拔变化特征

分析 1983～2012 年玉米适生区在不同海拔上分布变化。30 年来，位于第一阶梯华北平原的玉米高适宜区的南部界限有所北移，在辽东半岛和第二阶梯的新疆地区随年代呈现先增加后减少的特征,在三江平原地区和第二阶梯的云贵高原东南部则是先减少后增加,在第二阶梯的黄土高原地区有所减少,所以总体上,高适宜区在第一阶梯上表现为先增加后减少,在第二阶梯上则是逐渐减少。对于中适宜区,相对于 1983~1992 年,1993~2002 年第一阶梯的南方丘陵地区中适宜区分布面积有所增加,不过到了 2003~2012 年该区域中适宜区斑块消失,东北平原的中适宜区分布面积基本在减少;第二阶梯的云贵高原地区中适宜区分布面积在逐渐增加,第二阶梯的黄土高原中适宜区范围在 1993~2002 年变化不大,不过到了 2003~2012 年明显收缩,天山两侧中适宜区则是先减少后增加。所以,相对于 1983~2012 年,1993~2012 年第一阶梯的中适宜区面积在减少,而第二阶梯上则随年代逐渐减少。对于低适宜区,第一阶梯长江中下游平原及以南地区因为在 1993~2002 年新增中适宜区而低适宜区减少,2003~2012 年则是由于不适宜区斑块数量的减少而低适宜区增加,在东北平原北部,1993~2002 年种植界限北移明显,到了 2003~2012 年又稍微向南收缩;在云贵高原,因 1993~2002 年中、高适宜区的扩大而低适宜区减少,在 1993~2002 年河西走廊东端的低适宜区向东收缩明显,到了 2003~2012 年又向西扩大,1993~2002 年在内蒙古高原中部又扩大明显。所以,总体上第一阶梯上低适宜区面积在 1993~2002 年最大,1983~1992 年和 2003~2012 年的面积大致相同,第二阶梯上则是先增加后下降,所占面积比值依次是 32.75%、33.15% 和 32.30%。相应地,第一阶梯上不适宜区先减少后增加,第二阶梯上不适宜区则是在逐渐增加。因此,在第一阶梯上,玉米种植不同等级适宜区分布面积一直处于波动变化中,相应地,对气候变化的适应能力也处于波动中;在第二阶梯上,玉米种植的适宜区在逐渐减少,适宜等级在下降,相应地,对气候变化的适应能力也在下降。

6.5　研究结论

(1)春玉米和夏玉米适生区各因素贡献率存在差异:最热月平均气温、年降水量和无霜期是影响春玉米适生区分布的主要水热气候条件;年平均气温、最热月平均气温和年降水量是影响夏玉米适生区空间分布的主要水热气候条件。同时,无论是春玉米还是夏玉米,海拔分布较土壤分布的地表限制作用更为明显。

(2)春玉米和夏玉米适生区的空间分布存在差异:在农区上,春玉米高适宜区分布在自东北区的三江平原向西南方向经内蒙古及长城沿线区南部和黄土高原区延伸到四川盆地的长条地带,中适宜区主要分布在黄淮海区,低适宜区则分布在长江中下游区和华南区。夏玉米高适宜区主要分布在黄淮海区,中适宜区主要在黄淮海区南部以狭长条带分布,华南区西部、西南区和黄土高原区大部、长江中下游区的北部等属于低适宜区;在海拔上,第一阶梯上春玉米适生区不同等级从南到北随纬度增加依次是低、中、高、低和不适宜区,第二阶梯上自四川盆地向北到黄土高原地区属中、高适宜区,周边被低适宜区包围。夏玉米高适宜区主要分布在第一阶梯的华北平原和第二阶梯的四川盆地西部、关中平原,中适宜区基本紧邻高适宜区分布,低适宜区在第一阶梯上分布在中、高适宜区南北两侧,在第二阶梯上围绕中、高适宜区广泛分布。

(3)60 年来春玉米和夏玉米适生区的变化存在空间差异:在农区上,东北区、内蒙古及长城沿线区和黄土高原区的春玉米高、中和低适宜区面积均增加，春玉米种植适宜等级提高，而西南区适宜面积减少和适宜等级降低，黄淮海区适宜等级也是下降，故春玉米种植适应气候变化的能力在前三农区有所提高，在西南和黄淮海区则是下降。夏玉米种植的适宜等级在黄淮海区和黄土高原区升高，在西南区和长江中下游区下降，说明气候变化下北方农区夏玉米种植的适应能力有所提高，南方农区则是下降；在海拔上，第一和第二阶梯上春玉米种植的适宜区面积增加、适宜等级升高，相应地，春玉米种植适应气候变化的能力也在提高。第一阶梯上夏玉米低适宜区分别转向中、高适宜区和不适宜区，造成其适应气候变化的能力在北方地区有所提高、南方地区有所下降，第二阶梯上夏玉米高、中和低适宜区面积均有所扩大，其适宜等级升高、适应气候变化的能力提高。

（4）近 30 年春玉米和夏玉米适生区多处于波动中：在农区上，多数农区春玉米种植的不同适宜区面积随年代波动，说明春玉米种植适应气候变化的能力在多数农区无明显趋势。夏玉米种植的不同适宜等级在各个农区的分布面积基本稳定，其适应气候变化的能力相对稳定；在海拔上，春玉米种植不同适宜区在三大阶梯上的分布面积均处于波动中，夏玉米种植不同适宜等级在各个阶梯上的分布基本稳定，故春玉米在各个阶梯上适应气候变化的能力处于波动中，夏玉米则比较稳定。

（5）受春玉米和夏玉米影响，60 年来玉米适生区的变化存在空间差异：在农区上，玉米种植的适宜等级在东北区、内蒙古及长城沿线区和黄淮海区升高，西南区则是高适宜区或不适宜区分别转向中、低适宜区，长江中下游区和华南区适宜等级基本在降低，表明气候变化下北方农区玉米种植的适应能力提高，南方农区的适应能力多下降；在海拔上，第一阶梯上玉米中、低适宜区分别向高适宜区和不适宜区两个方向转化，造成该阶梯玉米适应气候变化的能力存在区域性，玉米种植的适宜等级在第二阶梯上升高，其适应气候变化的能力也在提高。

（6）近 30 年来，玉米适生区在春玉米和夏玉米变化影响下存在以下时空分布特征：在农区上，东北区玉米适宜区随年代波动增加、适宜等级波动上升，黄淮海区适宜等级下降，内蒙古及长城沿线区适宜区波动减少、适宜等级波动下降，黄土高原区、西南区和长江中下游区不同等级适宜区分布面积在波动，这意味着气候变化下玉米种植的适应能力在东北区有所提高，在内蒙古及长城沿线区和黄淮海区有所下降，在黄土高原区、西南区和长江中下游区等则处于波动中；在海拔上，第一阶梯上玉米种植不同等级适宜区分布面积波动变化，第二阶梯玉米种植的适宜区在逐渐减少，适宜等级在下降，玉米种植对气候变化的适应能力在第一和第二阶梯上分别是波动和下降。

参 考 文 献

陈长青, 类成霞, 王春春, 等. 2011. 气候变暖下东北地区春玉米生产潜力变化分析. 地理科学, 31(10): 1272-1279.

葛亚宁, 刘洛, 徐新良, 等. 2015. 近 50a 气候变化背景下我国玉米生产潜力时空演变特征. 自然资源学报, 30(5): 784-795.

何奇瑾. 2012. 我国玉米种植分布与气候关系研究. 南京: 南京信息工程大学.

纪瑞鹏, 张玉书, 姜丽霞, 等. 2012. 气候变化对东北地区玉米生产的影响. 地理研究, 31(2): 290-298.

徐玲燕, 王慧敏, 段琪彩, 等. 2013. 基于 SPEI 的云南省夏玉米生长季干旱时空特征分析. 资源科学, 35(5): 1024-1034.

翟志芬, 胡玮, 严昌荣, 等. 2012. 中国玉米生育期变化及其影响因子研究. 中国农业科学, 45(22): 4587-4603.

中国农林作物气候区划协作组. 1987. 中国农林作物气候区划. 北京: 气象出版社.

第7章 气候变化下水稻适生区时空分异

水稻在我国的种植从北到南跨越了寒温带、中温带、暖温带、亚热带和热带五个热量带，不过大多集中在南方；从种植制度上看，我国水稻种植有一季稻、双季稻和三季稻的区别(王品等，2014)，这主要源于不同区域的热量资源供应存在差异，带来水稻熟制的差异。在水稻可以忍受的界限温度方面，水稻生长期较为适宜的平均气温应在 18～25℃，当温度低于 18℃时会给水稻生长带来不利影响(中国农林作物气候区划协作组，1987)。因此，很多学者使用月平均气温、最冷月平均气温来表征水稻生长过程中可以忍受的界限温度分布，≥18℃积温及持续天数、≥10℃积温持续天数、日较差和日照时数则可以表征水稻生长期持续时间和生长期热量供应(熊伟等，2013；王保等，2014；马欣等，2012)。同时，日降水量和年降水量是维持水稻生长期水分供应的关键，干燥度指数和湿润指数可以更加深入地描绘水稻生长期的水分供应(段居琦，2012；中国农林作物气候区划协作组，1987)。

因此，选择以下水热要素模拟水稻适生区的空间分布：年平均气温、≥10℃积温持续天数、≥18℃积温及持续天数、最热月平均气温、年温差和日照时数表征作物生长期持续时间和持续期热量供应，年降水量和年降水天数表征作物生长期水分供应。土壤分布和海拔分布为限制水稻适生区的地表因素，水稻农业观测站点分布详见图 5-1。

7.1 水稻适生区影响因素贡献率分析

7.1.1 单季稻适生区因素贡献率分析

根据 Jacknife 模块的分析结果，剔除变量之间的共线性，分析单季稻适生区各因素的相对贡献率(表7-1)，在气候因素中，年降水量的相对贡献率最高，在两个气候标准年内其值均在 51%以上，年降水天数位居第二，两个气候标准年内其平均值是 9.1%，其次是最热月平均气温和日照时数，两者的平均相对贡献率分别是 3.4%和 3.1%，年温差对单季稻适生区的相对贡献率平均在 3.05%左右，≥10℃积温持续天数和≥18℃积温持续天数在两个气候标准年内的相对贡献率变化明显，≥18℃积温和年平均气温的相对贡献率基本上最低。海拔分布和土壤分布对单季稻适生区的相对贡献率平均在 17.65%和3.2%。因此，综合以上分析，水分条件是影响单季稻适生区分布最重要的气候要素，在热量要素中，最热月平均气温和日照时数对单季稻适生区的分布最为重要。

表 7-1 基于 Jacknife 模块的单季稻适生区各因素的相对贡献率　　　　(单位：%)

因素	1953~1982 年相对贡献率	1983~2012 年相对贡献率
年降水量	54.9	51.4
海拔分布	18.5	16.8

续表

因素	1953～1982 年相对贡献率	1983～2012 年相对贡献率
年降水天数	8.7	9.5
土壤分布	2.7	3.7
日照时数	3.8	2.4
≥18℃积温	0.2	0.4
最热月平均气温	3	3.8
年温差	3.2	2.9
≥10℃积温持续天数	0.6	4.3
年平均气温	0.3	1.2
≥18℃积温持续天数	4	0.4

7.1.2　双季稻适生区因素贡献率分析

根据 Jacknife 模块的分析结果，进一步分析双季稻适生区各因素的相对贡献率（表7-2），两个气候标准年内，年降水量的双季稻适生区的相对贡献率均最高，均在 53%以上。其次是最热月平均气温这一热量因素，两个气候标准年内其相对贡献率也在 25%以上。其他水热气候因素在剔除气候因素之间的共线性后对双季稻适生区的相对贡献率均比较低，年降水天数属于相对贡献率较高的要素，平均值是 1%，其余基本在 1%以下。对于地表限制因素，海拔分布的双季稻适生区相对贡献率较高，两期平均值为 16%。因此，综合以上分析，年降水量和最热月平均气温是影响双季稻适生区空间分布最重要的水热要素，海拔分布对其在地表的分布限制尤为重要。

表 7-2　基于 Jacknife 模块的双季稻适生区各因素的相对贡献率　　（单位：%）

因素	1953～1982 年相对贡献率	1983～2012 年相对贡献率
年降水量	53.1	53.2
海拔分布	18.1	13.9
年降水天数	1.1	0.9
土壤分布	0.2	0.3
日照时数	0.2	0.5
≥18℃积温	0.6	0
最热月平均气温	25.7	29.7
年温差	0	0
≥10℃积温持续天数	0.1	0.2
年平均气温	0.6	1.1
≥18℃积温持续天数	0.3	0.1

7.2　单季稻适生区时空分异

7.2.1　60 年来单季稻适生区时空分异

1. 单季稻适生区的农区分异

分析 60 年来单季稻适生区在农区上的分布与变化。1953~1982 年，单季稻的高适宜区主要分布在华南区西部、西南区和长江中下游区，在黄淮海区的东南部、东北区的南部和青藏区的河谷地区也有少量分布。中适宜区分布在华南区的中西部、西南区高适宜区周边、黄淮海区中南部和东北区自辽东半岛向三江平原延伸的地带。低适宜区分布在华南区的南端、西南区中高适宜区周边、长江中下游区中南部、黄土高原区的关中平原和自黄淮海区的中北部向北经内蒙古及长城沿线区的环渤海湾处折向东北区松嫩平原的条带。其余区域属于单季稻不适宜种植区[图 7-1(a)]。

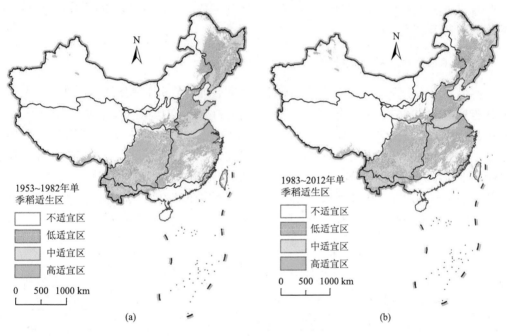

图 7-1　60 年来单季稻适生区的农区分布

1983~2012 年，单季稻适生区在农区上的分布有所变化[图 7-1(b)]。单季稻高适宜区在长江中下游区西北部、西南区东南部、黄淮海区东南部和东北区均在增加，但是在青藏区略微减少，这导致全国高适宜区明显增加，所占面积比值从 6.04%增加到 6.68%。黄淮海区自山东半岛向南至长江口岸的沿海地区几乎由中适宜区转化为低适宜区，中适宜区向南收缩明显，面积缩小，在西南区高适宜区的扩大也导致中适宜区减少，不过在东北区和青藏区中适宜区略微增加，整体上全国中适宜区的分布面积减少，所占面积比值从 10.48%下降到 9.77%。低适宜区在黄淮海区由于中适宜区的减少而明显增加，在长江中下游区由于不适宜区的减少也是明显增加,在东北区由于中、高适宜区的增加和东北部不适宜区的扩大导致低适宜区缩小,在西南区由于中、高适宜区的增加带来低适宜区的减少。不过,在全国水平上低适宜区有所扩大,所占面积比值从 15.5%增加到 16.3%,而全国不适宜区所占面积比值从 68%减少到 67.25%。因此,长江中下游区单季稻种植适宜区面积在增加,适宜等级在升高,西南区低适宜区在向中、高适宜区转化,其适宜等级也在升高,黄淮海区则是中适宜区向低适宜区转化,适宜等级下降,东北区低适宜区则是向中、高适宜区和不适宜区两个方向转化,适宜等级的转化存在区域性差异,说明气候变化下单季稻种植的适应能力在长江中下游区和西南区提高,在黄淮海区下降,在东北区存在区域差异。

结合 60 年来农业气候资源变化特征和单季稻适生区各要素贡献率,分析单季稻适生区的分布与变化。水分是影响单季稻分布的第一要素,60 年来黄淮海区年降水量和年降水天数基本为减少趋势,而最热月平均气温为上升趋势,减少的降水和增加的热量供应不利于单季稻种植,使得该农区单季稻种植中适宜区收缩明显,转为低适宜区。在华南区西部和西南区东南部增加的热量、光照和水分资源,更利于单季稻的种植,使这些区域单季稻高适宜区扩大。

2. 单季稻适生区的海拔分异

将单季稻适生区与三大阶梯分布图进行空间叠加,分析单季稻适生区在不同海拔上的分布与变化。1953~1982 年,单季稻高适宜区主要分布在第一阶梯的长江干流两侧,在第二阶梯上则是在四川盆地和云贵高原,在第一阶梯的东北平原也有少量分布。单季稻的中适宜区主要分布在第一阶梯的高适宜区北部,即华北平原南部和东北平原,在第二阶梯上是围绕高适宜区分布在云贵高原及周边。单季稻的低适宜区在第一阶梯上分布在长江中下游平原和自华北平原中北部折向东北平原的带状区域。单季稻不适宜区分布在第一阶梯的南岭和大兴安岭、第二阶梯的关中平原和第三阶梯的河谷地区(表 7-3)。

表 7-3　单季稻适生区各类型面积比值及变化幅度　　　　　(单位: %)

阶梯	1953~1982 年各类型面积比值				1983~2012 年各类型面积变化幅度			
	不适宜区	低适宜区	中适宜区	高适宜区	不适宜区	低适宜区	中适宜区	高适宜区
第一阶梯	30.97	40.10	21.21	7.72	−1.04	1.87	−2.13	1.30
第二阶梯	76.08	7.05	8.85	8.02	−0.91	0.50	−0.14	0.55
第三阶梯	98.10	0.98	0.45	0.47	−0.03	0.04	−0.01	0
总和	83.95	4.88	5.85	5.32	−0.59	0.33	−0.09	0.35

1983~2012 年,单季稻适生区在海拔上的分布变化如下:高适宜区在长江干流地区的宽度增大,在辽东半岛上也有斑块状增加区,在第二阶梯的云贵高原及周边的分布面积也在明显增加,所以第一、第二阶梯上的高适宜区均在增加。中适宜区几乎退出华北平原,不过在东北平原上略有增加,在云贵高原及周边由于高适宜区的占据而减少,所

以第一、第二阶梯上中适宜区均在减少。低适宜区在长江中下游平原及南方丘陵地区由于不适宜区的减少而增大，在华北平原由于中适宜区的南退而增加，在东北平原由于不适宜区的扩大而减少，在关中平原低适宜区也在增加。同时，东北平原上低适宜区的种植界限北移，所以总体上第一阶梯上的低适宜区增加较多，第二阶梯上的低适宜区略有增加。因此，无论是第一阶梯还是第二阶梯，单季稻种植的适宜区均在增加，适宜等级在升高，这表明在应对气候变化时，整体上全国单季稻种植的适应能力在提高。

显然，不同海拔上水热要素的组合造成单季稻适生区变化方向和变化幅度的差异。例如，在相对于海拔较低的四川盆地较为稳定的高适宜区，较高海拔的云贵高原上的高适宜区对水热要素变化的响应更为明显。

7.2.2 近 30 年单季稻适生区变化特征

1. 单季稻适生区的农区变化特征

分析近 30 年单季稻适生区在农区上的分布变化(图 7-2)。高适宜区在长江中下游区西北部的分布面积随年代在增大，1993～2002 年，在该农区东北部的分布有所减少，同时最近 10 年在长江入海口略微收缩，故总体上该农区高适宜区分布面积比值从 22.62%下降到 21.39%后又上升到 23.37%。高适宜区在西南区的南部和东部分布面积在 1993～2002 年增加，不过到了 2003～2012 年又再次减少，而西北部四川盆地地区的分布面积则是先明显收缩后略有增加，总体上该农区高适宜区在逐渐减少。在黄淮海区和青藏区，少量的高适宜区的空间分布也在随时间变化，其中 1993～2002 年在黄淮海区分布达到最大，1983～1992 年在东北区和青藏区的分布最大。总之，在全国水平上，高适宜区分布面积比值从 6.45%上升到 6.72%后又回落到 6.55%。对于中适宜区，在黄淮海区的南部分布略有北移，且在山东半岛的分布在随时间进退，其中在 1993～2002 年基本将山东半岛与南部的中适宜分布区相连，故该农区中适宜区在逐渐增加。中适宜区在长江中下游区的西部向南有所进退，1993～2002 年基本在该农区西部分布消失，造成该时期中适宜区在长江中下游区分布最少，其次是 2003～2012 年。在西南区和华南区西部，中适宜区的分布面积基本与高适宜区呈现负相关，所以中适宜区在两农区基本是先减少后增加的特征。东北区中适宜区的分布相对零散，在 1983～1992 年和 2003～2012 年的分布基本是连续的，但是 1993～2002 年被打散，不过分布面积减少不明显。在全国水平上，中适宜区的分布面积比值从 10.31%减少到 9.31%后又增加到 9.88%，全国中适宜区具有波动下降特征。

对于低适宜区，黄淮海区随着中、高适宜区的进退，在 1993～2002 年的分布面积最小、在 1983～2012 年最大。长江中下游区随着不适宜区的变化以及少量中、高适宜区的收缩或扩张，低适宜区在 1993～2002 年分布最少、2003～2012 年分布最多。东北区中适宜区由于小兴安岭地区不适宜区的变化以及部分中、高适宜区的变化，低适宜区分布随年代减少。所以，从全国整体水平上，低适宜区随年代逐渐减少，所占面积比值依次是 16.2%、15.91%和 15.77%。相应地，不适宜区波动上升，所占面积比值依次是 67.04%、68.06%和 67.8%。因此，无论是从全国整体水平还是从分农区，只有西南区的高适宜区和全国的低适宜区在近 30 年内呈现逐渐下降的趋势，其余农区或全国不同等级适宜区分布面积均处于波动中，这意味着在气候变化下，大多数区域单季稻种植的适应能力处于波动中。

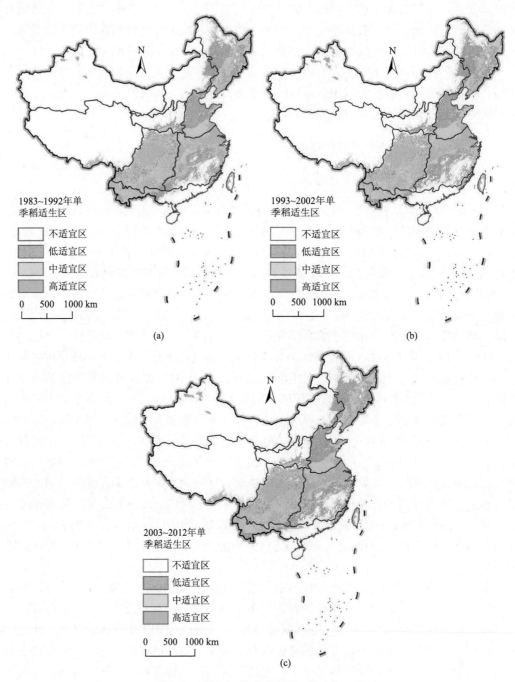

图 7-2　近 30 年单季稻适生区的农区分布

2. 单季稻适生区的海拔分布差异

分析近 30 年单季稻适生区随阶梯在不同海拔上的变化特征。高适宜区向长江中下游平原的西北部扩张，在云贵高原的南部和东部也有所增加，总体上高适宜区在第一和第二阶梯上均是于 1993～2002 年分布最大。中适宜区在第一阶梯的东北平原上的分布较为零散，空间位置一直在变化，在华北平原南部的分布较为规整，于 1993～2002 年分布面积最大，同时期在长江中下游平原的分布最少，所以 30 年来中适宜区在第一阶梯上的分布于 1983～1992 年最大，其次是 1993～2002 年。中适宜区在第二阶梯的云贵高原和四川盆地周边的分布基本与高适宜区变化呈负相关，所以在第二阶梯上的分布于 1993～2002 年最小、2003～2012 年最大。低适宜区在第一阶梯华北平原上的分布随中、高适宜区的进退而变化，在东北平原上随中、高适宜区的进退以及不适宜区在小兴安岭地区的扩张，低适宜区在 1993～2002 年分布最大，在南部长江中下游平原地区随不适宜区的扩张，低适宜区在 2003～2012 年分布最大，总之，第一阶梯上低适宜区于 1993～2002 年分布最小、1983～1992 年分布最大。低适宜区在第二阶梯上的分布集中在关中平原及以南，随中、高适宜区的变化，30 年来低适宜区在 1993～2002 年分布最大，1983～1992 年分布最小。相应地，不适宜区在第一阶梯和第二阶梯上均是于 1993～2002 年达到最大。因此，无论是第一阶梯还是第二阶梯，单季稻种植不同等级适宜区的分布面积均处于波动中，适宜等级间的转换无明显方向性，说明在气候变化下，各个阶梯上单季稻种植适应气候变化的能力也处于波动中。

7.3　双季稻适生区时空分异

7.3.1　60 年来双季稻适生区变化趋势

1. 双季稻适生区的农区分异

将双季稻适生区与农区分布进行空间叠加，分析 60 年来双季稻适生区在农区上的分布与变化。1953～1982 年，双季稻种植适生区基本上分布在长江中下游区和华南区的东半部，且双季稻的高、中、低适宜区基本为相间分布，在华南区的西部和西南区也有少量分布，不过也多是低适宜区，其他农区基本是双季稻的不适宜种植区[图 7-3(a)]。到了 1983～2012 年，双季稻不同等级适生区在华南区和长江中下游区的分布略有变化。首先是高适宜区斑块数量和面积在两个农区上的减少，其中在华南区的面积比值从 20.25%下降到 16.08%，在长江中下游区的面积比值从 16.59%下降到 12.84%。其次是减少的高适宜区转换成中、低适宜区，其中在华南区多是转换成中适宜区，而在长江中下游区多是转换成低适宜区，换言之，华南区的中、低适宜区增加的面积比值分别是 3.68%和 0.38%，长江中下游区的中、低适宜区增加的面积比值分别是 0.87%和 3.75%。另外，在长江中下游区北部的低适宜区有所南移，被不适宜区取代[图 7-3(b)]。虽然两农区高、中、低适宜区的面积分布略有增加，但是高适宜区在向中、低适宜区转换，造成两农区双季稻种植的适宜等级下降，相应地，在适应气候变化时的适应能力也有所下降。

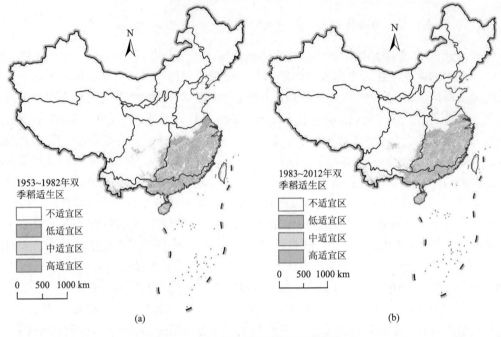

图 7-3　60 年来双季稻适生区的农区分布

根据 60 年来农业气候资源变化特征和双季稻适生区各因素贡献率,分析双季稻适生区的分布与变化。从双季稻适生区分布来看,长江中下游区和华南区东部是我国水热资源最为丰富的地区,可以较好地保证双季稻生长期所需的热量和水分供应,因此是适合双季稻种植的区域。60 年来该区域的降水量和最热月平均气温等水热资源基本上呈现为增加趋势,不过热量资源的过多增加,反而不利于双季稻的种植,带来长江中下游区双季稻低适宜区的向南移动和不适宜区范围的扩大。

2. 双季稻适生区的海拔分异

将双季稻适生区与三大阶梯分布进行叠加,分析双季稻适生区在不同海拔上的分布与变化。1953~1982 年,双季稻的高、中、低适宜区基本分布在第一阶梯的长江中下游平原及以南区域,在第二阶梯的四川盆地和云贵高原也有少量分布,其他区域基本是双季稻的不适宜种植区(表 7-4)。到了 1983~2012 年,双季稻种植适宜区在长江中下游平原及以南区域的空间分布格局有所变化。首先,高适宜区明显减少,转换成中、低适宜区;其次,转换而来的中适宜区是南岭以南区域多于长江中下游平原地区,且长江入海口处中适宜区减少,变成低适宜区;最后,南岭以南区域低适宜区略有增加,长江中下游平原地区低适宜区增加明显,低适宜区的北部界限向南有所移动。因此,总体上第一阶梯上高适宜区减少明显,中适宜区有所增加,低适宜区增加明显,在具体面积比值上,高适宜区减少 1.69%,中适宜区和低适宜区分别增加 0.78% 和 1.10%。在第二阶梯上,云贵高原南端少量的中、高适宜区也不复存在,转为低适宜区,其东部与第一阶梯相邻处的低适宜区减少,转换为不适宜区,所以第二阶梯上低适宜区所占面积比值从 1.39% 减少到 1.2%。显然，第一阶梯上中、低适宜区面积略有增加，但是高适宜区向中、低适宜区转换造成双季稻种植的适宜等级下降，相应地，该阶梯上双季稻适应气候变化的能力有所下降。

双季稻高、中、低适宜区基本分布在长江中下游平原及以南的南方丘陵区，该区域内部相对海拔的差异造成高、中、低适宜区相间分布，而不是像单季稻不同等级适生区一样呈片状分布。同时，不同海拔上水热组合的差异造成双季稻不同等级适生区相互转换的差异。

表 7-4 双季稻适生区各类面积比例及变化幅度 （单位：%）

阶梯	1953～1982 年各类型面积比例				1983～2012 年各类型面积变化幅度			
	不适宜区	低适宜区	中适宜区	高适宜区	不适宜区	低适宜区	中适宜区	高适宜区
第一阶梯	68.18	12.91	10.88	8.03	−0.19	1.10	0.78	−1.69
第二阶梯	98.33	1.39	0.22	0.06	0.39	−0.19	−0.15	−0.06
第三阶梯	99.97	0.03	0	0	−0.23	0.18	0.05	0
总和	98.91	0.91	0.14	0.04	0.17	−0.06	−0.07	−0.04

7.3.2 近 30 年双季稻适生区变化特征

1. 双季稻适生区的农区变化特征

分析近 30 年来双季稻适生区在农区上的分布与变化(图 7-4)。华南区高适宜区在 1993～2002 年分布面积最大，长江中下游区高适宜区在 2003～2012 年分布面积最大，从两农区分布总和看，双季稻高适宜区在 1993～2002 年的分布面积最大，其次是 2003～2012 年，最后是 1983～1992 年。中适宜区在两农区的变化也主要表现在空间位置和分布面积的少量变动，其在长江中下游区和华南区均是 1983～1992 年分布面积最大。随着中、高适宜区的变化，低适宜区的空间位置和分布面积也在变化，其在华南区和长江中下游区均是于 2003～2012 年分布面积最大。值得注意的是，长江中下游区种植适宜区界限在 2003～2012 年最为偏北，1993～2002 年最为偏南，因此，该农区种植适宜区在 2003～2012 年最大，而 1993～2002 年最小。在西南区，1993～2002 年四川盆地双季稻低适宜区大的斑块被不适宜区隔离成小的斑点，2003～2012 年其西南部的低适宜区分布面积也在减少，故低适宜区在整个西南区的分布面积于 1983～2012 年最大。因此，近 30 年内，两农区高、中、低适宜区的分布总面积基本稳定，但是内部不同适宜等级各自所占的比例处于波动中，致使两农区双季稻种植在适应气候变化时也处于波动中。

2. 双季稻适生区的海拔变化特征

分析近 30 年双季稻适生区在不同阶梯上的分布与变化。集中在第一阶梯南部的高、中、低适宜区的空间位置与分布形状随年代均在变化，不过变化幅度不大。南岭以南区域的高适宜区在 1993～2002 年分布面积最大，长江中下游平原地区的高适宜区在 2003～

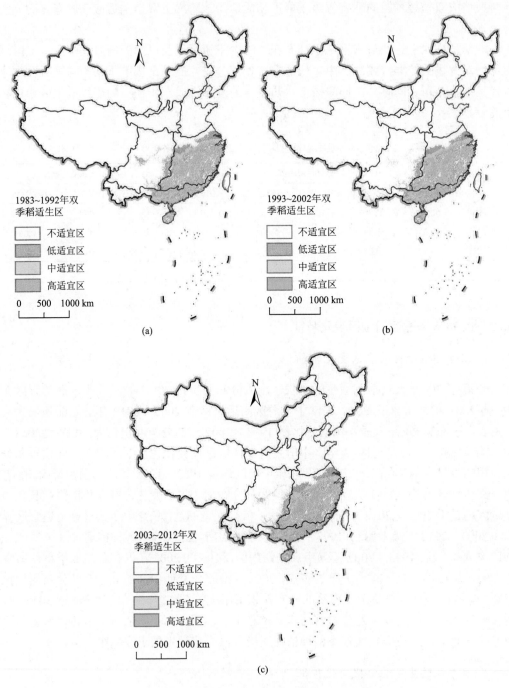

图 7-4　近 30 年来双季稻适生区的农区分布

2012 年的分布最多，整体上高适宜区在第一阶梯的分布面积在 1993～2002 年最大，其次是 2003～2012 年。中适宜区紧邻高适宜区分布，在 30 年内的分布均比较破碎，其分布面积在 1983～1992 年最大，其次是 2003～2012 年。低适宜区在长江干流的分布呈现带状，然而 1993～2002 年该条带的宽度最窄，在长江中下游平原上于 2003～2012 年的分布面积最大，总体上第一阶梯上低适宜区的分布面积在 2003～2012 年最大，其次是 1983～1992 年。位于第二阶梯上的低适宜区，在四川盆地的分布面积于 1993～2002 年最小，在云贵高原的分布面积则是 2003～2012 年最小，总体上低适宜区在第二阶梯的分布是 1983～1992 年最大，其次是 2003～2012 年，1993～2002 年最小。显然，双季稻种植适宜区在第一阶梯上的分布面积虽然略有变化，但是基本稳定，不过内部不同等级适宜区所占面积比例处于波动中，造成双季稻种植适应气候变化的能力处于波动中。

7.4　水稻适生区时空分异

7.4.1　60 年来水稻适生区时空分异

1. 水稻适生区的农区分异

将单季稻与双季稻适生区进行空间叠加，得到水稻适生区的空间分布。将水稻适生区与农区分布进行空间叠加，分析水稻适生区在各个农区上的分布与变化。1953～1982 年，水稻的高适宜区主要分布在长江中下游区、西南区和华南区，中适宜区除了在以上三农区与高适宜区相邻分布外，在黄淮海区和东北区也有较多分布，青藏区的河谷地区也有中、高适宜区的分布。低适宜区基本围绕中、高适宜区分布，故存在中、高适宜区的农区也是低适宜区的分布区，另外在黄土高原区和甘新区也有低适宜区少量分布 [图 7-5(a)]。

1983～2012 年，华南区东部和长江中下游区的水稻高适宜区减少，转换成中适宜区或低适宜区，造成两农区中、低适宜区的增加，这基本由双季稻适宜种植区的变化造成。长江中下游区的北部边缘和黄淮海区东南部高适宜区增加，占据原有的中、低适宜区，同时黄淮海区的中适宜区向南收缩明显，使得该农区中和低适宜区分别大幅减少和增加。在西南区和华南区西部，西南区东部高适宜区增加，占据原有的中适宜区，中适宜区和低适宜区轻微减少。东北区少量的高适宜区和中适宜区也在增加，东北平原上一些低适宜区转化为不适宜区，不过在青藏河谷地区中适宜区和高适宜区有所减少，低适宜区有所增加。东北区、黄淮海区、西南区、华南区西部和青藏区的水稻适生区的变化基本是源于单季稻适生区的变化[图 7-5(b)、图 7-5(c) 和表 7-5]。显然，长江中下游区水稻种植的中、低适宜区面积均有所增加，西南区低适宜区在向高适宜区转换，华南区中、低适宜区面积增加幅度大于高适宜区减少幅度，总体上三农区水稻种植适宜等级升高；黄淮海区则是中适宜区向低适宜区转换，适宜等级下降；东北区低适宜区则是向中、高适宜区和不适宜区转换，造成不适宜区面积增加。这些意味着在水稻种植适应气候变化的过程中，南方农区的适应能力在升高，而北方农区的适应能力有所下降。

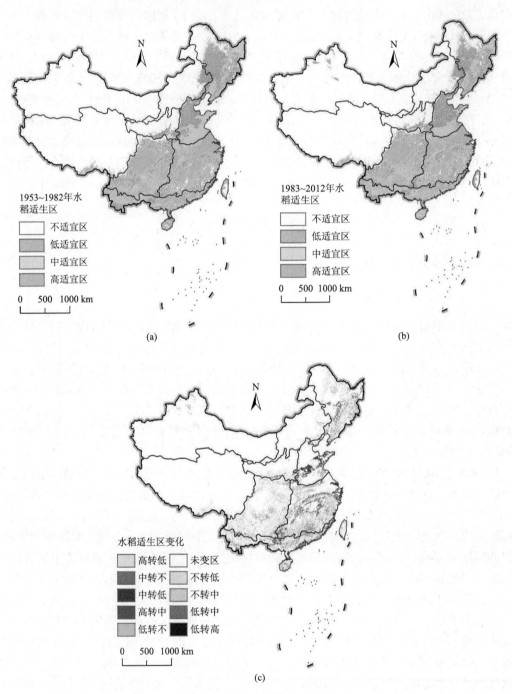

图 7-5　60 年来水稻适生区的农区分布

表 7-5　水稻适生农区各类型面积比值及变化幅度　　　　（单位：%）

农区	1953~1982 年各类型面积比值				1983~2012 年各类型面积变化幅度			
	不适宜区	低适宜区	中适宜区	高适宜区	不适宜区	低适宜区	中适宜区	高适宜区
华南区	7.53	27.40	36.46	28.61	-1.45	0.77	4.21	-3.53
西南区	9.67	23.16	33.52	33.65	-0.88	-0.37	-1.13	2.37
长江中下游区	9.09	22.71	32.15	36.05	-2.80	2.42	2.36	-1.98
黄土高原区	83.03	16.00	0.97	0.00	-2.42	-0.08	2.51	0.00
青藏区	97.85	1.12	0.51	0.52	-0.03	0.04	0.00	-0.01
黄淮海区	2.83	48.40	46.29	2.48	-0.01	10.11	-13.62	3.52
甘新区	99.44	0.56	0.00	0.00	-0.98	0.98	0.00	0.00
内蒙古及长城沿线区	88.40	11.47	0.13	0.00	0.64	-0.58	-0.06	0.00
东北区	33.24	44.72	20.29	1.75	1.18	-2.51	0.41	0.92
总和	64.18	15.03	12.48	8.31	-0.56	0.59	-0.18	0.15

2. 水稻适生区的海拔分异

将水稻适生区与三大阶梯分布图进行空间叠加，分析水稻适生区在不同海拔上的变化。1953~1982 年，高适宜区主要分布在第一阶梯长江以南地区，长江入海口以北的沿海地带也有少量分布，高适宜区在第二阶梯上主要分布在四川盆地及以南区域。中适宜区在长江以南和第二阶梯上基本与高适宜区相邻分布，这两个区域的低适宜区也是围绕中适宜区分布。在第一阶梯的长江以北是中适宜区，自华北平原中部向北延伸到东北平原的区域基本是水稻低适宜区，自三江平原向西南延伸到辽东半岛的区域分布着零散的中适宜区（表 7-6）。

表 7-6　水稻适生区不同海拔各类型面积比值及变化幅度　　　（单位：%）

阶梯	1953~1982 年各类型面积比值				1983~2012 年各类型面积变化幅度			
	不适宜区	低适宜区	中适宜区	高适宜区	不适宜区	低适宜区	中适宜区	高适宜区
第一阶梯	18.38	38.71	27.75	15.16	-0.49	1.06	-0.35	-0.22
第二阶梯	76.08	6.95	8.90	8.07	-0.91	0.57	-0.16	0.49
第三阶梯	98.10	0.98	0.45	0.47	-0.03	0.04	-0.01	0.00
总和	83.95	4.82	5.88	5.35	-0.59	0.38	-0.10	0.31

1983~2012 年，长江中下游平原及以南区域高适宜区下降，转换成中或低适宜区，长江干流及以北区域高适宜区扩张，占据原有的中适宜区，同时与其北部紧邻的中适宜区也在向南撤退，被低适宜区占据。在东北平原上，大兴安岭地区不适宜区的扩大导致低适宜区的缩小，不过低适宜区的种植边界有所北移。显然，水稻适生区在第一阶梯上长江以南的变化多是源于双季稻适生区的变化，而长江以北的变化多源于单季稻适生区的变化。在第二阶梯上，云贵高原上的高适宜区在增加，占据原有的中或低适宜区，关中地区低适宜区有所增加，故总体上第二阶梯上水稻高和低适宜区有所增加，中适宜区略微下降，这基本由单季稻的变化造成。在青藏区的河谷地区，水稻中和高适宜区略微减少，低适宜区略微增加，不适宜区略微减少，这是单季稻适生区变化造成的。显然，第一阶梯上中、高适宜区的减少幅度大于低适宜区的增加幅度，造成不适宜区的增加，带来水稻种植适宜等级的下降，相应地，

适应气候变化的能力有所下降；第二阶梯上高、低适宜区面积的扩大使得水稻种植的适应等级上升，相应地，该阶梯上水稻适应气候变化的能力有所上升。

7.4.2 近30年水稻适生区变化特征

1. 水稻适生区的农区变化特征

进一步分析近30年水稻适生区在各个农区上的分布与变化（图7-6）。东北区、黄淮

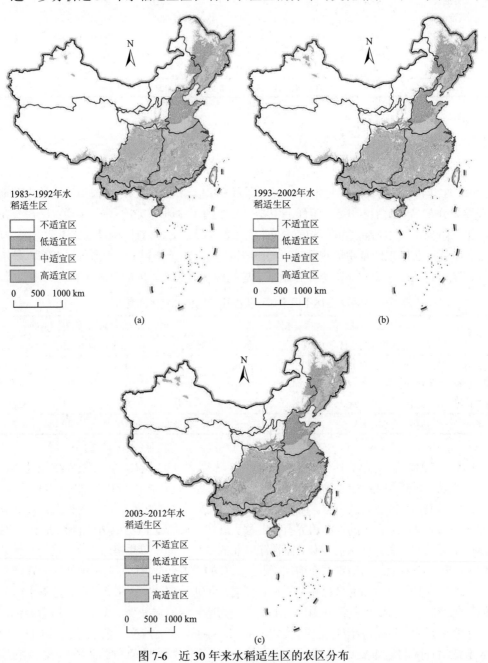

图7-6 近30年来水稻适生区的农区分布

海区、西南区和华南区的西部水稻种植的高、中、低适宜区在空间上的分布与转换是源于单季稻适生区不同等级在这几个农区的分布与转换。长江中下游区的北部长江干流地区，水稻高适宜区基本在随年代增加，这是源于单季稻的高适宜区随年代的变化，长江中下游平原地区及以南的华南区东部，高、中、低适宜区的分布与变化取决于双季稻适生区不同等级在这些区域的分布与转换，具体详见近 30 年双季稻适生区的分析。综合前面对单季稻和双季稻在近 30 年内的分布变化分析，可以发现，华南区高和低适宜区有所增加，水稻种植的适宜等级有所升高；其余农区水稻种植不同适宜等级的分布面积多处于波动变化中，适宜等级转换无明显趋势。因此，近 30 年内，全国多数农区水稻种植适应气候变化的能力处于波动中。

2. 水稻适生区的海拔变化特征

分析近 30 年水稻适生区在不同海拔上随年代的分布与变化。第一阶梯的长江中下游平原及以南区域的水稻高、中、低适宜区的空间分布与变化源于该区域双季稻种植适宜区之间的转换。长江干流及以北区域水稻适生区不同等级的空间分布与转换源于该区域单季稻适生区的分布与变化。在第二阶梯上，关中地区及以南的四川盆地和云贵高原等地区，水稻不同等级适生区的空间分布与转换基本源于该区域单季稻适生区随年代的分布与变化。综合前面对单和双季稻在阶梯上的分布变化分析发现，近 30 年内，虽然第一阶梯上水稻种植高适宜区在增加，但是增加幅度小于中、低适宜区的减少幅度，使得不适宜区逐渐扩大，因此第一阶梯上水稻种植适宜等级的转换出现两个方向，整体上适宜等级有所下降，相应地，水稻种植适应气候变化的能力也有所下降；在第二阶梯上，水稻种植不同等级适宜区分布面积处于波动中，水稻种植的适宜等级和适应气候变化的能力也处于波动中。

7.5　研　究　结　论

(1) 单季稻和双季稻适生区各因素贡献率存在差异：水分对单季稻和双季稻均非常重要，年降水量和年降水天数是影响单季稻和双季稻适生区分布重要的气候要素，最热月平均气温和日照时数是单季稻适生区所必需的热量和光照条件，最热月平均气温是双季稻种植分布中最为重要的热量条件。

(2) 单季稻和双季稻适生区的空间分布存在差异：在农区上，单季稻高适宜区主要分布在华南区西部、西南区和长江中下游区，中适宜区紧邻高适宜区分布在华南区、西南区和黄淮海区，低适宜区主要分布在长江中下游区中南部、黄淮海区中北部和东北区。双季稻种植的适宜区基本上分布在长江中下游区和华南区东部，且高、中、低适宜区在此相间分布；在海拔上，第一阶梯的长江干流地区是单季稻高适宜区，其北侧是中适宜区，中、高适宜区向南和向北均是低适宜区，第二阶梯的四川盆地和云贵高原多是单季稻高适宜区，中适宜区在云贵高原及周边围绕高适宜区分布，低适宜区多分布在四川盆地的北部。双季稻的高、中、低适宜区基本分布在第一阶梯的长江中下游平原及以南区域。

(3) 60 年来单季稻和双季稻适生区的变化存在空间差异:在农区上,长江中下游区单季稻种植适宜区面积增加、适宜等级升高,西南区低适宜区向中、高适宜区转换,适宜等级升高,黄淮海区中适宜区向低适宜区转换,适宜等级下降,东北区低适宜区向中、高适宜区和不适宜区两个方向转换,说明气候变化下单季稻种植的适应能力在长江中下游区和西南区提高,在黄淮海区下降,在东北区存在区域差异。虽然双季稻适宜区面积在长江中下游区和华南区均增加,但是高适宜区在向中、低适宜区转换,造成两农区双季稻种植适宜等级和适应气候变化能力的下降;在海拔上,单季稻低适宜区增加面积第一阶梯大于第二阶梯,单季稻种植适宜等级在两阶梯上均升高,相应地,适应气候变化的能力也在提高。双季稻在第一阶梯上的分布变化同长江中下游区和华南区东部,故其适应气候变化的能力有所下降。

(4) 近 30 年来单季稻和双季稻适生区多处于波动中:在农区上,西南区的高适宜区面积逐渐下降,其余农区不同适宜区分布面积均处于波动中,不过全国低适宜区逐渐下降,意味着气候变化下大多数区域单季稻种植的适应能力处于波动中。长江中下游区和华南区双季稻的高、中、低适宜区分布总面积基本稳定,但是内部不同适宜等级面积比值处于波动中,致使两农区双季稻种植适应气候变化的能力在波动;在海拔上,第一和第二阶梯上单季稻不同适宜区的分布面积均处于波动中,适宜等级间的转换无明显方向性,相应地,各个阶梯上单季稻种植适应气候变化的能力也在波动。双季稻种植适宜区在第一阶梯上的分布面积略有变化,造成双季稻种植适应气候变化的能力略有变化。

(5) 受单季稻和双季稻影响,60 年来水稻适生区的变化存在空间差异:在农区上,长江中下游区水稻的中、低适宜区面积均有增加,西南区低适宜区在向高适宜区转换,华南区中、低适宜区面积增加幅度大于高适宜区减少幅度,总体上三农区水稻种植适宜等级升高。黄淮海区则是中适宜区向低适宜区转换,适宜等级下降;东北区低适宜区向中、高适宜区和不适宜区两个方向转换,造成不适宜区面积增加。这意味着南方农区水稻种植适应气候变化的能力升高,北方农区则是下降;在海拔上,第一阶梯上中、高适宜区的减少幅度大于低适宜区增加幅度,造成不适宜区的增加,带来水稻种植适宜等级的下降,第二阶梯上高、低适宜区面积的扩大使得水稻种植的适宜等级上升,故水稻种植适应气候变化的能力在第一和第二阶梯分别是下降和上升。

(6) 近 30 年来,水稻适生区在单季稻和双季稻变化影响下存在以下时空分布特征:在农区上,除华南区水稻高和低适宜区有所增加,适宜等级有所升高外,其余农区水稻种植不同适宜等级的分布面积多处于波动中。全国多数农区水稻种植在适应气候变化的能力处于波动中;在海拔上,第一阶梯上水稻高适宜区增加幅度小于中、低适宜区的减少幅度,使得不适宜逐渐扩大,第二阶梯上水稻种植不同等级适宜区分布面积处于波动中,故第一和第二阶梯上水稻种植适宜等级分别是下降和波动,相应地,水稻种植适应气候变化的能力分别是下降和波动。

参 考 文 献

段居琦. 2012. 我国水稻种植分布及其对气候变化的响应. 南京:南京信息工程大学.

马欣,吴绍洪,李玉娥,等. 2012. 未来气候变化对我国南方水稻主产区季节性干旱的影响评估. 地理学报, 67(11): 1451-1460.

王保, 黄思先, 孙卫国. 2014. 气候变化对长江中下游地区水稻产量的影响. 湖北农业科学, 53(1): 43-51.

王品, 魏星, 张朝, 等. 2014. 气候变暖背景下水稻低温冷害和高温热害的研究进展. 资源科学, 36(11): 2316-2326.

熊伟, 杨婕, 吴文斌, 等. 2013. 中国水稻生产对历史气候变化的敏感性和脆弱性. 生态学报, 33(2): 509-518.

中国农林作物气候区划协作组. 1987. 中国农林作物气候区划. 北京: 气象出版社.

第 8 章　气候变化下主要粮食作物适生区时空分异

根据第 5～第 7 章对小麦、玉米和水稻适生区时空分异的分析，可以发现，60 年来，前后两个气候标准年内小麦、玉米和水稻适生区均在发生变化，不过相对于三大阶梯，三种作物适生区的变化在农区上的表达更为清晰；近 30 年内，三种作物适生随年代的变化多处于波动中，出现清晰变化趋势的并不多。因此，本章选择 60 年里两个气候标准年内小麦、玉米和水稻的适生区进行空间叠加，得到主要粮食作物种植的高、中和低适宜区在农区上的分布与变化，分析气候变化下各个农区主要粮食作物种植适应气候变化能力的差别。同时，考虑到农业适应气候变化过程中政府的效应，以省区为单元，分析气候变化下主要粮食作物种植适应性分区的时空分异，可以更好地制定农业适应气候变化的相关决策。

8.1　主要粮食作物种植的高适宜区

8.1.1　粮食作物种植高适宜区的农区分布

将 60 年来对应时间内的小麦、玉米和水稻种植的高适宜区进行空间叠加，按照"是否存在三种作物的高适宜区？如果存在，属于哪种作物？"原则，将三种作物高适宜区的组合关系分成 8 类，在农区上分析主要粮食作物种植的高适宜区在空间上的分布与变化。同时，下面分析主要粮食作物种植的中适宜区和低适宜区的分布与变化时亦是如此。

1953～1982 年主要粮食作物高适宜区在农区上的分布如下[图 8-1(a)]：仅小麦高适宜区主要分布在内蒙古及长城沿线区中部条带、甘新区东端和黄土高原区西端。仅玉米高适宜区主要分布在东北区自东北平原与三江平原连接处、内蒙古及长城沿线区南侧条带。仅水稻高适宜区主要分布在长江中下游区、华南区和西南区。小麦和玉米均是高适宜的类型区主要分布在自东北区的东北平原向西南方向经内蒙古及长城沿线区的东部到达黄淮海区的带状区域。小麦和水稻均是高适宜的类型区以斑块形式分布在长江中下游区的北端。玉米和水稻均是高适宜的类型区以斑块形式出现在西南区的东南部和华南区西部以及四川盆地。小麦、玉米和水稻均是高适宜的类型区主要分布在四川盆地。

1983～2012 年，主要粮食作物高适宜区在农区上的分布变化如下[图 8-1(b)]：在东北区，松嫩平原上小麦和玉米均是高适宜的类型区分布面积缩小，自辽东半岛向三江平原延伸的仅玉米高适宜区在增加，仅小麦高适宜区在松嫩平原和三江平原上的分布面积有所增加。这使得高适宜区在东北区的分布面积比例从 32.4%增加到 33.8%。在内蒙古及长城沿线区，小麦和玉米均是高适宜的类型区面积有所减少，仅玉米高适宜区面积也有所减少，仅小麦高适宜区面积在内蒙古西部增加明显，因此高适宜区在本农区的分布面积比例从 38.07%增加到 43.49%。在黄淮海区，其依旧是小麦和玉米均是高适宜的类型区，不过相对于前 30 年，该类型区向南部有所扩张，相应地，高适宜区在该农区的分布面积比例从 85.38%增加到 89.09%。

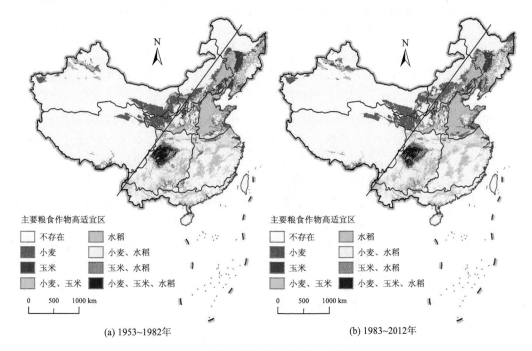

(a) 1953~1982年　　　　　　　　　　　(b) 1983~2012年

图 8-1　主要粮食作物种植高适宜区的农区分异

在黄土高原区，小麦和玉米均是高适宜的类型区的条带面积略有缩小，仅小麦和仅玉米高适宜区面积均有所扩大，所以高适宜区在本农区的分布面积比例从 59.48%增加到 60.62%。在甘新区，东部仅小麦高适宜区面积减少，西部小麦和玉米均是高适宜的类型区斑块数量增加，但是斑块面积下降，故高适宜区在甘新区的分布面积比例从 12.63%减少到 12.45%。在青藏区，柴达木盆地依旧是仅小麦高适宜区，不过分布面积有所扩大，在南部的拉萨河谷，三种作物均是高适宜的类型区分布变化相对不大，因此高适宜区在该农区的分布面积比例从 4.09%增加到 4.38%。

在西南区，四川盆地依旧是小麦、玉米和水稻均是高适宜的类型区，内部也存在斑点状的仅水稻高适宜区；西南区其他区域多属于仅水稻高适宜区，不过分布面积和分布形状均有所变化，同时在云贵高原东南部，玉米和水稻均是高适宜的类型区、仅玉米高适宜区分布面积变化明显，尤其是仅玉米高适宜区分布面积明显减少，所以高适宜区在该农区的分布面积比例从 37.01%增加到 38.74%。在长江中下游区，北部小麦和水稻均是高适宜的类型区面积明显扩大，中部和南部仅水稻高适宜区分布面积减少，造成高适宜区在该农区的分布面积比例从 40.48%减少到 35.33%。在华南区，东部仅水稻高适宜区分布面积减少，西部玉米和水稻均是高适宜的类型区的条带数量和面积均在增加，这使得高适宜区在该农区的分布面积比例从 29.18%减少到 26.04%。

8.1.2 粮食作物种植高适宜区的省区分布

　　1953～1982 年主要粮食作物种植高适宜区在省区上的分布如下[图 8-2(a)]：小麦、玉米和水稻均是高适宜的类型区主要分布在四川。小麦和玉米均是高适宜的类型区主要分布在吉林北部、内蒙古东南部、河北、河南中东部和山东中北部。小麦和水稻均是高适宜的类型区散落分布在湖北中东部、安徽和江苏的中南部。玉米和水稻均是高适宜的类型区主要零星地出现在云南、贵州和广西交界处。仅水稻高适宜区主要分布在江苏、安徽和湖北中南部及以南的浙江、江西、湖南、福建、广东、广西和云南等南方省份。仅小麦高适宜区主要沿内蒙古南部边界、宁夏和甘肃中部分布。仅玉米高适宜区大的斑块主要分布在黑龙江、吉林和辽宁，在山东和河北周边有小面积斑块分布。

　　1983～2012 年，主要粮食作物高适宜区在省区的分布出现以下变化[图 8-2(b)]：仅小麦高适宜区分布面积在内蒙古和青海增加，在甘肃和宁夏减少。仅玉米高适宜区分布面积在黑龙江、吉林增加，在辽宁和内蒙古有所减少。仅水稻高适宜区分布面积在浙江、福建、江西、湖南、广西明显减少，但是在云南有所增加。河南南部和安徽北部仅小麦高适宜区面积缩小，被小麦和水稻均是高适宜的类型区取代，江苏北部玉米和水稻均为高适宜的类型区斑块面积增加。小麦、玉米和水稻均是高适宜的类型区在四川略有减少。同时，高适宜区分布面积整体上在新疆和西藏增加。

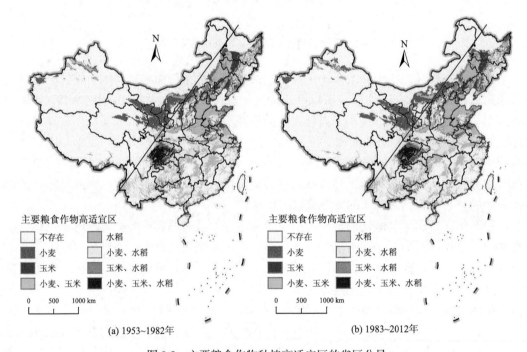

(a) 1953～1982年　　　　　　　　　　(b) 1983～2012年

图 8-2　主要粮食作物种植高适宜区的省区分异

8.2　主要粮食作物种植的中适宜区

8.2.1　粮食作物种植中适宜区的农区分布

分析 1953~1982 年主要粮食作物种植的中适宜区在农区上的分布[图 8-3(a)]。仅小麦中适宜区主要分布在内蒙古及长城沿线区、东北的东北平原、甘新区的北疆地区和河西走廊上，青藏区的河谷地区也有较多的该类型区分布。在内蒙古及长城沿线区和相邻农区上，仅玉米中适宜类型区以条带形状分布在仅小麦高适宜的类型区南侧，该类型区在黄土高原、长江中下游区与西南区相邻处也有较多斑块分布。仅水稻中适宜区主要分布在东北区的三江平原、黄淮海区和西南区的中南部、华南区和长江中下游区大部。小麦和玉米均是中适宜的类型区以较大斑块形式出现在甘新区的北疆地区、黄土高原区和长江中下游区的东北端。小麦和水稻均是中适宜的类型区斑点多出现在东北区自辽东半岛向三江平原延伸的区域，在长江中下游区也有零星斑点出现。玉米和水稻均是中适宜的类型区与小麦、玉米和水稻均是中适宜的类型区斑点多出现在东北区的三江平原、黄淮海区的南侧和西南区的东部。

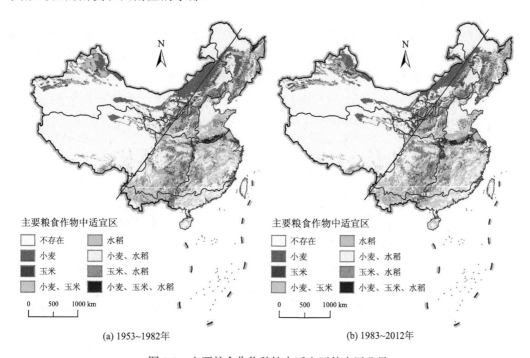

主要粮食作物中适宜区
□ 不存在	▨ 水稻
▨ 小麦	▢ 小麦、水稻
■ 玉米	▨ 玉米、水稻
▨ 小麦、玉米	■ 小麦、玉米、水稻

0　500　1000 km

(a) 1953~1982年　　　　　　　(b) 1983~2012年

图 8-3　主要粮食作物种植中适宜区的农区分异

1983~2012 年，主要粮食作物中适宜区在农区上的分布变化如下[图 8-3(b)]：在东北区，三江平原地区小麦、玉米和水稻均是中适宜的类型区面积减少；不过在自辽东半岛向三江平原延伸的区域，小麦和水稻均是中适宜的类型区基本形成了连贯条带；松嫩平原周边仅小麦中适宜区形状和分布面积均有所变化；玉米和水稻均是中适宜的类型区分布面积略有增加,不过小麦和玉米均是中适宜的类型区分布面积略有减少,这造成中适宜区在东北区的面积比值从 47.30%增加到 48.22%。在内蒙古及长城沿线区,小麦和玉米均是中适宜区的类型区面积有所增加,仅玉米中适宜区分布面积也在增加,但是仅小麦中适宜区分布面积减少,造成中适宜区在该农区的面积比值从 64.92%减少到 61.29%。在黄淮海区中南部,仅水稻中适宜区面积明显减少,山东丘陵地区小麦和玉米均是中适宜的类型区分布面积有所增加,南端小麦、玉米和水稻均是中适宜的类型区斑块面积缩小,使得中适宜区占农区面积比值从 59.35%减少到 48.57%。

在黄土高原区,小麦和玉米均是中适宜的类型区面积有所扩大,仅小麦中适宜区面积减少,不过仅玉米中适宜区在农区西部明显扩大,所以总体上中适宜区占本农区的面积比值从 59.89%增加到 63.76%。在甘新区的新疆地区,小麦和玉米均是中适宜的类型区面积在南疆地区略微扩大,但是在北疆地区缩小,这些造成中适宜区占甘新区的面积比值从 24.24%增加到 25.88%。在青藏区,柴达木盆地仅小麦中适宜区分布形状和分布面积变化不大,南部河谷地区该类型区分布面积减少,一些沿河谷分布的该类型区条带长度明显缩短,拉萨河谷地区小麦和玉米均是中适宜的类型区分布面积也有所减少,所以中适宜区占青藏区的面积比值从 5.13%轻微减少到 5.03%。

在西南区,四川盆地北部小麦和玉米均是中适宜的类型区与玉米和水稻均是中适宜区的类型区分布形状较为规整,减少了零散分布,其中,前者集中在农区的西北端,后者集中在东北端,同时该区域仅小麦中适宜区分布面积明显扩大;在四川盆地的东部,玉米和水稻均是中适宜的类型区斑块面积减少抑或消失,变成仅玉米或仅水稻中适宜区,导致该区域仅玉米中适宜区分布面积扩大;在南部的云贵高原,依旧是仅水稻中适宜区分布面积最广,不过小麦和玉米均是中适宜的类型区斑块面积扩大,东南部玉米和水稻均是中适宜的类型区面积略有减少。因此,总体上,中适宜区占西南区的面积比值从 53.92%增加到 56.56%。在长江中下游区,东北端和西部小麦和玉米均是中适宜的类型区分布面积扩大,尤其是在西部,形成了较大的斑块;北部边界仅水稻中适宜区换成了仅玉米中适宜区;中北部仅小麦中适宜区分布形状和分布空间有所变化,不过分布面积略有减少;中南部仅水稻中适宜区分布依旧占据主导,并且明显增加,所以整个农区上中适宜区的面积比值从 55.7%略微增加到 56%。在华南区,西部和东部依旧是仅水稻中适宜区,并且在东部明显增加;在中部,玉米和水稻均是中适宜的类型区斑块面积减少,使得仅玉米中适宜区斑块面积增大,所以在东、中、西部的综合影响下,中适宜区在华南区的分布面积比例从 46.08%增加到 49.22%。

8.2.2　粮食作物种植中适宜区的省区分布

1953～1982 年,主要粮食作物种植的中适宜区在各个省区上的分布如下[图 8-4(a)]:仅小麦为中适宜区主要分布在内蒙古,在新疆地区、甘肃、青海、黑龙江和辽宁也有较大的斑块分布,在南方多个省区和西藏也有零星的斑块或斑点出现;仅玉米为中适宜区呈细长条带分布在一些省区的交界处,如在内蒙古东中部向西沿河北、山西相交处形成的条带、湖北中部向南沿贵州与江西相交处形成的条带。仅水稻为中适宜区在南方的江西、福建、广东、广西、云南和贵州等省区有大量分布,在北方的河南南部和东部、山东和黑龙江等也有较多分布。小麦和玉米均为中适宜的类型区多以斑块形状出现在新疆地区、陕西、河南西部和江苏中部等。小麦和水稻均为中适宜的类型区较大的斑块出现在辽宁。玉米和水稻均为中适宜的类型区多出现在贵州、湖南和广西。小麦、玉米和水稻均是中适宜的类型区以条带形式出现在安徽北部和河南南部,该类型区在黑龙江也有斑块形状分布。

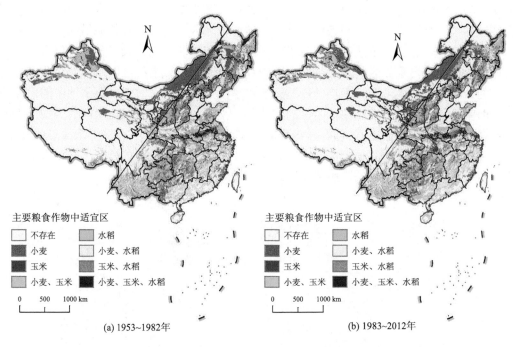

图 8-4　主要粮食作物种植中适宜区的省区分异

　　1983～2012 年,主要粮食作物种植中适宜区在省区上的分布变化如下[图 8-4(b)]:仅小麦中适宜区在内蒙古明显减少,在西藏略有减少,不过在黑龙江、吉林、青海、新疆和四川有所增加。仅玉米中适宜区斑块在内蒙古和甘肃、湖北中部、重庆、贵州和湖南交界处有所增加,不过在辽宁、江苏和广西有所减少。仅水稻中适宜区在北方的河南和山东明显减少,在黑龙江略有增加,在南方的浙江、福建、广东和广西增加,不过在云南和贵州有所减少。小麦和玉米均是中适宜的类型区在新疆、陕西、山西和山东有所增加,不过在河南和南方省区有所减少。小麦和水稻均是中适宜的类型区较大的斑块依旧出现在东北三省,不过在辽宁和黑龙江的斑块面积缩小,在吉林斑块面积增大。玉米和水稻均是中适宜的类型区面积在贵州和广西有所增加。小麦、玉米和水稻均是中适宜的类型区面积在安徽北部和黑龙江东部缩小,不过在河南南部增大。

8.3 主要粮食作物种植的低适宜区

8.3.1 粮食作物种植低适宜区的农区分布

分析 1953~1982 年主要粮食作物种植的低适宜区在农区上的分布[图 8-5(a)]。仅小麦低适宜区主要分布在东北区中北部、甘新区的东部和南疆地区以及青藏区的河谷地区，西南区的东南部也有较多斑块分布。仅玉米低适宜区主要分布在甘新区、内蒙古及长城沿线区和黄土高原区三农区相接处，甘新区的新疆地区、内蒙古及长城沿线区的南北向的中部条带、长江中下游的北部与华南区的东部和西北部也有较多分布。仅水稻低适宜区主要分布在自东北区的东北平原向西南经内蒙古及长城沿线区的东部到达黄淮海区中部的带状区域。小麦和玉米均是低适宜的类型区主要分布在甘新区新疆地区的山麓地带、西南区的中南部和长江中下游区的中北部。小麦和水稻均是低适宜区的类型区主要分布在东北区仅水稻低适宜区周边，在西南和长江中下游区也有较多零星斑点的分布。玉米和水稻均是低适宜的类型区与小麦、玉米和水稻均是低适宜的类型区多以斑点形式出现在东北区、西南区和长江中下游区。

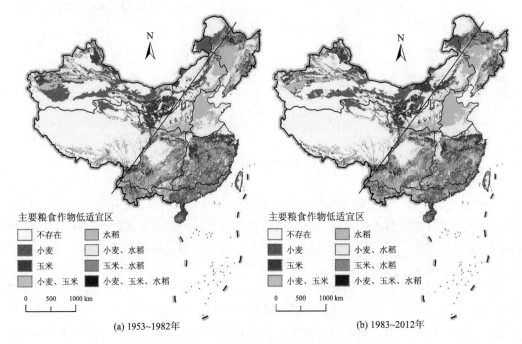

图 8-5　主要粮食作物种植低适宜区的农区分异

1983~2012 年，主要粮食作物低适宜区在农区的分布变化如下[图 8-5(b)]：在东北区，松嫩平原周边小麦和玉米均是低适宜的类型区斑块数量和面积均在增加，不过小麦、玉米和水稻均是低适宜的类型区的斑块数量和面积有所减少；小麦和水稻均是低适宜的类型区斑块数量减少、面积缩小，而玉米和水稻均是低适宜的类型区斑块数量增多、面积扩大；仅小麦或玉米或水稻低适宜区面积均在缩小，这些变化致使低适宜区占东北区的面积比值从 69.53%下降到 68.51%。在内蒙古及长城沿线区，仅玉米低适宜区明显增加，而仅水稻低适宜区有所减少，所以低适宜区在本农区的面积比值从 51.06%增加到 60.13%。在黄淮海区，仅水稻低适宜区向南扩张明显，带来该类型区分布面积大幅增加，相应地，低适宜区占本农区的面积比值从 51.06%增加到 60.13%。

在黄土高原区，仅玉米和仅水稻低适宜区分布面积均在减少，所以低适宜区在本农区的面积比值从 45.84%减少到 42.81%。在甘新区，小麦和玉米均是低适宜的类型区面积在南疆地区有所扩大，但是在北疆地区和甘新区东端缩小，致使整个农区该类型区面积有所缩小，所以低适宜区占甘新区的面积比值从 50.74%减少到 47.37%。在青藏区，南部河谷地区小麦和玉米均是低适宜的类型区面积减少，小麦、玉米和水稻均是低适宜的类型区面积略有增加，在数值上，低适宜区增加的农区面积比值是 0.02%。

在西南区，四川盆地以北区域和横断山脉地区玉米和水稻均是低适宜的类型区面积略有增加，而小麦、玉米和水稻均是低适宜的类型区面积略有减少；四川盆地以北区域和云贵高原地区小麦和玉米均是低适宜的类型区面积有所减少；农区仅小麦低适宜区分布面积增加，所以这些变化造成低适宜区在西南区的面积比值从 64.97%增加到 66.21%。在长江中下游区，小麦和玉米、玉米和水稻均是低适宜的类型区面积缩小，而小麦和水稻均是低适宜的类型区面积增加；小麦、玉米和水稻均是低适宜的类型区斑点数量和斑点面积增大；仅小麦和仅玉米低适宜区面积减少，而仅水稻低适宜区面积略有增加，这使得低适宜区占该农区的面积比值从 82.08%减少到 79.88%。在华南区，西部小麦和玉米均是低适宜的类型区面积缩小，被仅玉米低适宜区取代，在东部，小麦和玉米均是低适宜的类型区斑块面积增加，而玉米和水稻均是低适宜的类型区斑块数量减少、斑块面积缩小；在东西部的综合影响下，华南区小麦和玉米与玉米和水稻均是低适宜的类型区分布面积减少，而小麦和水稻均是低适宜的类型区与小麦、玉米和水稻均是低适宜的类型区分布面积增加，因此低适宜区占华南区的面积比值从 86.33%增加到 87.07%。

8.3.2　粮食作物种植低适宜区的省区分布

1953～1982 年，主要粮食作物种植的低适宜区在省区间的分布如下[图 8-6(a)]：仅小麦低适宜区主要分布在黑龙江北部和内蒙古东北部，内蒙古西部及与其相邻的新疆东部、青海和西藏河谷地区、湖南西部和贵州南部边界也有分布。仅玉米低适宜区主要分布在甘肃、内蒙古、宁夏和陕西相交处及周边，新疆北部、江苏南部和安徽中部也有较大斑块分布。仅水稻低适宜区自东北向西南从黑龙江西部经吉林、内蒙古、辽宁、河北到达河南北部和山东北部，在陕西南部也有大量分布。小麦和玉米均是低适宜的类型区在新疆沿天山南麓呈条带状分布，在云南有大量分布，在贵州、安徽南部和江西中北部也有较多分布。小麦和水稻均是低适宜的类型区在全国以零星斑点形状出现，较多的斑点出现在黑龙江和吉林。玉米和水稻均是低适宜的类型区与小麦、玉米和水稻三种作物均是低适宜的类型区在全国也多以零星斑点形状出现，不过相对于小麦和水稻均是低适宜的类型区，这两种类型区多出现在南方各省区。

1983～2012 年，主要粮食作物种植的低适宜区在省区间的分布变化如下[图 8-6(b)]：

仅小麦低适宜区在新疆的分布位置有所变化,不过分布面积变化不大,在内蒙古和青海的分布面积略有减少,在西藏略有增加。仅玉米低适宜区在内蒙古中部明显增加,在广西和广东相交处的斑块数量和面积也在增加。仅水稻低适宜区在山东的影响范围扩大,不过在河南中北部的分布范围缩小,北部在黑龙江的分布面积有所增加。小麦和玉米均为低适宜的类型区在新疆有增加,在云南和贵州的分布面积有所下降,不过在长江中下游地区相关省区分布面积略有增加,造成全国该类型区分布面积有所增加。小麦和水稻均是低适宜的类型区斑点在南方多个省区数量减少、面积缩小。玉米和水稻均是低适宜的类型区与小麦、玉米和水稻均是低适宜的类型区斑点在云南北部、福建与湖北、江西和安徽交界处分布面积略有增加,造成这两种类型区在全国分布面积略有增加。

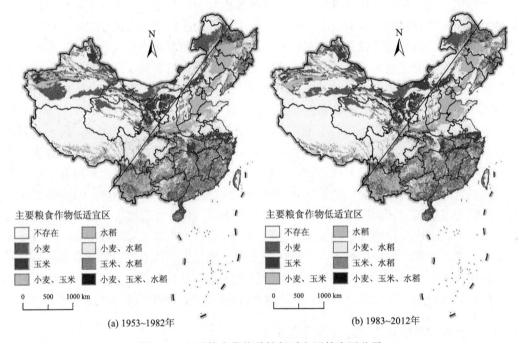

(a) 1953~1982年　　　　　　　　　　　　　　(b) 1983~2012年

图 8-6　主要粮食作物种植低适宜区的省区分异

8.4　主要粮食作物种植的适生区

8.4.1　粮食作物种植适生区的农区分异

根据主要粮食作物种植的高、中和低适宜区的时空分布,可以发现,主要粮食作物种植的高、中和低适宜区在空间上的分布按照复杂度从低到高依次是高、中和低适宜区,粮食作物种植的低适宜区在空间上的分布最为复杂。同时,当空间分布太过复杂时,不利于空间变化较好的表达。因此,将高、中适宜区合并为中高适宜区,按照中高适宜、低适宜和不适宜三种等级将三种粮食作物进行空间叠加,得到 27 种主要粮食作物适生区的分布类型(图 8-7)。

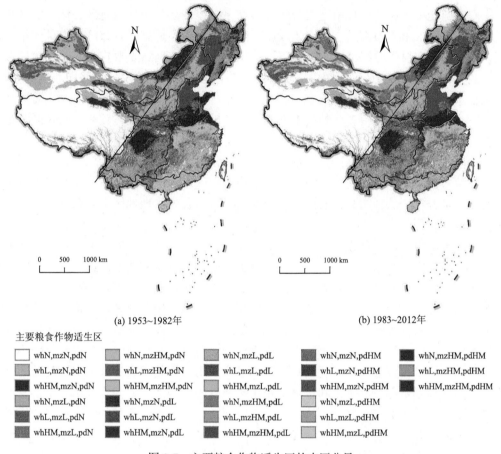

(a) 1953~1982年　　　　　　　　(b) 1983~2012年

主要粮食作物适生区

□ whN,mzN,pdN	whN,mzHM,pdN	whN,mzL,pdL	whN,mzN,pdHM	■ whN,mzHM,pdHM
whL,mzN,pdN	whL,mzHM,pdN	whL,mzL,pdL	whL,mzN,pdHM	whL,mzHM,pdHM
■ whHM,mzN,pdN	whHM,mzHM,pdN	whHM,mzL,pdL	whHM,mzN,pdHM	■ whHM,mzHM,pdHM
whN,mzL,pdN	whN,mzN,pdL	whN,mzHM,pdL	whN,mzL,pdHM	
whL,mzL,pdN	whL,mzN,pdL	whL,mzHM,pdL	whL,mzL,pdHM	
whHM,mzL,pdN	whHM,mzN,pdL	whHM,mzHM,pdL	whHM,mzL,pdHM	

图 8-7　主要粮食作物适生区的农区分异

wh、mz 和 pd 分别指小麦、玉米和水稻；N、L、HM 分别指农作物种植的不适宜区、低适宜区、中高适宜区。下同

　　1953～1982 年，主要粮食作物不同适宜等级在农区上的组合分布如下[图 8-7(a)]：在东北区，松嫩平原基本属于小麦和玉米均是中高适宜、水稻低适宜的类型区，自松嫩平原向东北或正北方向移动，三种作物的适宜等级均在下降，表现在玉米和水稻从低适宜区过渡到不适宜区，而小麦从中高适宜区下降到低适宜区，最后降为不适宜区；自松嫩平原向南三种作物不同等级之间的组合相对复杂，同时包括部分区域仅有一种作物为中高适宜的类型区相间分布；三江平原基本属于小麦、玉米和水稻均是中高适宜的类型区。考虑到在热量资源限制下东北区基本实行一年一熟的耕作制度，前 30 年东北区三江平原和松嫩平原在主要粮食作物种植方面是可选择性最多的区域，其余区域基本是一种农作物中高适宜的类型区，也可以较好地利用该农区的热量资源保证耕作熟制。内蒙古及长城沿线区，基本是小麦中高适宜、水稻不适宜的类型区，但是自北向南玉米的适宜等级升高，基本经历不适宜区、低适宜区和中高适宜区，其中低适宜区影响范围最小。该农区基本也是一年一熟制，南部有少量的一年两熟制区域，南部小麦和玉米均是中高适宜的类型区，在确保耕作熟制的前提下，可为主要粮食作物种植提供较多选择，北部仅小麦中高适宜的类型区也可以保证粮食作物的种植和耕作制度的持续。在甘新区东部，

自东南向西北小麦和玉米种植适宜等级基本在下降，依次是中高适宜区、低适宜区和不适宜区，不过玉米的中高适宜区面积较小，水稻基本是不适宜区。该区域也是一年一熟制，因此在保证耕作熟制持续的前提下，自东南向西北该区域主要粮食作物种植的选择性在减少。甘新区北疆地区小麦中高适宜区影响范围较大，玉米适宜等级向北依次下降，水稻基本是不适宜区，南疆地区小麦和玉米适宜等级向南依次下降。因此，相对于甘新区东段，新疆地区主要粮食作物种植在部分绿洲地区可选择性相对较高。青藏区多是主要粮食作物种植均不适宜区，柴达木盆地及周边属小麦种植的中高适宜区和低适宜区，但是玉米和水稻均是不适宜区；南部的河谷地区多是小麦和玉米均为低适宜、水稻不适宜的类型区；在面积最大的拉萨河谷，存在小麦、玉米和水稻均是中高适宜的类型区。相对于同是一年一熟制的其他农区，青藏区大多数河谷和盆地地区主要粮食作物种植可选择性较少。

在黄土高原区，三种粮食作物适宜等级的组合大致可分为三类：第一类是小麦和玉米均是中高适宜、水稻不适宜的类型区，该类型区主要位于中北部；第二类是在南部河谷地区，小麦和玉米均是中高适宜、水稻低适宜的类型区；第三类位于农区西端，小麦、玉米和水稻分别属于中高、低和不适宜的类型区。可见，中北部和西端选择小麦和玉米作为主要种植的粮食作物可以较好地实现一年一熟制，南部考虑小麦—玉米轮作或部分水资源丰富地区实行小麦—水稻轮作可以确保一年两熟。黄淮海区三种粮食作物不同适宜等级的组合可大致分为两种类型：北部为小麦和玉米均是中高适宜、水稻是低适宜的类型区，南部则是小麦、玉米和水稻均是中高适宜的类型区。这与相关研究中小麦、玉米和水稻单产在黄淮海农区的主体部分——河南的分布基本一致（李文旭等，2021）。因此，黄淮海区北部可以较好地实现冬小麦—夏玉米的轮作，南部既可以采用北部的轮作制，也可以在部分水资源丰富地区进行冬小麦—水稻的轮作。

在长江中下游区，三种粮食作物不同适宜等级的组合大致可分为以下几类：江淮地区东北部作物适宜等级组合与黄淮海区南部相同，江淮大部分地区则是小麦和水稻均是中高适宜、玉米低适宜的类型区；长江中下游平原则是小麦低适宜或不适宜、玉米多为低适宜、水稻中高适宜的类型区。该农区以长江为分界线，长江以北的江淮地区多为一年两熟、以南则是一年三熟，因此江淮地区在主要粮食作物种植方面可选择小麦—水稻轮作，部分地区也可以选择小麦—玉米轮作以增加选择性。在长江中下游区平原和华南区东部，优先选择双季稻作为主要的粮食作物，并且在部分区域选择冬小麦以实现一年三熟。相对于其他农区，西南区三种作物不同适宜等级的组合类型在空间上最为复杂和多变，其中四川盆地属于小麦、玉米和水稻均是中高适宜的类型区，这既是西南区分布面积最广的一种类型区，也是在满足一年两熟制前提下主要粮食作物种植选择性最多的类型区。四川盆地以北区域三种作物适宜等级组合的三大类型是：第一类是小麦和玉米均是低适宜、水稻不适宜的类型区；第二类是三种作物均是低适宜的类型区；第三类同四川盆地，三种作物均是中高适宜的类型区，显然，三种类型区在空间上交错分布。在云贵高原及四川盆地以东的区域分布最广的是小麦和玉米均是低适宜、水稻是中高适宜的类型区，其次是小麦属低适宜、水稻和玉米均是中高适宜的类型区。同时，因西南区和华南区西部复杂的地形，尚有其他类型分布，不过分布面积相对较低。因此，在满足一年两熟制的前提下，四川盆地以北区域的粮食作物可选择性较少；四川盆地以东和以南大部分区域，在满足耕作熟制的条件下，粮食作物的可选择性相对较多。

1983～2012 年，主要粮食作物不同适宜等级的组合在农区上有所变化[图 8-7(b)和表 8-1]：在东北区，松嫩平原上小麦和玉米均为中高适宜、水稻为低适宜的类型区范围减少，不过其东侧和南侧以及三江平原上三种作物均为中高适宜的类型区范围略有扩大，小麦中高适宜、玉米和水稻均不适宜的类型区范围略有扩大；小麦中高适宜、玉米和水稻均是低适宜的类型区在三江平原及以南区域有所增加；东北平原南侧到辽东半岛的区域小麦和水稻均是低适宜、玉米是中高适宜的类型区范围有所缩。总体上，东北区三种粮食作物至少有两种作物为中高适宜的类型区面积有所减少，加之北端三种作物均不适宜的类型区向南扩张、影响范围略有扩大，这意味着在气候变化背景下，东北区大多数区域主要粮食作物种植的区域适应能力在下降。在内蒙古及长城沿线区，小麦为中高适宜、玉米和水稻均为不适宜的类型区影响范围向东北方向收缩明显，被小麦、玉米和水稻分别为中高、低和不适宜的类型区取代，同时小麦和玉米均为中高适宜、水稻不适宜的类型区在农区西部也有所扩大，故整体上农区主要粮食作物种植适宜等级升高，适应气候变化的能力提高。

表 8-1　主要粮食作物适宜生长区分布面积比例及变化幅度　　　　（单位：%）

粮食作物类型区	1953～1982 年	1983～2012 年	变化幅度	粮食作物类型区	1953～1982 年	1983～2012 年	变化幅度
whHM,mzHM,pdHM	7.747	7.714	−0.033	whL,mzL,pdN	3.425	3.391	−0.034
whHM,mzHM,pdL	6.438	6.837	+0.399	whL,mzN,pdHM	0.087	0.157	+0.070
whHM,mzHM,pdN	7.481	7.377	−0.104	whL,mzN,pdL	0.417	0.348	−0.069
whHM,mzL,pdHM	2.629	2.467	−0.162	whL,mzN,pdN	10.672	9.383	−1.289
whHM,mzL,pdL	0.734	1.026	+0.292	whN,mzHM,pdHM	0.815	0.759	−0.056
whHM,mzL,pdN	7.112	7.277	+0.165	whN,mzHM,pdL	0.586	0.527	−0.059
whHM,mzN,pdHM	0.001	0.000	−0.001	whN,mzHM,pdN	0.026	0.017	−0.009
whHM,mzN,pdL	0.049	0.050	+0.001	whN,mzL,pdHM	2.162	2.373	+0.211
whHM,mzN,pdN	5.367	5.469	+0.102	whN,mzL,pdL	2.532	2.372	−0.160
whL,mzHM,pdHM	2.481	2.521	+0.040	whN,mzL,pdN	1.021	0.804	−0.217
whL,mzHM,pdL	1.043	0.815	−0.228	whN,mzN,pdHM	0.149	0.142	−0.007
whL,mzHM,pdN	0.376	0.339	−0.037	whN,mzN,pdL	0.551	0.930	+0.379
whL,mzL,pdHM	4.715	4.626	−0.089	whN,mzN,pdN	28.700	29.562	+0.862
whL,mzL,pdL	2.683	2.716	+0.033				

在甘新区，东部小麦和玉米均为中高适宜、水稻为不适宜的类型区形状有所变化，但是面积变化不大，不过在新疆地区该类型区收缩明显，造成该类型区在农区的分布面积下降；新疆地区小麦和玉米均为中高适宜、水稻为低适宜的类型区斑点数量和面积均在增加；东部和新疆地区小麦、玉米和水稻分别为中高、低和不适宜的类型区面积均有所增加；东部小麦为中高适宜、玉米和水稻均为不适宜的类型区面积有所减少。总体上，甘新区三种粮食作物至少有两种作物为中高适宜的类型区面积在增加，意味着在气候变

化背景下，该农区主要粮食作物种植的适应能力在提高。在青藏区，柴达木盆地及南部河谷地区小麦为中高适宜、玉米和水稻均为不适宜的类型区均在增加，河谷地区小麦、玉米和水稻分别为中高、低和不适宜的类型区的面积有所减少，小麦为中高适宜、玉米和水稻均为低适宜的类型区面积也在减少，三种作物均为中高适宜的类型区面积也有所减少。所以，总体上青藏区北部柴达木盆地周边主要粮食作物种植适应气候变化的能力有所增加，而南部河谷地区则是整体呈现下降趋势。

在黄土高原区，小麦和玉米均为中高适宜、水稻为不适宜的类型区的面积在西北方向略有增加，南部小麦和玉米均为中高适宜、水稻为低适宜的类型区的面积却在减少，西部小麦、玉米和水稻分别为中高、低和不适宜的类型区面积在减少，同时南部三种作物均为中高适宜的类型区斑块面积扩大。故总体上该农区三种作物中至少有两种作物是中高适宜的类型区面积有所增加，意味着该农区在气候变化背景下主要粮食作物种植的适应能力提高。在黄淮海区，小麦和玉米均为中高适宜、水稻为低适宜的类型区向南扩张、面积增大，使得小麦、玉米和水稻均为中高适宜的类型区向南收缩、面积减少。因此，在气候变化背景下，黄淮海区主要粮食作物种植的适应能力有所下降。

对于西南区，虽然四川盆地上三种作物均为中高适宜的类型区影响范围变化不大，但是云贵高原东部该类型区斑块缩小，造成整个农区上该类型区缩小；云贵高原上小麦和玉米均为低适宜、水稻为中高适宜的类型区面积明显缩小，其东部和东南部小麦为低适宜、玉米和水稻均为中高适宜的类型区范围有所扩大。整体上该农区三种作物中至少有一种作物为中高适宜的类型区面积有所增加，三种作物均不适宜的类型区缩小；同时，相对于四川盆地，云贵高原上主要粮食作物种植适应气候变化的能力存在明显的区域差异。在长江中下游区，北部小麦和水稻均为中高适宜、玉米为低适宜的类型区在长江中下游平原的影响范围缩小，逐渐向北边的江淮地区撤退；同时紧邻该类型的小麦和玉米均为低适宜、水稻为中高适宜的类型区面积也有所收缩，造成其南部水稻、玉米和小麦分别为中高、低和不适宜的类型区范围明显扩大；三种作物均为中高适宜的类型区在西端沿着两农区的分界线向南扩张，使得该类型区面积在长江中下游区明显扩大。所以，总体上农区三种作物中至少有一种作物为中高适宜的类型区面积有所减少，意味着气候变化背景下长江中下游区主要粮食作物种植的适应能力有所下降。在华南区，水稻、玉米和小麦分别为中高、低和不适宜的类型区在东部的分布范围比较稳定，在西部高原地区略有增加；中西部小麦为不适宜、玉米和水稻均为中高适宜的类型区面积略有增加；小麦和玉米为不适宜、水稻为中高适宜的类型区面积在西部略有减少。总体上，华南区三种作物中至少有一种为中高适宜的类型区面积有所增加，意味着气候变化背景下该农区主要粮食作物种植的适应能力有所提高。

8.4.2 粮食作物种植适生区的省区分布

分析主要粮食作物种植适生区在各个省区上的分布与变化[图 8-8(a)]。1953～1982年，小麦、玉米和水稻均不适宜的类型区主要分布在西藏大部、青海中南部、新疆中南部和四川西部。小麦低适宜、玉米和水稻均不适宜的类型区多分布在新疆的南疆地区和内蒙古的西端和东北端。小麦中高适宜、玉米和水稻均不适宜的类型区分布在内蒙古的中部和东部高原、甘肃的河西走廊和青海的柴达木盆地。小麦和玉米均是中高适宜、水稻不适宜的类型区主要分布在河北北部、山西、陕西和新疆的北疆地区，在内蒙古围绕小麦中高适宜、玉米和水稻不适宜的类型区的西部和东南部也有较多分布。小麦和玉米中高适宜、水稻低适宜的类型区在黑龙江的西部向西南经吉林、辽宁、河北到达山东和河南北部。小麦、玉米和水稻均为中高适宜的类型区主要分布在河南的东部和南部、山东南部、安徽和江苏北部的连片区域以及四川盆地，在黑龙江的三江平原和辽宁东西向的中部地带、西藏的河谷地区也有分布。小麦和水稻中高适宜、玉米低适宜的类型区在湖北东部、安徽中南部和江苏南侧和浙江北侧集中分布，在江西、湖南和贵州西北部也有少量分布。小麦和玉米低适宜、水稻中高适宜的类型区主要分布在江西和浙江北部、贵州中南部和云南北部。水稻、玉米和小麦分别是中高、低和不适宜的类型区主要分布在广东和广西相连处与云南南部，江西和福建相邻处也有较多分布。小麦不适宜、玉米和水稻均是低适宜的类型区主要分布在广东东部和福建，在南方其他省区也有零星分布。小麦、玉米和水稻均是低适宜的类型区主要分布在四川北部与陕西相邻和南部与云南相邻处以及重庆与湖北相邻处。

　　1983~2012 年，主要粮食作物种植适生区在省区上的分布变化如下[图 8-8(b)]：小麦低适宜、玉米和水稻不适宜的类型区在新疆和内蒙古的分布面积减少。小麦中高适宜、玉米和水稻不适宜的类型区除在内蒙古缩小外，在其他省区如黑龙江、甘肃和青海等均增加，造成全国该类型区分布面积增加。小麦、玉米和水稻分别是中高、低和不适宜的类型区在内蒙古明显扩大。小麦和玉米中高适宜、水稻不适宜的类型区在山西和内蒙古有所增加，不过在新疆有所减少。小麦和玉米中高适宜、水稻低适宜的类型区在山东向南扩张，不过在河南则是向北收缩，致使三种作物均为中高适宜的类型区在山东分布范围缩小，但是在河南分布范围扩大。湖北小麦和水稻中高适宜、玉米低适宜的类型区由于三种作物均是中高适宜类型区的扩大而减少，在江西的分布范围也略有减少。小麦和玉米低适宜、水稻中高适宜的类型区在江西分布范围缩小，致使水稻、玉米和小麦分别是中高、低和不适宜的类型区分布范围在江西略有扩大，同时该类型区在福建、广东和云南的分布范围也在扩大。三种作物均为中高适宜的类型区分布范围在四川和重庆分别是扩大和缩小，不过总体上该类型区在两个区域的分布范围稳定。在贵州，小麦低适宜、玉米和水稻高适宜的类型区分布范围也有所扩大，加上其他类型区多以斑点形状出现在贵州，致使贵州粮食作物种植的组合关系与变化非常复杂。两种或三种中高适宜的类型区分布面积在黑龙江有所下降，在吉林和辽宁有所上升，一种中高适宜的类型区分布面积在黑龙江有所上升，在吉林和辽宁有所下降，不过总体上东北三省这些类型区变化甚小，故黑龙江、山东三种粮食作物适宜等级和适应气候变化能力有所下降，吉林、辽宁、河南粮食作物适宜等级和适应气候变化能力略微上升。

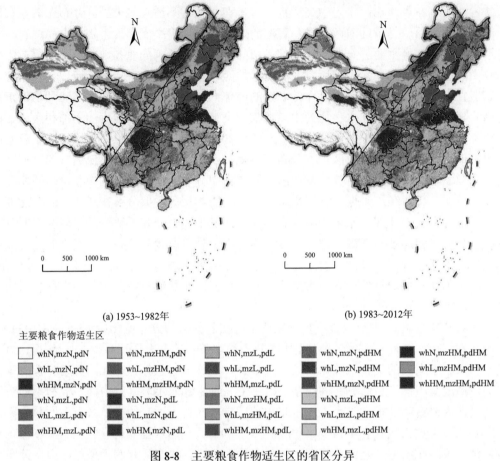

(a) 1953~1982年　　　　　　　　　　　　　(b) 1983~2012年

主要粮食作物适生区

□ whN,mzN,pdN	■ whN,mzHM,pdN	■ whN,mzL,pdL	■ whN,mzN,pdHM	■ whN,mzHM,pdHM
■ whL,mzN,pdN	■ whL,mzHM,pdN	■ whL,mzL,pdL	■ whL,mzN,pdHM	■ whL,mzHM,pdHM
■ whHM,mzN,pdN	■ whHM,mzHM,pdN	■ whHM,mzL,pdL	■ whHM,mzN,pdHM	■ whHM,mzHM,pdHM
■ whN,mzL,pdN	■ whN,mzN,pdL	■ whN,mzHM,pdL	□ whN,mzL,pdHM	
■ whL,mzL,pdN	■ whL,mzN,pdL	■ whL,mzHM,pdL	■ whL,mzL,pdHM	
■ whHM,mzL,pdN	■ whHM,mzN,pdL	■ whHM,mzHM,pdL	■ whHM,mzL,pdHM	

图 8-8　主要粮食作物适生区的省区分异

8.5　研　究　结　论

（1）60 年来主要粮食作物种植高适宜区的分布存在时空分异：在农区上，北方农区和青藏区多是小麦和玉米高适宜区，西南区高适宜区面积从高到低依次是水稻、玉米和小麦，长江中下游区和华南区东部多是水稻高适宜区，华南区西部是水稻和玉米高适宜区。60 年来，高适宜区在甘新区、西南区、长江中下游区和华南区的分布面积有所减少，其余农区则是增加，整体上全国高适宜区分布面积增加；在省份上，高适宜区在内蒙古、新疆、辽宁、河北和吉林等省份增加较多，这些多由小麦和玉米高适宜区的增加造成，高适宜区在广西、江西、湖南、浙江、甘肃和宁夏等省份减少较多，其中南方省份多由水稻高适宜区的减少造成，甘肃和宁夏则多由小麦高适宜区的减少造成。

（2）60 年来主要粮食作物种植中适宜区的分布存在时空分异：在农区上，北方农区多是小麦和玉米中适宜区，黄淮海区中南部和南方农区多是水稻中适宜区，青藏区多是小麦中适宜区。60 年来，中适宜区分布面积在内蒙古及长城沿线区、黄淮海区和青藏区减少，在其余农区增加，故全国中适宜区面积有所增加；在省份上，中适宜区在新疆、吉林、山西、湖北、江西和广东等省份增加较多,其中北方省份多由小麦中适宜区增加造成,湖北则由玉米中适宜区增加造成,其他南方省份多由水稻中适宜区增加造成。中适宜区在山东、云南、河北、福建、辽宁、江苏等省份减少较多,其中在山东、江苏、福建和云南多由玉米中适宜区缩小造成,河北和辽宁多由小麦和玉米中适宜区缩小影响。

(3)60 年来主要粮食作物种植低适宜区的分布存在时空分异:内蒙古及长城沿线区、黄土高原区和长江中下游南部多是玉米和水稻低适宜区,黄淮海区和东北区多是水稻低适宜区,甘新区和长江中下游区北部多是小麦和玉米低适宜区。东北区的山地、西南区大部和华南区西部是单个作物为低适宜区 3 种类型在空间上交错分布的区域,华南区东部多是玉米低适宜区。60 年来,低适宜区分布面积在东北区、黄土高原区、甘新区和长江中下游区减少、在其余农区增加,致使全国低适宜区分布面积减少;在省份上,低适宜区在山东、黑龙江、四川、广东和河北等省份增加较多,其中山东和黑龙江多是水稻低适宜区增加,广东多是玉米低适宜区增加,四川则是小麦和玉米低适宜区均增加,河北是玉米和水稻低适宜区均增加。低适宜区在新疆、内蒙古、甘肃、湖北、吉林、河南、安徽、山西和辽宁等省份减少较多,其中,内蒙古、山西和湖北多是玉米低适宜区减少,新疆、甘肃和安徽多是小麦和玉米低适宜区减少,吉林和辽宁多是小麦和水稻低适宜区减少,河南则是水稻低适宜区减少。

(4)小麦、玉米和水稻不同适宜等级组合类型存在空间分布差异:在农区上,南方农区较北方农区多样化,山地或高原较盆地或平原多样化。自东北区松嫩平原向东南到达黄淮海区中部是带状的小麦和玉米中高适宜、水稻低适宜的类型区,内蒙古及长城沿线区基本是玉米适宜等级自北向南依次升高的类型区,黄土高原区则是水稻适宜等级变化的类型区。除去四川盆地三种作物均是中高适宜的类型区外,西南区其他区域、长江中下游区和华南区三种作物不同适宜等级的组合类型在空间上多是交错分布,很难有规整区域出现;在省份上,小麦、玉米和水稻均不适宜的类型区主要分布在西藏、青海、新疆中南部和四川西部。内蒙古和新疆、黑龙江大部多是小麦和玉米适宜等级变化、水稻不适宜的类型区。小麦和玉米中高适宜、水稻不适宜的类型区多分布在山西和陕西。自东北三省平原地带向西南到山东和河南的北部属小麦和玉米中高适宜、水稻低适宜的类型区。小麦、玉米和水稻均为中高适宜的类型区分布在四川东部、重庆、河南、山东南部、安徽、江苏北部以及黑龙江东部。南方省份大多数地区是小麦和玉米低适宜或不适宜、玉米适宜等级变化的类型区。

(5)60 年来小麦、玉米和水稻适宜等级的组合变化造成主要粮食作物种植适应气候变化能力的空间差异:在农区上,东北区、黄淮海区和长江中下游区主要粮食作物种植适应气候变化的能力在下降,这源于东北区两种作物中高适宜的类型区面积减少和三种作物均不适宜的类型区范围扩大,黄淮海区三种作物均为中高适宜的类型区缩小,被小麦和玉米中高适宜、水稻低适宜的类型区占据,长江中下游区至少有一种作物中高适宜的类型区面积减少。其他农区多是含中高适宜的类型区分布面积的增加,使主要粮食作物种植适宜等级升高和适应气候变化能力提高;在省份上,主要粮食作物种植适宜等级在黑龙江、山东、江西、湖南、广东和广西等省份有所下降,在吉林、辽宁、内蒙古、新疆、河南、湖北、安徽和江苏等省份有所上升,故主要粮食作物种植适应气候变化的能力在北方省区多上升、在南方省区多下降，这与其他研究的结论基本一致（崔宁波和殷琪荔，2021；罗海平等，2021；赵彦茜等，2019）。

参 考 文 献

崔宁波，殷琪荔.2021.气候变化对东北地区粮食生产的影响及对策响应.灾害学,(10):1-9.

李文旭，吴政卿，雷振生，等.2021.河南省主要气象因子变化及其对主要粮食作物单产的影响特征.作物杂志,(1):124-134.

罗海平，邹楠，胡学英，等.2021.1980-2019年中国粮食主产区主要粮食作物气候生产潜力与气候资源利用效率.资源科学,43(6):1234-1247.

赵彦茜，肖登攀，唐建昭，等.2019.气候变化对我国主要粮食产量的影响及适应措施.水土保持研究,26(6):317-326.

第9章　气候变化下中国南北气候过渡带及其农业生产气象灾害扰动

　　气候变化下中国南北气候过渡带的变化及地域范围探测是识别农业生产风险、研究农业适应行为的基础。前人基于"自上而下"或"自下而上"的方法，采用不同的划界指标对中国南北气候过渡带的范围进行了探索，但对气候变化下南北气候过渡带范围的地理表达及其地域范围的定量探测较少涉及。本章首先采用1951～2018年的气候观测数据对中国南北气候过渡带进行地理表达，然后统计分析了1951～2018年中国南北气候过渡带的动态变化，最后确定了中国南北气候过渡带的范围与边界。所识别的南北气候过渡带稳定区和敏感区可为中国南北气候过渡带农业生产适应气候变化提供科学依据。

　　以增温为主要特征的全球气候变化改变了降水、气温等气象灾害致灾因子的时空演变规律，复杂多变的气候导致自然灾害频发，极端气候事件的频率和强度也显著增加，给人类社会的生产生活和生命安全带来巨大威胁。冬小麦和夏玉米是南北气候过渡带主要的粮食作物，生育期内的极端降水气候事件是冬小麦和夏玉米面临的最直接的负面影响因素，会造成生长期冬小麦和夏玉米的雨涝和湿害，造成减产甚至根系坏死，若发生在成熟期还将影响作物品质，造成丰产不丰收的局面。干旱也是影响冬小麦和夏玉米的主要农业气象灾害，全生育期或关键生长阶段的旱灾都会影响作物生长，使作物灌浆过程受阻，产量明显降低。为探明南北气候过渡带农业生产受气象灾害扰动的影响，以极端降水和干旱为农业生产的致灾因子，从时间变化和空间分布两个方面分析了南北气候过渡带面临的极端降水和干旱的灾害胁迫。

9.1　研　究　方　法

9.1.1　南北气候过渡带分界指标的选取

　　已有气候分界线划定的指标有两类：一类是由气象台站观测资料计算出来的气候指标；另一类是通过其他自然因子表现出来的间接的、有形的地理指标，如通过考察或仪器观测得到的地貌类型、海拔、水文状况、土壤种类、植被群落、作物和熟制等（丘宝剑，1993；张学忠和张志英，1979；马建华，2004；陈婕等，2018）。在基于气候要素的界定方面，学者们主要考虑从人力不能大规模改变的温度指标和水分指标中遴选划界指标（卞娟娟等，2013；郑景云等，2013）。温度指标中，0℃和10℃是重要的农业界限温度，0℃标志着农事活动的开始或终止，最冷月（1月）平均气温与作物生长、产量和品质关系密切，因此1月0℃均温常被作为划界指标。日均温≥10℃是喜凉作物迅速生长和喜温作物开始播种的热量条件，日均温≥10℃积温是生长期内总热量，为常见的划界指标（竺可桢，1958；黄秉维，1959；Oliver，1991)。随着研究的深入，学者们发现，在采用日均温≥10℃日数替代日均温≥10℃积温 4500℃等值线能更准确地刻画出中国温度条件的地域分异，因此主张以日均温≥10℃日数作为划界指标，以日均温≥10℃积温作为参考指标(吴绍洪等，2002；郑景云等，2013；郑度等，2008；戴声佩等，2014)。水分指标中，除 800mm 等降水量线外，表征干湿状况的干燥度指数因更能体现水分的输入、分配、组合与转换规律而被纳入划界指标中(吴绍洪等，2002；王利平等，2016；苑全治等，2017)。本章研究以服务农业生产为目的，综合了前人的研究，选取了传统研究中与秦岭—淮河一线大致重合的年 800mm 等降水量线、最冷月(1 月)0℃等温线和亚热带划界的常用指标日均温≥10℃积温 4500℃等值线、日均温≥10℃日数 219 天、干燥度指数 0.5作为划界指标，先用各指标年际及年代际变化规律来对比各指标的稳定程度，再对各指标进行取舍和集成(表 9-1)。

表 9-1　南北气候过渡带分界指标

气候指标	地理指标	本章研究选取的指标
1 月 0℃均温	地貌类型	800mm 等降水量线
日均温≥10℃积温	海拔	1 月 0℃等温线
日均温≥10℃日数	水文状况	日均温≥10℃积温 4500℃等值线
年降水量	土壤种类	日均温≥10℃日数 219 天
干燥度指数	植被群落	干燥度指数 0.5
	作物和熟制	

9.1.2　南北气候过渡带划分方法

受数据、资料和技术条件的限制，早期的南北气候分界线及南北气候过渡带的研究多以定性、专家集成方法为主(竺可桢，1958；黄秉维，1959；江爱良，1960)。随着20 世纪 70 年代计量地理学的兴起及 90 年代中期后"3S"等技术的发展，界线划定的方法逐渐趋于定量化和综合化(吴登茹，1985；李双成等，2008；董玉祥等，2017；史文娇等，2017；Jayson-Quashigah et al.，2013)。相比传统的叠置法、地理相关分析法，应用聚类分析、模糊综合评价等定量方法虽较好地提高了界线划分结果的客观性和数学验证水平，但却存在不同区域参数获取困难、计算复杂、精度验证标准不一致的问题。数理统计方法虽计算较简便，但大多选取气象指标的多年平均值来计算和分析，往往会遗漏气象指标极端年份的变动状况，不能全面、客观地反映实际情况。本章研究借鉴统计学原理中的均值-标准差法，利用 1951～2018 年的逐年各气候指标等值线的均值和不同标准差倍数的组合来确定南北气候分界线，从而实现南北气候过渡带范围的有效界定。标准差反映了各气候因子相对于平均水平的偏离程度，用均值和标准差能反映不同年份各气候因子的变异。

1. 南北气候过渡带范围的地理表达

关于南北气候分界线的研究中虽多次提到分界线南北的差异是通过一条相当宽的带

来完成的，但是这个带的位置在哪，范围有多大，并没有统一认识。为了验证南北气候过渡带的存在，本章研究首先通过 ArcGIS10.2 中的栅格计算和可视化对南北气候过渡带进行直观展现，具体步骤如下：

（1）指标计算。利用 SQL Server 数据库对过去 68 年（1951～2018 年）每年的逐日观测数据进行处理，其中年降水量、1 月平均气温、日均温≥10℃积温、日均温≥10℃日数通过统计计算直接得到，干燥度指数由年降水量和潜在蒸散量计算得到（杨建平等，2002），公式如下：

$$D = P / ET_0 \tag{9-1}$$

式中，D 为干燥度指数；ET_0 为潜在蒸散量（mm），采用 FAO 推荐的 Penman-Monteith 公式计算（苑全治等，2017）；P 为降水量（mm）。

（2）地理表达。充分考虑各气候指标的特征，采用普通克里金插值法对各气候指标插值，在精度验证后得到各气候指标 68 年的空间分布图。利用栅格计算器将各气象要素逐年插值面 x_i，分别减去各气象要素的分界值（800mm、0℃、4500℃、219 天、0.5）得到各栅格面 y_i，求 68 年 800mm 等降水量线、1 月 0℃等温线、日均温≥10℃积温 4500℃等值线、日均温≥10℃日数 219 天等值线和干燥度指数 0.5 等值线均值 z_i 的绝对值 p_i，将 5 个气候指标的绝对值栅格面 p_i 可视化。

$$x_i - 800 = y_i \tag{9-2}$$

$$1/68 \sum_{i=1}^{68} y_i = z_i \tag{9-3}$$

$$|z_i| = p_i \tag{9-4}$$

2. 南北气候过渡带的确定

在 68 年来各气候指标的空间分布图中分别绘制历年 800mm 等降水量线、1 月 0℃等温线、日均温≥10℃积温 4500℃等值线、日均温≥10℃日数 219 天等值线和干燥度指数 0.5 等值线。为了具有可比性，绘制的等值线均删除较短的弧段，仅保留完全连接的最长弧段。绘制 5km×5km 的渔网，删除水平渔网线，将垂直渔网线与各气候指标 68 年的等值线相交并求取交点。提取同一条垂直渔网线上交点的经纬度，并求得纬度值的均值，将所有垂直渔网线上的经度和纬度的均值生成点，将点集转为线，该线即各气候指标 68 年变动的均值线 μ。

根据各气候指标均值线 μ，求 μ 的不同倍数标准差（std），即 μ、$\mu\pm1std$、$\mu\pm2std$、$\mu\pm3std$，以它们为分割线，将各气候指标的摆动范围划分为 6 个带状区域，并对每个区域进行赋值，将 $\mu\pm1std$（标准差）范围赋值为 1、$\mu\pm2std$（标准差）范围赋值为 2、$\mu\pm3std$（标准差）范围赋值为 3。将赋值后的各图层叠加计算，采用自然间断点分类得到南北气候过渡带稳定区、敏感区和异常区的范围。

9.2　数据来源与处理

　　本章研究所采用的 1951～2018 年 2400 多个国家气象站点的逐日气温、降水量、蒸散量等气象数据来源于中国科学院地理科学与资源研究所资源环境科学与数据中心（http:// www.resdc.cn/data.aspx）。国家气象站点数量由 1951 年的 182 个增加到 2018 年的 2421 个，不同年份气象要素的观测值存在缺失，为了保证数据的连续性和完整性，根据气候因子的计算需要，对缺测的数据进行剔除和插补后进行计算。例如，在计算年降水量时，剔除 1 年中连续缺测超过 7 天的气象站点，对 1 年中间隔缺测累计不超过 30 天的站点进行插补。计算 1 月 0℃均温时将 1 月气温数据完整的站点都纳入计算范围（图 9-1）。

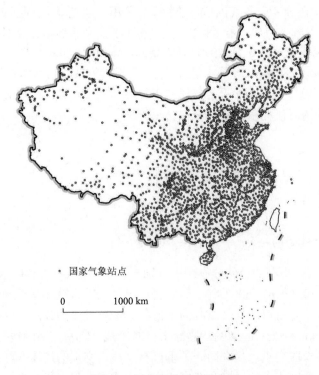

　　　　　　　　　　・ 国家气象站点

　　　　　　0　　　　1000 km

图 9-1　国家气象站点分布图

　　采用普通克里金插值法对划界气候要素进行空间插值，选取预测误差均值和标准均方根预测误差对插值精度进行交叉验证，若预测误差均值和标准均方根预测误差分别接近 0 和 1，说明模型较优，插值效果较好（汤国安，2012）。插值效果的精度与站点分布密度相关，站点分布密度增大，插值精度将会提高。本章研究用气象观测站最少的年份 1951 年来进行插值精度的交叉验证。从指标间精度的差异看，日均温≥10℃日数的预测误差均值和标准均方根预测误差均值最接近 0 和 1，插值精度最高，其次是日均温≥10℃积温、年降水量和 1 月 0℃均温，干燥度指数的精度最低，但是以上交叉验证结果表明各气候要素的站点数据具有较好的可靠性（表 9-2）。

表 9-2　划界气候要素插值结果的交叉检验精度表

气候要素	检验标准	1951 年
1 月 0℃均温	预测误差均值	−0.0032
	标准均方根预测误差	1.1048
日均温≥10℃积温	预测误差均值	−0.0004
	标准均方根预测误差	0.9679
日均温≥10℃日数	预测误差均值	−0.0016
	标准均方根预测误差	0.9809
年降水量	预测误差均值	−0.0298
	标准均方根预测误差	1.0268
干燥度指数	预测误差均值	−0.0026
	标准均方根预测误差	0.8675

9.3　中国南北气候过渡带范围的地理表达和定量探测

9.3.1　南北气候过渡带范围的地理表达

图 9-2 为 1951～2018 年的中国南北气候过渡带划界气候指标 800mm 等降水量线、1 月 0℃等温线、日均温≥10℃积温 4500℃等值线、日均温≥10℃日数 219 天等值线和干燥度指数 0.5 等值线的过渡带范围。图中的灰色区域是 68 年间各气候指标变动的区域，是划分中国南北气候的分界线，可以被认定为中国南北气候过渡带的范围；该范围往南或往北的区域则是超过或达不到各划界指标的区域，不属于中国南北气候过渡带的范围。由此可以证明，南北气候过渡带不是一条非此即彼的线，而是通过一条宽窄不一的带来完成的。具体表现如下：

(1)800mm 等降水量线中心线自东向西大致穿过山东和江苏两省交界处、安徽北部、河南中南部、陕西南部、四川西北部和西藏西南部，1 月 0℃等温线中心线与 800mm 等降水量线中心线的范围和走向大致相同，与秦岭—淮河一线基本一致。日均温≥10℃积温 4500℃等值线过渡带中心线自东向西大致穿过山东、河北、河南与山西两省交界处、陕西南部、四川中部、贵州西部和云南北部。与日均温≥10℃积温 4500℃等值线相比，日均温≥10℃日数 219 天等值线过渡带中心线的东段和西段更偏南，中段与其基本一致。干燥度指数 0.5 等值线过渡带的中心线自东向西依次经过山东东南部、河南中部、陕西南部、四川北部，随后向南延伸至云南东南部，最后又向西北延伸至西藏西南部。

(2)就过渡带范围的边界来看，过渡带北界的变动范围由北至南排序依次为日均温≥10℃积温 4500℃等值线、日均温≥10℃日数 219 天等值线、干燥度指数 0.5 等值线、800mm 等降水量线和 1 月 0℃等温线。其中，日均温≥10℃积温 4500℃等值线和日均温≥10℃日数 219 天等值线过渡带东段最北已到达北京、天津，西段最北到达四川中部和云南北部。1 月 0℃等温线过渡带东段最北到达河北南部，西段最北到达西藏南部。800mm 等降水量线和干燥度指数 0.5 等值线过渡带东段最北到达山东东北部，西段最北到达西藏东南部。过渡带南界的变动范围由南至北排序依次为 1 月 0℃等温线、日均温≥10℃积温 4500℃等值线、日均温≥10℃日数 219 天等值线、800mm 等降水量线和干燥度指数 0.5 等值线，1 月 0℃等温线的变动范围东段最南已覆盖江苏全境，西段最南到达四川中部。日均温≥10℃积温 4500℃等值线和日均温≥10℃日数 219 天等值线东段最南端到达江苏南部，西段最南到达贵州西北部和四川南部。800mm 等降水量线和干燥度指数 0.5 等值线东段最南到达江苏和安徽北部，西段最南到达云南东北部。

(3) 就气候变化的稳定性而言，各气象要素的大致变动范围西南段较东北段更为稳定，与秦岭在地形上形成巨大的屏障关系密切。1 月 0℃等温线、800mm 等降水量线和干燥度指数 0.5 等值线较日均温≥10℃积温 4500℃等值线和日均温≥10℃日数 219 天等值线更为稳定，积温及积温日数等值线的中心线的东段已越过秦岭—淮河一线，这是因为随着全球气候变暖，我国各地气温普遍上升且极端高温的异常天气频繁出现，造成年积温的大幅上升。此外，东段的淮河一线地势坦荡，冬夏气流畅通无阻，便形成日均温≥10℃积温 4500℃等值线和日均温≥10℃日数 219 天等值线向北摆动幅度较大的特征。

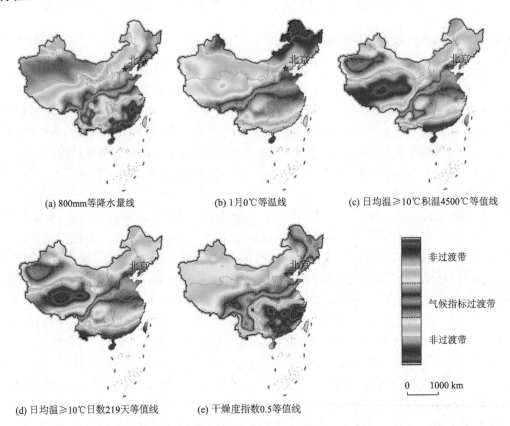

图 9-2　1951～2018 年划界气候指标过渡带

9.3.2　南北气候过渡带范围的定量探测

1. 划界气候指标等值线位置的年际变化

将 1951～2018 年各划界气候指标的等值线叠加至同一图层，对比同一划界指标 68 年的变动情况。结果表明，年 800mm 等降水量线、1 月 0℃等温线和干燥度指数 0.5 等值线的摆动范围比较大。其中，年 800mm 等降水量线和干燥度指数 0.5 等值线北移幅度最大的年份是 1964 年，极端最北界的位置已越过北京和天津；南移幅度最大的年份是 1978 年，极端最南界的位置自西向东依次穿过湖北东南部、安徽南部和江苏南部。1 月 0℃等温线北移幅度最大的年份是 2002 年，极端最北界的位置达到河北中部；南移幅度最大的年份是 2011 年，极端最南界的位置到达安徽、江西两省的交界处。日均温≥10℃积温 4500℃等值线和日均温≥10℃日数 219 天等值线的摆动范围相对较小，两个气候指标等值线北移幅度最大的年份均为 2014 年，极端最北界的位置达到北京、天津；南移幅度最大的年份均为 1976 年，极端最南界的位置达到江苏北部和河南中部。其余大部分年份各气候要素的变动都较为集中(图 9-3)。

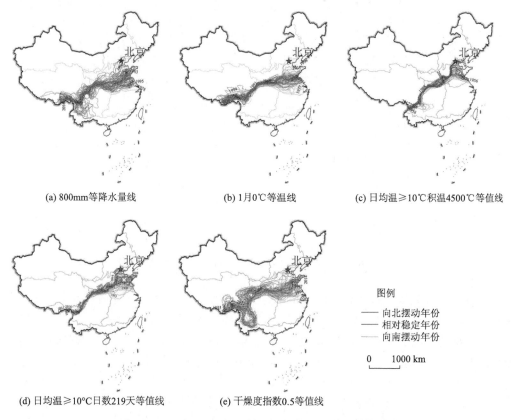

(a) 800mm等降水量线　　　　(b) 1月0℃等温线　　　　(c) 日均温≥10℃积温4500℃等值线

(d) 日均温≥10℃日数219天等值线　　(e) 干燥度指数0.5等值线

图例

—— 向北摆动年份
—— 相对稳定年份
—— 向南摆动年份

0　　1000 km

图9-3　1951～2018 年各划界气候指标等值线变动范围

2. 划界气候指标等值线位置的年代际变化

图 9-4 为 1951～2018 年中国 800mm 等降水量线、1 月 0℃等温线、日均温≥10℃积温 4500℃等值线、日均温≥10℃日数 219 天等值线和干燥度指数 0.5 等值线的均值线。5 个划界气候指标的均值线东段由南至北依次为 1 月 0℃等温线、800mm 等降水量线、日均温≥10℃日数 219 天等值线、干燥度指数 0.5 等值线和日均温≥10℃积温 4500℃等值线，西段由南至北的顺序与东段相反，表明日均温≥10℃积温 4500℃等值线和日均温≥10℃日数 219 天等值线是 68 年间变化幅度最大的气候要素，其余 3 个气候指标在 68 年内较为稳定。

图例
— 800mm等降水量线
— 1月0℃等温线
— 日均温≥10℃积温4500℃等值线
— 日均温≥10℃日数219天等值线
— 干燥度指数0.5等值线
0　　　　1000 km

图 9-4　1951～2018 年划界气候指标多年均值线

图 9-5 为各划界指标年代际的均值线，其直观地展现了各气候指标的年代际变化。如图 9-5(a)所示，800mm 等降水量线在 20 世纪 50～90 年代逐渐南移，在 21 世纪初又呈现出北移的趋势。其中，800mm 等降水量线东段在 20 世纪 50 年代和 60 年代的北部极端位置到达 36°N，到 90 年代南移到 34°N，40 年间移动距离达 2 个纬度。到 21 世纪初该等值线北移速度增加，仅 10 年又北移至 36°N。800mm 等降水量线的中段在 68 年间也经历了先南后北的变化过程，变化幅度相对较小，中段同一经度上北部最极端位置未超过 34°N，南部最极端位置在 33°N 附近，移动近 1 个纬度。800mm 等降水量线的西段总体呈现出逐渐南移的趋势，同一经度上南移幅度最大接近 2 个纬度。干燥度指数 0.5 等值线东段在 20 世纪 50～90 年代有较小幅度的南移，90 年代后大幅度向北移动，同一

经度上移动接近 2 个纬度。干燥度指数 0.5 等值线西段在四川境内变动范围最大，20 世纪 90 年代至 21 世纪初北移超过了 1 个纬度，68 年间同一经度上最北和最南位置相距 4 个纬度[图 9-5(e)]。1 月 0℃等温线东段在 68 年间呈现逐渐北移的趋势，最南和最北的摆动宽度在 2 个纬度之间，中段和西段相对稳定，摆动宽度在 0.5 个纬度左右[图 9-5(b)]。日均温≥10℃积温 4500℃等值线和日均温≥10℃日数 219 天等值线随年代际呈现最显著的逐渐北移的趋势。日均温≥10℃积温 4500℃等值线东段在沿海一带变化较小，在河北和山东境内向北移动幅度较大，同一经度上最南和最北最大的摆动宽度达 4 个纬度，中段在 20 世纪 60～90 年代间的摆动宽度在 0.5 个纬度左右，到 21 世纪初北移幅度达到 1 个纬度，西段的摆动幅度不大，较为稳定[图 9-5(c)]。日均温≥10℃日数 219 天等值线东段最大摆动宽度接近 4 个纬度，20 世纪 60～90 年代的变化不大，但仅 20 世纪 90 年代至 21 世纪初的 10 年间北移幅度达 2 个纬度，中段的最南和最北摆动宽度未超过 2 个纬度，西段的摆动宽度在 0.5 个纬度左右[图 9-5(d)]。

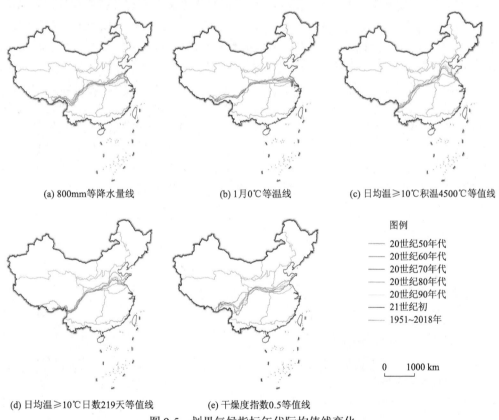

(a) 800mm等降水量线　　　　(b) 1月0℃等温线　　　　(c) 日均温≥10℃积温4500℃等值线

图例
—— 20世纪50年代
—— 20世纪60年代
—— 20世纪70年代
—— 20世纪80年代
—— 20世纪90年代
—— 21世纪初
—— 1951~2018年

0　　1000 km

(d) 日均温≥10℃日数219天等值线　　　(e) 干燥度指数0.5等值线

图 9-5　划界气候指标年代际均值线变化

　　从各气候指标 68 年及年代际变化的稳定性来看，800mm 等降水量线、1 月 0℃等温线和干燥度指数 0.5 等值线比日均温≥10℃积温 4500℃等值线和日均温≥10℃日数 219 天等值线更为稳定，日均温≥10℃日数 219 天等值线比日均温≥10℃积温 4500℃等值线更为稳定，因此剔除日均温≥10℃积温 4500℃等值线这一划界指标，保留其余 4 个气候指标进行南北气候过渡带的综合计算。

3. 南北气候过渡带范围的确定

根据 1951~2018 年南北气候过渡带各分界指标的均值线 μ 分别求取各自的 $\mu\pm1std$（标准差）、$\mu\pm2std$（标准差）、$\mu\pm3std$（标准差）等值线，相邻两条等值线所围成的闭合范围就是各气候指标的过渡带范围。其中，灰色的区域是南北气候过渡带内部气候特征相对一致且较稳定的区域，以该区域为中心，这种一致性向南北两侧逐渐隐退，直至呈现出显著的差异性。68 年间南北气候过渡带划界指标总体呈现出东段变动剧烈、西段相对稳定的特征。800mm 等降水量线的稳定区域主要集中在山东和河南的中南部、安徽和江苏的北部、陕西和甘肃的南部以及四川中部地区。1 月 0℃ 等温线的稳定区域集中在山东南部、河南中部、安徽和江苏北部、陕西南部和四川中部，呈现出东宽西窄的特征。日均温≥10℃日数 219 天等值线的稳定区域集中在山东西南部、河南西北部、河北和陕西南部、四川中北部地区。受降水的影响，干燥度指数 0.5 等值线稳定区域的走向与 800mm 等降水量线大致相当，但其北界更偏北、南界更偏南，覆盖范围更广（图 9-6）。

如图 9-7 所示，以灰色区域为中心，将南北两侧各划界气候指标的过渡带范围依次赋值为 1、2、3。通过栅格计算，将赋值后的 800mm 等降水量线、1 月 0℃ 等温线、日均温≥10℃日数 219 天等值线和干燥度指数 0.5 等值线 4 个指标进行叠加，得到数值为 4~12 的南北气候过渡带范围，采用自然间断点分类，将南北气候过渡带划分为气候变化稳定区、气候变化敏感区和气候变化异常区 3 个等级。利用 ArcGIS 分区统计，得到中国南北气候过渡带的地域范围。所确定的中国南北气候过渡带的极端最北界自西向东依次穿过礼县、耀州、韩城、安泽、涉县、静海；其极端最南界自西向东依次穿过北川、宁强、西乡、房县、淅川、罗山、商城、定远、临安。此范围内共提取了 637 个县域，其中位于南北气候过渡带气候变化稳定区的县域有 256 个、位于气候变化敏感区的县域有 187 个。

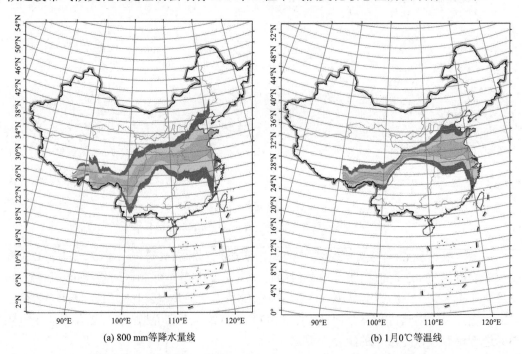

(a) 800 mm等降水量线　　　　　　　　　　　　　　(b) 1月0℃等温线

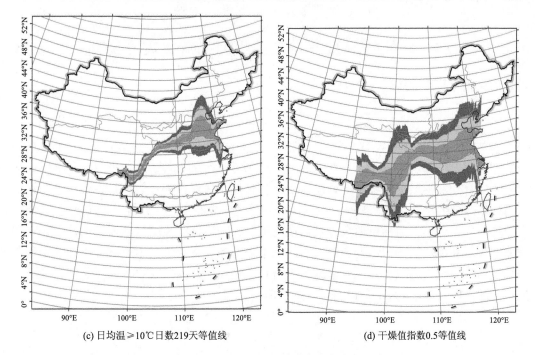

(c) 日均温≥10℃日数219天等值线　　　　　(d) 干燥值指数0.5等值线

图 9-6　各划界气候指标等值线的过渡带

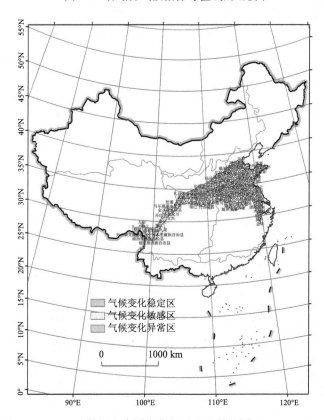

图 9-7　中国南北气候过渡带范围

9.4　南北气候过渡带农业生产的气象灾害扰动

9.4.1　农业气象灾害数据统计

1. 作物生育期统计

本节研究中采用国家气象科学数据中心 (http://data.cma.cn/site/index.html) 发布的 1991~2014 年 778 个中国农业气象台站的农作物生长发育数据，统计出各地冬小麦和夏玉米的生育期。根据历年冬小麦和夏玉米播种日期和成熟日期求取各站点冬小麦和夏玉米播种和成熟的平均日期。观察各地冬小麦和夏玉米生育期距平发现，受气候变化影响，中国各地历年冬小麦播种日期和成熟日期均提前或延后，在 80%的保证率下，播种期和成熟期提前和延后的日期均为 5 天左右。为了不遗漏灾害天气，本节研究将播种期和成熟期前后 5 天也作为冬小麦和夏玉米的生育期。中国南北气候过渡带的冬小麦和夏玉米生育期统计时段分别为 20 个和 13 个(图 9-8)。

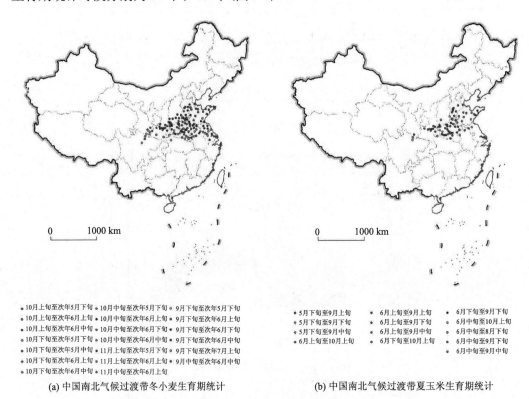

- 10月上旬至次年5月下旬　· 10月中旬至次年5月下旬　· 9月下旬至次年5月下旬
- 10月上旬至次年6月上旬　· 10月中旬至次年6月上旬　· 9月下旬至次年6月上旬
- 10月上旬至次年6月中旬　· 10月中旬至次年6月中旬　· 9月下旬至次年6月中旬
- 10月中旬至次年5月下旬　· 11月上旬至次年5月下旬　· 9月下旬至次年6月中旬
- 10月下旬至次年6月上旬　· 11月上旬至次年5月下旬　· 9月下旬至次年7月中旬
- 10月下旬至次年6月中旬　· 11月上旬至次年6月中旬　· 9月下旬至次年6月中旬
- 10月下旬至次年6月上旬　· 11月中旬至次年6月上旬

(a) 中国南北气候过渡带冬小麦生育期统计

- · 5月下旬至9月上旬　　· 6月上旬至9月上旬　　· 6月下旬至9月下旬
- · 5月下旬至9月下旬　　· 6月上旬至9月下旬　　· 6月中旬至10月上旬
- · 5月下旬至9月中旬　　· 6月上旬至9月中旬　　· 6月中旬至8月下旬
- · 6月上旬至10月上旬　　· 6月下旬至10月上旬　　· 6月中旬至9月下旬
- · 6月中旬至9月中旬

(b) 中国南北气候过渡带夏玉米生育期统计

图 9-8　中国南北气候过渡带冬小麦和夏玉米生育期统计

2. 极端降水气候事件

IPCC AR5 指出，受气候变化的影响，全球范围内极端气候事件发生频率和强度加剧。极端降水是极端天气的典型表现之一，由此引起的气象灾害呈多发态势，给人类社会和经济带来的损失不断加剧，已成为人类面临的最为复杂的挑战之一。本节研究用雨日日数表征冬小麦和夏玉米生育期内降水的一般状态，用降水日数、大雨日数、暴雨日数、连阴雨频次、最大过程雨量、最长连阴雨日数表征降水的极端状态。以上指标共同表征南北气候过渡带典型区域冬小麦和夏玉米生育期内面临的极端降水气候事件的胁迫程度。各极端降水指标及指标定义见表 9-3。

表 9-3　极端降水指标及指标定义

极端降水指标	指标定义
降水日数	日降水量≥1mm 日数(天)
大雨日数	日降水量≥25mm 日数(天)
暴雨日数	日降水量≥50mm 日数(天)
连阴雨频次	连续 3 天及以上有降水且过程雨量≥40mm 日数(天)
最大过程雨量	连续 3 天及以上有降水且过程雨量≥40mm 降水量最大值(mm)
最长连阴雨日数	连续 3 天及以上有降水且过程雨量≥40mm 日数最大值(天)

3. 干旱

根据中国气象局制定的《气象干旱等级》，将 SPEI 划分为 5 个等级，分别为无旱、轻旱、中旱、重旱和特旱(表 9-4)。SPEI 具有多时间尺度的特征。其中，1 个月时间尺度的干旱指数可以比较清楚地反映旱涝的细微性变化，12 个月时间尺度可以清晰地反映全年的干旱状况，故本节研究计算 1 个月和 12 个月两种尺度的 SPEI 值，用 $SPEI_1$ 和 $SPEI_{12}$ 表示。

根据《气象干旱等级》统计 1961~2018 年全国的 $SPEI_1$ 和 $SPEI_{12}$ 的干旱等级，统计了各气象站点 696 个月共 58 年的干旱数据，在此基础上计算了研究时段内两种时间尺度轻旱、中旱、重旱、特旱的频次及干旱总频次，表征研究区域的干旱强度。

表 9-4　气象干旱等级划分标准

干旱等级	SPEI 的范围值
无旱	$SPEI \geq -0.5$
轻旱	$-1.0 < SPEI \leq -0.5$
中旱	$-1.5 < SPEI \leq -1.0$
重旱	$-2.0 < SPEI \leq -1.5$
特旱	$SPEI \leq -2.0$

4. 标准化蒸散发指数 SPEI 计算

(1)SPEI 计算过程中采用 FAO Penman-Monteith 公式法计算潜在蒸散发(沈国强等，2017)。

(2)逐月计算降水量与潜在蒸散发差值，作为水分亏缺量：

$$D_j = P_j - \mathrm{PET}_j \tag{9-5}$$

式中，D_j 为第 j 月的水分亏缺量；P_j 为第 j 月的降水量；PET_j 为第 j 月的潜在蒸散发。

(3)根据线性递减权重(王春林等，2011)方案，建立不同时间尺度累积水分亏缺量序列：

$$X_{(i,j)}^k = \sum_{l=13-k+j}^{j} D_{i-1,l} + \sum_{l=1}^{j} D_{i,l} \quad j < k$$

$$X_{(i,j)}^k = \sum_{l=j-k}^{j} D_{i,l} \quad j \geqslant k \tag{9-6}$$

式中，$X_{(i,j)}^k$ 为 k 月尺度下第 i 年第 l 月的累积水分亏缺量；$D_{i,l}$ 为第 i 年第 l 月的水分亏缺量。

(4)原始累积水分亏缺量存在负值，需要引入三参数 log-logistic 概率分布函数计算累积水分亏缺量的概率分布(Vicente-Serrano et al.，2010)。

log-logistic 概率分布函数如下：

$$F(X) = \{1 + [\alpha / (X - \gamma)]^\beta\}^{(-1)} \tag{9-7}$$

式中，α、β 和 γ 分别表示尺度、形状和位置，计算公式分别如下：

$$\beta = \frac{2w_1 - w_0}{6w_1 - w_0 - 6w_2} \tag{9-8}$$

$$\alpha = \frac{(w_0 - 2w_1)\beta}{\tau(1 + 1/\beta)\tau(1 - 1/\beta)} \tag{9-9}$$

$$\gamma = w_0 - \alpha\tau(1 + 1/\beta)\tau(1 - 1/\beta) \tag{9-10}$$

$$w_s = 1/n \sum_{q=1}^{n} \left(1 - \frac{q - 0.35}{n}\right)^s X_q \tag{9-11}$$

式中，w_s 为概率权重矩；$s = 0，1，2$；q 为累积水分亏缺量 X 按升序排列的序数，即满足 $X_1 \leqslant X_2 \leqslant \cdots \leqslant X_n$；$\tau(\beta)$ 为 Gamma 函数。

(5)标准化处理各月的累积水分亏缺量序列的概率分布 $F(X)$。p 为 $X_{(i,j)}^k$ 的概率：

$$p = 1 - F(x) \tag{9-12}$$

如果 $p \leqslant 0.05, w = \sqrt{-2\ln\beta}$，则

$$\mathrm{SPEI} = w - (C_0 + C_1 w + C_2 w^2) / (1 + d_1 w + d_2 w^2 + d_3 w^3) \tag{9-13}$$

如果 $P > 0.5, w = \sqrt{-2\ln(1-p)}$，则

$$\mathrm{SPEI} = (C_0 + C_1 w + C_2 w^2) / (1 + d_1 w + d_2 w^2 + d_3 w^3) - w \tag{9-14}$$

其中，$C_0 = 2.515517$，$C_1 = 0.802853$，$C_2 = 0.010328$，$d_1 = 1.432788$，$d_2 = 0.189269$，$d_3 = 0.001308$。

9.4.2　南北气候过渡带主要气象灾害时间变化特征

1. 冬小麦生育期极端降水时间变化趋势

图 9-9 为 1961～2018 年南北气候过渡带冬小麦生育期极端降水指标的年际变化趋势。58 年来，大雨日数、暴雨日数和连阴雨频次的波动较小，降水日数、最大过程雨量和最长连阴雨日数的变化幅度较大。其中，大雨日数和暴雨日数呈递增趋势，大雨日数最多的年份是 1998 年，为 3.5 天，最少的年份是 2011 年，为 0.64 天；暴雨日数最多的年份是 2018 年，为 0.58 天，最少的年份是 1968 年，为 0.01 天。

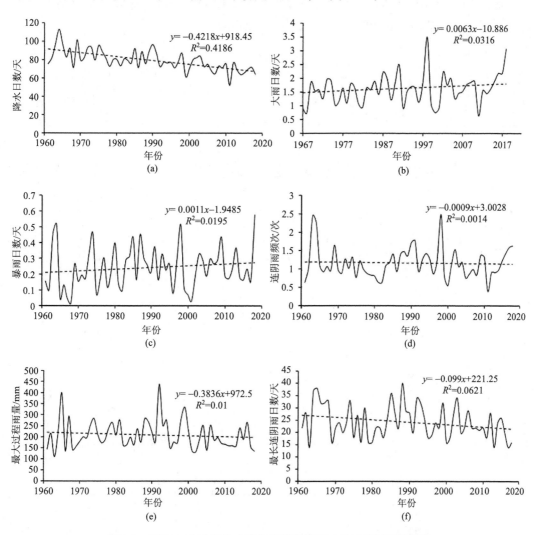

图 9-9　1961～2018 年冬小麦生育期极端降水指标年际变化趋势

连阴雨频次呈逐渐下降趋势，发生连阴雨最多的年份为 1998 年，为 2.48 次，最少的年份为 2011 年，为 0.39 次。降水日数呈现递减趋势，降水日数最多的年份是 1964 年，达到 112.98mm，最少的年份是 2011 年，仅为 52.26mm。最大过程雨量和最长连阴雨日数在波动中虽呈现递减趋势，但各年份的变化差异较大，连阴雨单次最大过程雨量出现在 1992 年，达到 438mm，是 1963 年最大过程雨量的约 4 倍；单次最长连阴雨日数最多的年份是 1988 年，达到 40 天，最少为 1963 年、2013 年和 2017 年，仅为 14 天。就变化趋势的显著性而言，仅降水日数通过了 0.001 信度检验，减少趋势显著，其余各指标的变化趋势均不显著。

2. 夏玉米生育期极端降水时间变化趋势

图 9-10 为 1961～2018 年南北气候过渡带夏玉米生育期极端降水指标的年际变化趋势。夏玉米生育期内所有极端降水指标均呈递减趋势。

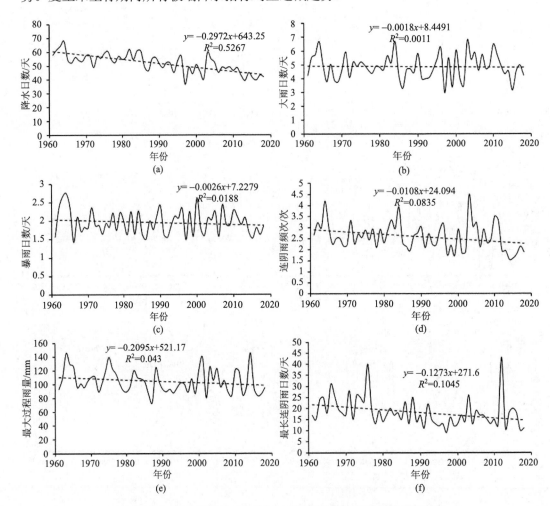

图 9-10 1961～2018 年夏玉米生育期极端降水指标年际变化趋势

其中，降水日数从 1963 年的 68 天减少到 2018 的 41.8 天；大雨日数最多的年份是 2003 年，为 6.8 天，最少的年份是 1997 年，为 2.97 天；暴雨日数最多的年份是 1964 年，为 2.75 天，最少的年份是 1966 年，为 1.43 天；连阴雨频次最高的年份为 2003 年，为 4.5 次，最少的年份为 2015 年，为 1.6 次。连阴雨单次最大过程雨量出现在 1963 年，达到 145.5mm；单次最长连阴雨日数最多的年份是 2013 年，达到 43 天，其次为 1976 年，达到 40 天，最少为 1997 年，为 9 天。就变化趋势的显著性而言，降水日数、连阴雨频次和最长连阴雨日数分别通过了 0.05 信度检验，减少趋势显著。

3. 干旱事件的时间变化趋势

图 9-11 为 1961～2018 年基于月尺度和年尺度的南北气候过渡带干旱事件的年际变化趋势。月尺度和年尺度干旱频次均呈下降趋势，从月尺度来看，1966 年的干旱频次最多，达到 7.63 次，2003 年的干旱频次最少，仅为 0.74 次；从年尺度来看，干旱频次较多的年份为 1966 年、1978 年和 2002 年，干旱频次较少的年份为 1964 年和 1985 年，1990 年和 1999 年均未发生过干旱事件。就变化趋势的显著性而言，月尺度干旱频次和年尺度干旱频次分别通过了 0.01 和 0.001 的信度检验，表明两种尺度的干旱频次减少趋势显著。

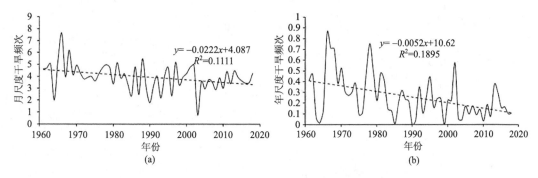

图 9-11　1961～2018 年干旱事件变化趋势

9.4.3　南北气候过渡带主要气象灾害变化趋势空间分布

为进一步探明南北气候过渡带受主要气象灾害的扰动情况，本章在分析整体时间序列趋势性的基础上，分析了南北气候过渡带各气象站点极端降水和干旱频次变化趋势的空间分布情况，以发现与南北气候过渡带气象灾害整体变化趋势不一致的复杂区域，为识别南北气候过渡带农业生产的脆弱区提供依据。

1. 冬小麦生育期极端降水时间变化趋势的空间分布

就冬小麦生育期南北气候过渡带各站点极端降水的变化趋势而言，山东西北部、河北东南部、山西南部和河南北部的大部分站点的降水日数呈下降趋势，河南南部和甘肃南部部分站点的降水日数呈上升趋势，但上升和下降趋势均不显著。大部分站点的大雨日数呈上升趋势，上升趋势显著的站点主要分布在河南、陕西和甘肃，少量呈显著下降趋势的站点在南北气候过渡带内的各省零星分布。

暴雨日数呈上升趋势的站点超过呈下降趋势的站点，其中陕西中部、河南西部和中部的站点呈显著上升趋势，山西南部、河南北部和山东东南部的站点呈显著下降趋势。

连阴雨频次在南北气候过渡带内大部分区域呈下降趋势，其中陕西中部、山西南部和河南中西部区域仅个别站点呈上升趋势，其余站点均呈下降趋势。最大过程雨量在河北、陕西、山西、江苏和安徽的大部分站点呈下降趋势，在甘肃南部、河南中东部和山东南部呈上升趋势，但上升和下降趋势均不显著。南北气候过渡带最长连阴雨日数呈下降趋势的站点超过呈上升趋势的站点，就区域而言，甘肃南部仅 1 个站点呈下降趋势，其余站点均呈上升趋势，其他省份仅有 2～4 个站点呈上升趋势。降水日数、大雨日数和暴雨日数呈上升趋势的站点与典型区域在空间上吻合度较高，表明典型区域冬小麦生育期内存在极端降水的灾害扰动(图 9-12)。

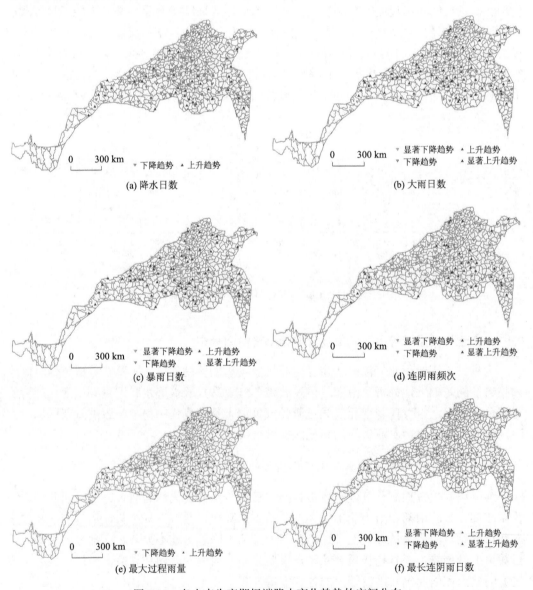

图 9-12　冬小麦生育期极端降水变化趋势的空间分布

2. 夏玉米生育期极端降水时间变化趋势的空间分布

夏玉米生育期南北气候过渡带所有站点的降水日数呈下降趋势，这与降水日数总体的时间变化趋势高度一致，表明南北气候过渡带夏玉米生育期内的降水减少，但减少趋势均不显著(图9-13)。山东、江苏和山西的大雨日数呈下降趋势，甘肃的大雨日数呈上升趋势，其余各区域各站点大雨日数的变化有升有降，仅三门峡和武都2个站点呈显著上升趋势，沁阳和济宁呈显著下降趋势。

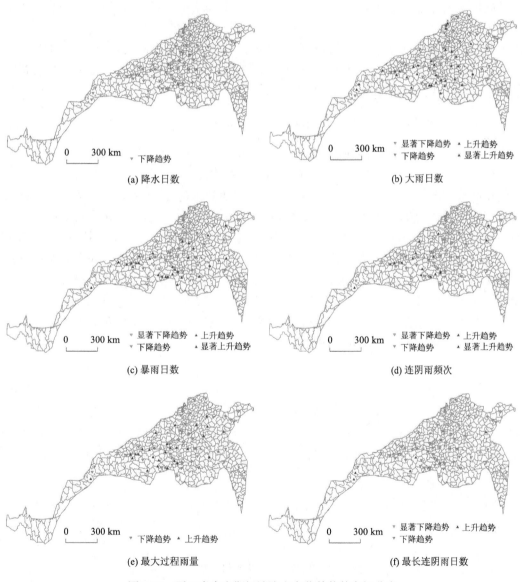

图9-13　夏玉米生育期极端降水变化趋势的空间分布

暴雨日数呈上升趋势的站点主要集中在陕西中部和河南西南部，呈下降趋势的站点主要集中在河北东南部和河南西北部，陕西境内所有呈上升趋势的站点变化均较为显著，河南境内只有 4 个站点上升趋势较为显著。河北、山东和河南北部的站点最长连阴雨日数呈显著下降趋势，陕西中部、山西南部和河南西部的部分站点呈上升趋势，但变化趋势不显著。

河北、山东东部和河南中北部的大部分站点最大过程雨量呈下降趋势，河南西部和陕西中部的站点主要呈上升趋势，但上升和下降趋势均不显著。南北气候过渡带夏玉米生长期内大部分站点的最长连阴雨日数呈下降趋势，山东、甘肃、河南、四川和湖北仅各有 1 个站点呈上升趋势。最长连阴雨日数呈显著下降趋势的站点主要分布在河北东南部、山东西北部和河南北部。大雨日数、暴雨日数、连阴雨频次和最大过程雨量呈上升趋势的站点与典型区域在空间上吻合度较高，表明典型区域夏玉米生育期内同样存在极端降水的灾害扰动。

3. 南北气候过渡带干旱时间变化趋势的空间分布

对照《气象干旱等级》确定南北气候过渡带内各气象站点的干旱等级并统计月尺度和年尺度轻旱、中旱、重旱和特旱的总频次，绘制南北气候过渡带干旱事件时间变化趋势的空间分布图，观察各气象站点 1961~2018 年的变化趋势。就月尺度干旱变化趋势而言，南北气候过渡带东段和中段河北、山东、河南、安徽和山西的大部分站点的干旱频次呈显著下降趋势，陕西中南部和江苏东南部的干旱频次呈上升趋势，其中陕西境内呈现显著上升的站点最多。就年尺度干旱变化趋势而言，干旱频次呈显著下降趋势的站点主要集中在河北、安徽、山东、河南和江苏，呈显著上升趋势的站点主要分布在山东东南部、江苏东南部、山西南部和甘肃陕西交界处。月尺度干旱和年尺度干旱呈上升趋势的站点与典型区域在空间上存在重叠，表明南北气候过渡带典型区域的冬小麦和夏玉米均受到不同尺度的干旱灾害扰动(图 9-14)。

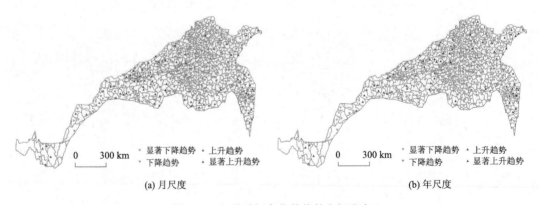

(a) 月尺度　　　　　　　　　　　　　　　　　(b) 年尺度

图 9-14　干旱时间变化趋势的空间分布

9.4.4 南北气候过渡带主要气象灾害空间分布特征

1. 冬小麦生育期极端降水的空间分布

图 9-15 显示了冬小麦生育期极端降水各指标的空间分布特征，降水日数最多的区域主要集中在江苏东南部，安徽的寿县、长丰、霍邱和六安，河南的罗山、新县、商城和固始，山东的烟台、牟平、文登、高密和安丘，甘肃的礼县、天水和徽县，山西南部洪洞等。降水日数较多的区域主要集中在山东中部、河北南部、陕西南部和东南部，降水日数中等、较少和最少的区域主要集中在江苏西北部、安徽北部、河南中北部和陕西南

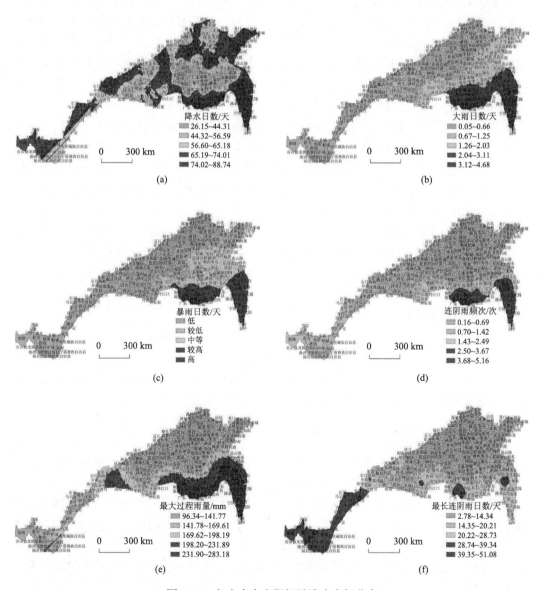

图 9-15　冬小麦生育期极端降水空间分布

部,降水日数呈现出自中心向外围逐渐增加的趋势,其中河南的禹州和汝州是降水日数的低值中心。降水日数最多的区域达到 88.74 天,最少的区域仅为 26.15 天,表明南北过渡带冬小麦生育期内的降水分布不均,差异较大。

冬小麦大雨日数呈现出自东南向西北递减的空间分布特征,大雨日数最多的区域集中在南北气候过渡带东段的南部,涉及江苏南部、安徽西部和河南南部,其次为江苏北部、安徽北部和河南中南部,大雨日数中等的区域主要集中在山东东南部、河南中部和湖北西北部,大雨日数最少的区域为甘肃南部和四川中部。大雨日数最多的区域为 4.68 天,最少的区域为 0.05 天。

冬小麦暴雨日数总体的空间分布特征与大雨日数相似,呈现出自东南向西北递减的空间分布特征,这与中国降水的空间分布特征较为一致。暴雨日数最多的区域为河南南部的罗山、信阳、商城和固始,较多的区域为江苏中南部、安徽西部和河南中南部,暴雨日数中等和较低的区域主要为江苏北部、山东中南部及河南中东部,暴雨日数最少的区域为山东北部、河北和山西的东北部、陕西中南部、甘肃南部和四川中部。暴雨日数最多的区域为 0.97 天,最少的区域为 0.02 天。

冬小麦连阴雨高发的区域主要集中在江苏的高邮和河南的信阳、罗山、商城、新县等地,连阴雨较高发的区域位于江苏中南部和安徽西部,连阴雨频次中等和较低的区域集中在江苏北部、安徽北部、山东南部、河南中西部、陕西南部及四川中部,最少的区域为山东东北部、河北东南部、山西南部、河南中北部和陕西西南部,连阴雨频次最多的区域为 5.16 次,最少的区域为 0.16 次。

冬小麦最大过程雨量的高值区集中在江苏西南部、安徽中部及河南南部,较高值区域主要集中在江苏和安徽东北部、河南中南部,中等和较低值区域主要集中在山东南部、安徽北部、陕西中南部、河北西北部及甘肃南部,低值区域主要集中在山东东北部、河北东南部、山西南部、河南北部和陕西中部,最大过程雨量最多的区域为 283.18 mm,最少的区域为 96.34 mm。

冬小麦最长连阴雨日数的高值区位于西藏东部,较高的区域位于江苏的高邮,河南的信阳、商城,湖北的郧西,中等和较低的区域集中在江苏和安徽中北部、河南西南部和陕西中南部,最低的区域位于山东、河北东南部、山西东南部和河南东北部。最长连阴雨日数最多的区域为 51.08 天,最少的区域为 2.78 天。

2. 夏玉米生育期极端降水的空间分布

图 9-16 显示了夏玉米生育期极端降水各指标的空间分布特征,降水日数最多和较多的区域主要集中在四川中部和甘肃南部,在陕西南部的丹凤和安康、河南的卢氏也有零星分布。降水日数中等的区域主要集中在陕西南部、河南西部及湖北西北部,降水日数较少的区域主要集中在山东东南部、江苏西北部、山西南部、河南南部和西北部及陕西中部,降水日数最少的区域集中在山东西北部、河北东南部、河南中北部和陕西东中部。降水日数最多的区域达到 96.51 天,最少的区域仅为 39.32 天,表明南北气候过渡带夏玉米生育期内降水分布的差异较大。

夏玉米生育期大雨日数总体呈现出自东南向西北递减的空间分布特征,大雨日数最多的区域集中在南北气候过渡带东段的东南部，涉及江苏南部、安徽北部、河南南部和山东南部；其次为山东东北部、陕西东南部、湖北西北部、河北东部和河南东南部；大雨日数中等和较少的区域主要集中在河北、山西和陕西的东南部、河南西北部和四川中部，大雨日数最少的区域为山西西南部、陕西中部和甘肃南部。大雨日数最多的区域为6.99 天，最少的区域为 2.00 天。

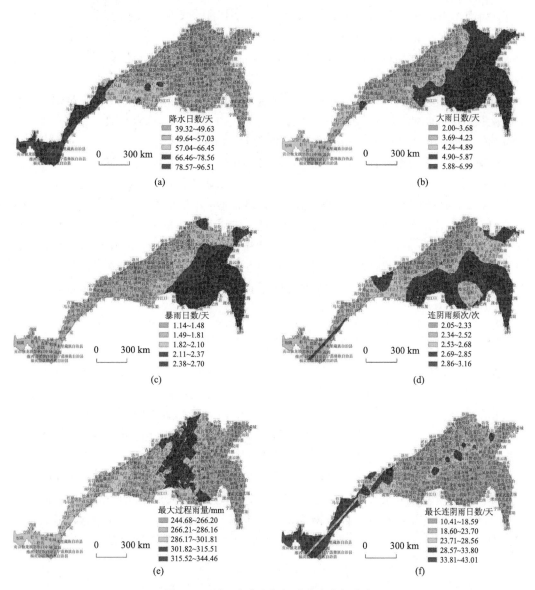

图 9-16　夏玉米生育期极端降水空间分布

　　夏玉米生育期暴雨日数最多的区域为江苏南部、安徽北部、河南南部和山东南部，较多的区域为河南东部、山东中部、河北东部，暴雨日数中等和较少的区域主要集中在河北东南部、山东西北部、山西东南部、陕西的南部、河南西北部和四川中部，暴雨日数最少的区域为山西西南部、陕西中部和甘肃南部。暴雨日数最多的区域为 2.70 天，最少的区域为 1.14 天。

夏玉米连阴雨高发的区域主要集中在江苏的西北部、山东南部、河南西南部和湖北西北部，连阴雨较高发的区域位于江苏东南部、安徽东部、河南东部、山东东北和西南部、陕西西南和东南部，连阴雨频次中等的区域集中在山东中部、安徽西北部、陕西中南部、河南东南部和甘肃西南部，连阴雨较少和最少的区域为河北东南部、山西东南部、陕西中部和四川中部，连阴雨频次最多的区域为 3.16 次，最少的区域为 2.05 次。

夏玉米最大过程雨量呈现出以高值区为中心向两侧递减的空间分布特征。最大过程雨量的高值区和较高值区集中在南北气候过渡带的中段，包括河北东南部、河南中北部和安徽西部；中等值和较低值区域覆盖了山东东北部、安徽西北部、陕西中南部、甘肃南部及四川中部，低值区主要集中在江苏西北部、山东东南沿海和安徽东北部，最大过程雨量最多的区域为 344.46 mm，最少的区域为 244.68 mm。

夏玉米最长连阴雨日数在南北气候过渡带的东、中、西段均有高值区的中心，空间分布特征为以各高值区为中心向周边环状递减。位于东段的高值和次高值区分布在山东潍坊、泰安、聊城和菏泽，位于中段的高值和次高值区分布在河南的栾川、濮阳和新乡，位于西段的高值和次高值区分布在陕西的凤翔、宝鸡和甘肃的文县。中等值和较低值区分布在各高值区的外围，主要包括山东东南部和中部、河北东南部、山西东南部、陕西中南部和河南西北部，最低值的区域主要集中在江苏西北部、安徽北部和河南东南部，在山东、河北、山西和陕西也有零星分布。最长连阴雨日数最多的区域为 43.01 天，最少的区域为 10.41 天。

3. 基于 SPEI$_1$ 尺度的干旱频次空间分布

图 9-17 为南北气候过渡带基于 SPEI$_1$ 尺度的干旱频次空间分布图。轻旱频次的高值区主要集中在江苏东北部和河南东南部，次高值区主要分布在江苏中部、山东南部、安徽东北部和河南中部，中等和较少的区域主要集中在山东北部、山西东南部、河南西部、安徽中部、四川中部及湖北西北部，轻旱频次最少的区域集中在陕西中南部和甘肃南部。轻旱频次最多的区域达到 126.41 次，最少的区域达到 95.85 次。

中旱频次的高值区和次高值区主要集中在江苏中部、安徽中部、陕西中西部、云南北部和山东、安徽、江苏三省交界处，中等和较少的区域覆盖山东东南部、河南西北部、江苏东北部、河北东南部、山西东南部、安徽中部、陕西东南部、四川中部及湖北西北部，中旱频次最少的区域集中在山东东北部和河南中部。中旱频次最多的区域达到 85.4 次，最少的区域达到 63.9 次。

重旱频次的高值区主要集中在江苏南部、山东西北部、陕西西南部和四川中部，次高值区主要分布在山东东北部、河南北部和陕西中部，中等和较少的区域主要集中在江苏西北部、安徽东北部、山东南部、河南中部、山西东南部和陕西中南部，重旱频次最少的区域集中在安徽西北部、云南北部和河南东南部。重旱频次最多的区域达到 39.56 次，最少的区域达到 27.04 次。

特旱频次的高值区主要集中在山东东北部、河北东南部、河南东部和四川中部，次高值区和中等的区域主要分布在山东东南部、河北西南、山西东南部、陕西中南部和河南西中部，较少的区域主要集中在江苏东北部、安徽东北部和陕西西南部。特旱频次最多的区域达到 11.1 次，最少的区域达到 4.75 次。

　　干旱总频次的高值区主要集中在江苏东北部、河南东南部和安徽北部，次高值区和中等区域主要分布在安徽中部、河南中部、陕西西南部，干旱总频次较低和最低的区域主要集中在山东东北部、河北东南部、山西东南部、陕西中南部、河南西部及四川中部。干旱总频次最多的区域达到 237.82 次，最少的区域达到 218.34 次。

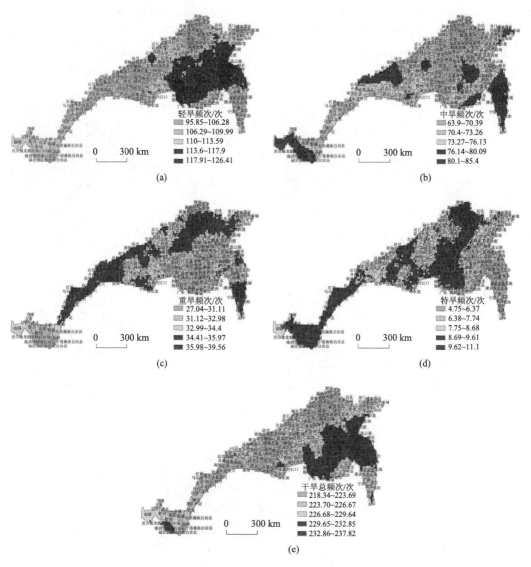

图 9-17　基于 SPEI$_1$ 尺度的干旱频次空间分布

4. 基于SPEI₁₂尺度的干旱频次空间分布

图9-18为南北气候过渡带基于$SPEI_{12}$尺度的干旱频次空间分布图。轻旱频次的高值区和次高值区主要集中在河北东部、山西东南部、山东东北部和陕西东南部，中等和较少的区域覆盖河南全境、江苏北部、山东西北部、河北东南部、四川中部及湖北西北部，轻旱频次最少的区域集中在江苏南部、山东中南部和安徽西北部。轻旱频次最多的区域达到14.14次，最少的区域达到5.81次。

中旱频次的高值区和次高值区主要集中在山东东南部、河南东部、江苏南部、安徽西北部、陕西西南部和四川中部，中等和较少的区域主要集中在江苏中部、安徽东北部、山东东北部、河北西南部、山西东南部和陕西中部，中旱频次最少的区域集中在山东西部、江苏北部和河北东南部。中旱频次最多的区域达到6.68次，最少的区域达到1.93次。

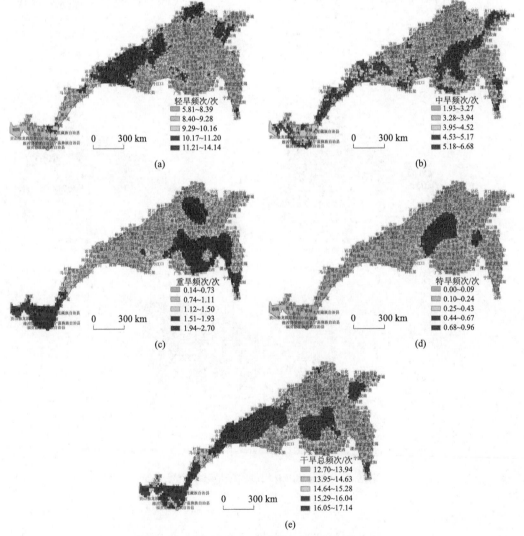

图9-18　基于$SPEI_{12}$尺度的干旱频次空间分布

　　重旱频次的高值区和次高值区主要集中在江苏西北部、河南东南部、山东西部、河北南部和云南北部，中等和较少的区域主要集中在江苏东北部、山东东南部、河北东南部、河南西北部、山西东南部、四川中部和陕西东南部，重旱频次最少的区域集中在山东中部、山西中部和陕西西南部。重旱频次最多的区域达到 2.70 次，最少的区域达到 0.14 次。

　　特旱频次的高值区和次高值区主要集中在河南东北部和江苏东北部，中等和较少的区域主要集中在山东西南部、安徽北部、河北南部、陕西南部、河南西部和陕西东南部，特旱频次最少的区域集中在陕西中南部、江苏东部、山东北部、山西东南部、甘肃南部和四川中部。特旱频次最多的区域达到 0.96 次，最少的区域未发生过特旱气候事件。

　　干旱总频次的高值区和次高值区主要集中在河南中东部、陕西东南部、山东东南部和四川中部，中等和较少的区域主要集中在山东中部、江苏东部、安徽北部、河南西北部、河北东南部、山西东南部和河北西北部，干旱总频次最少的区域集中在江苏西北部、山东中部及河北南部。干旱总频次最多的区域达到 17.14 次，最少的区域达到 12.70 次。

9.5　研究结论

　　(1)对中国南北气候过渡带的地理表达直观地展现了中国的南北气候分界是通过一条宽窄不一的过渡带完成的。1951~2018 年各划界气候指标的等值线随冷暖交替而呈现不同幅度的摆动，冷期向南推进，暖期又向北推进，总体上西南段变动相对稳定，东北段变动较为剧烈。

　　(2)根据 1951~2018 年南北气候过渡带各划界指标的等值线，借鉴统计学中均值-标准差的方法得到各气候指标的过渡带范围。其中，800mm 等降水量线的稳定区域主要集中在山东和河南的中南部、安徽和江苏的北部、陕西和甘肃的南部以及四川中部地区。1月 0℃等温线的稳定区域集中在山东南部、河南中部、安徽和江苏北部、陕西南部和四川中部，呈现出东宽西窄的特征。日均温≥10℃日数 219 天等值线的稳定区域集中在山东西南部、河南西北部、河北和陕西南部、四川中北部地区。受降水的影响，干燥度指数 0.5 等值线稳定区域的走向与 800mm 等降水量线大致相当，但其北界更偏北、南界更偏南，覆盖范围更广。

　　(3)所确定的中国南北气候过渡带的极端最北界自西向东依次穿过礼县、耀州、韩城、安泽、涉县、静海；其极端最南界自西向东依次穿过北川、宁强、西乡、房县、淅川、罗山、商城、定远、临安。此范围内共提取了 637 个县域，其中位于南北气候过渡带气候变化稳定区的县域有 256 个，位于气候变化敏感区的县域有 187 个。

　　(4)气候变化下南北气候过渡带农业生产受到极端降水和干旱等气象灾害不同程度的扰动。就总体时间变化趋势而言，南北气候过渡带农业生产面临的极端降水和干旱胁迫程度在减轻。但就局部而言，南北气候过渡带各站点的时间变化趋势与总体趋势不完全一致，呈现有升有降的变化趋势。其中，冬小麦生育期降水日数、大雨日数和暴雨日数，夏玉米生育期大雨日数、暴雨日数、连阴雨频次和最大过程雨量呈上升趋势的站点分布具有高度的一致性，主要集中在河南中南部、甘肃南部和陕西中部。月尺度干旱变化呈上升趋势的站点主要集中在陕西中南部和江苏东南部，年尺度干旱变化呈上升趋势的站点主要集中在山东东南部、江苏东南部、山西南部和甘肃陕西交界处。

　　（5）就空间分布特征而言，冬小麦生育期极端降水高发区高度重合的区域为江苏东南部和中北部、安徽中部及河南南部。夏玉米生育期降水日数最多的区域主要集中在四川中部和甘肃南部，大雨日数、暴雨日数和连阴雨频次高发区主要集中江苏、河南西南部和山东南部，最大过程雨量的高值区集中在河北东南部、河南中北部和安徽西部，最长连阴雨日数在南北气候过渡带的东、中、西段均有高值区的中心。从南北气候过渡带基于 SPEI$_1$ 尺度的干旱频次空间分布状况来看，轻旱频次的高值区主要集中在江苏东北部和河南东南部，中旱频次的高值区主要集中在江苏中部、安徽中部、陕西中西部、云南北部和山东、安徽、江苏三省交界处，重旱频次的高值区主要集中在江苏南部、山东西北部、陕西西南部和四川中部，特旱频次的高值区主要集中在山东东北部、河北东南部、河南东部和四川中部，干旱总频次的高值区主要集中在江苏东北部、河南东南部和安徽北部。从南北气候过渡带基于 SPEI$_{12}$ 尺度的干旱频次空间分布状况来看，轻旱频次的高值区主要集中在山西东南部和陕西东南部，中旱频次的高值区主要集中在河南东部、安徽西北部，重旱频次的高值区主要集中在江苏西北部、河南东南部、山东西部、河北南部，特旱频次的高值区主要集中在河南东北部，干旱总频次的高值区主要集中在河南中东部、陕西东南部。

参 考 文 献

卞娟娟, 郝志新, 郑景云, 等. 2013. 1951-2010 年中国主要气候区划界线的移动. 地理研究, 32(7): 1179-1187.

陈婕, 黄伟, 靳立亚, 等. 2018. 东亚夏季风的气候北界指标及其年际变化研究. 中国科学: 地球科学, 48: 93-101.

戴声佩, 李海亮, 罗红霞, 等. 2014. 1960-2011 年华南地区界限温度 10℃积温时空变化分析. 地理学报, 69(5): 650-660.

董玉祥, 徐茜, 杨忍, 等. 2017. 基于地理探测器的中国陆地热带北界探讨. 地理学报, 72(1): 135-147.

黄秉维. 1959. 中国综合自然区划草案. 科学通报, 10(18): 594-602.

江爱良. 1960. 论我国热带亚热带气候带的划分. 地理学报, 26(2): 104-109.

李双成, 赵志强, 高江波. 2008. 基于空间小波变换的生态地理界线识别与定位. 生态学报, 28(9): 4313-4322.

李双双, 芦佳玉, 延军平, 等. 2018. 1970-2015 年秦岭南北气温时空变化及其气候分界意义. 地理学报, 73(1): 13-24.

李雪萍, 史兴民, 王阿如娜. 2016. 中国典型等降水量线年代际空间演变. 中国沙漠, 36(1): 232-238.

刘富弘, 陈星, 程兴无, 等. 2010. 气候过渡带温度变化与淮河流域夏季降水的关系. 气候与环境研究, 15(2): 169-178.

马建华. 2004. 试论伏牛山南坡土壤垂直分异规律——兼论亚热带北界的划分. 地理学报, 59(6): 998-1011.

缪启龙, 丁园圆, 王勇. 2009. 气候变暖对中国亚热带北界位置的影响. 地理研究, 28(3): 634-642.

宁晓菊, 秦耀辰, 崔耀平, 等. 2015. 60 年来中国农业水热气候条件的时空变化. 地理学报, 70(3):

364-379.

丘宝剑. 1993. 关于中国热带的北界. 地理科学, 13(4): 297-306.

沙万英, 邵雪梅, 黄玫. 2002. 20 世纪 80 年代以来中国的气候变暖及其对自然区域界线的影响. 中国科学: 地球科学, 32: 317-326.

沈国强, 郑海峰, 雷振锋. 2017. SPEI 指数在中国东北地区干旱研究中的适用性分析. 生态学报, 37(11): 1-9.

史文娇, 刘奕婷, 石晓丽. 2017. 气候变化对北方农牧交错带界线变迁影响的定量探测方法研究. 地理学报, 72(3): 407-419.

汤国安, 杨昕. 2012. ArcGIS 地理信息系统空间分析实验教程. 第二版. 北京: 科学出版社.

王春林, 郭晶, 薛丽芳, 等. 2011. 改进的综合气象干旱指数 Clnew 及其适用性分析. 中国农业气象, 32(4): 621-626.

王利平, 文明, 宋进喜, 等. 2016. 1961-2014 年中国干燥度指数的时空变化研究. 自然资源学报, 31(9): 1488-1498.

王铮, 乐群, 夏海斌, 等. 2016. 中国 2050: 气候情景与胡焕庸线的稳定性. 中国科学: 地球科学, 46(11): 1505-1514.

吴登茹. 1985. 用模糊数学方法划定陕西省境内的亚热带北界. 地理研究, 4: 75-80.

吴绍洪, 刘文政, 潘韬, 等. 2016. 1960-2011 年中国陆地表层区域变动幅度与速率. 科学通报, 61(19): 2187-2197.

吴绍洪, 杨勤业, 郑度. 2002. 生态地理区域界线划分的指标体系. 地理科学进展, 21(4): 302-310.

杨柏, 李世奎, 霍治国. 1993. 近百年中国亚热带地区农业气候带界限动态变化及其对农业生产的影响. 自然资源学报, 8(3): 193-203.

杨建平, 丁永建, 陈仁升, 等. 2002. 近 50 年来中国干湿气候界线的 10 年际波动. 地理学报, 57(6): 655-661.

苑全治, 吴绍洪, 戴尔阜, 等. 2017. 1961～2015 年中国气候干湿状况的时空分异. 中国科学: 地球科学, 47(11): 1339-1348.

张百平. 2019. 中国南北过渡带研究的十大科学问题. 地理科学进展, 38(3): 305-311.

张剑, 柳小妮, 谭忠厚, 等. 2012. 基于 GIS 的中国南北地理气候分界带模拟. 兰州大学学报(自然科学版), 48(3): 28-33.

张相文. 2013. 新撰地文学. 长沙: 岳麓书社.

张学忠, 张志英. 1979. 从秦岭南北坡常绿阔叶木本植物的分布谈划分亚热带的北界线问题. 地理学报, 46(4): 342-352.

郑度, 杨勤业, 吴绍洪, 等. 2008. 中国生态地理区域系统研究. 北京: 商务印书馆.

郑景云, 卞娟娟, 葛全胜, 等. 2013. 1981-2010 年中国气候区划. 科学通报, 58(30): 3088-3099.

周旗, 卞娟娟, 郑景云. 2011. 秦岭南北 1951-2009 年的气温与热量资源变化. 地理学报, 66(9): 1211-1218.

竺可桢. 1958. 中国的亚热带. 科学通报, 17: 524-527.

Jayson-Quashigah P, Appeaning A K, Kufogbe S. 2013. Medium resolution satellite imagery as a tool for monitoring shoreline change: case study of the Eastern coast of Ghana. Journal of Coastal Research, 65: 511-516.

Oliver J E. 1991. The history, status and future of climatic classification. Physical Geography, 12: 242-246.

Shi W J, Tao F L, Liu J Y, et al. 2014. Has climate change driven spatio-temporal changes of cropland in northern China since the 1970s? Climatic Change, 124: 163-177.

Vicente-Serrano S M, Begueria S，Lopez-Moreno J I. 2010. A multiscalar drought index sensitive to global warming: the standardized precipitation evapotranspiration index. Journal of Climate, 23(7): 1696-1718.

第10章 气候变化下农户适应性行为决策模拟研究

全球变暖所带来的气温升高和降水模式的改变,造成极端气候事件的发生频率和强度增加,其对人类的生产生活造成了重大的影响(Wang et al.,2014,2015)。农业部门是对气候变化影响最为敏感的部门,气候变化对农业生产的负面影响逐渐扩大而难以逆转。另外,由于农业部门缺乏足够的应对气候变化的能力,气候变化所带来的农业生产脆弱性成为制约农业可持续发展的突出问题(林而达等,2011)。2007年,IPCC明确提出"适应与减缓并重原则,适应性成为减缓气候变化影响的重要机制"(IPCC,2007)。同时,中国政府已经采取了一系列的适应性政策,来减缓气候变化对中国农业的不利影响,提高农民和农村地区适应气候变化的能力。例如,2011年发布的《适应气候变化国家战略研究》报告,提出了农业适应气候变化的重大问题、重点任务与行动方案(科学技术部社会发展科技司和21世纪议程管理中心,2011)。2013年11月,国家发展和改革委员会等九部委发布的《国家适应气候变化战略》则对"农业发展地区"的适应任务进行重点阐述。

农民是农业生产活动的主体,亦是农业适应性政策的执行者。国家的农业适应性政策如何制定并有效实施,与农民存在千丝万缕的联系。研究农户对气候变化的认知和国家的政策对农户适应性行为决策的动态影响成为学术界关注的热点问题。因此,本章围绕农户的适应性行为决策问题,首先回顾了与农户适应性行为决策研究相关的文献。然后,基于实验经济学的方法和公共品投资理论,研究了未来干旱事件发生的概率和政府的差异化补贴政策如何影响农户的行为决策。最后,针对气候变化情景下,如何提高农户做出适应性决策的积极性和确保粮食安全的问题,提出相关的政策建议。

10.1 研究问题

本章以气候变化作为研究背景,以农户应对未来干旱天气的适应性行为决策规律探讨作为研究的聚焦点,以实验经济学中的"公共品"投资问题的经典模型——Falkinger激励机制为基础,通过6个不同情景实验,有效回答两个问题,即未来五年干旱天气事件概率的差异对农户的公共品投资决策行为的影响;国家差异化的资金补贴政策如何影响农户对"灌溉设施"公共品投资行为的决策,进而提出相关政策建议,这样有利于政府制定切实有效的农业农户适应气候变化的政策,来减弱干旱气候对农业的损害,利用其有利机会,发展可持续性的农业。

10.2 国内外相关研究

10.2.1 农户适应性行为决策

目前，学术界对农户气候变化适应性行为决策的研究主要集中在几个方面、农户对气候变化的态度(Lei et al.，2014；Jin et al.，2015；Li et al.，2010；Gandure et al.，2013；Sjögersten et al.，2013；Udmale et al.，2014；吕亚荣和陈淑芬，2010)、农户应对气候变化的适应性措施分析与评估(Wang et al.，2014，2015；Tao and Zhang，2010；Udmale et al.，2014；孙雪萍等，2014)、影响农户采取适应性措施的因素 (Bahinipati and Venkatachalam，2015；Claessens et al.，2012；Deressa et al.，2009；蒋燕兵，2013)。一般通过大规模实地调研方法收集数据，并基于传统回归分析或者概率回归分析方法，从宏观的角度来探讨和揭示影响农户对气候变化认知或者采取适应气候变化措施的机理。例如，Chen 等(2014)基于对中国 6 个省份大尺度的调查数据，采用多元回归分析的方法，研究了农户、村庄社会属性以及国家信息和政策支持对农户采取干旱适应性行为的影响。Wang 等(2014)分析了农户在干旱条件下的适应性措施及其决定因素，发现改善家庭的社会网络关系、增加政府的抗干旱服务有助于提高农户的适应能力。吕亚荣和陈淑芬(2010)基于对山东德州 296 位农民进行的问卷调查资料，发现性别、受教育程度、家庭人均收入、养殖业收入对农民的气候变化的认知和适应性行为影响显著。

然而，以往的研究多是基于宏观角度，从自然和社会因子两个方面来考虑影响农户适应性行为决策的因素。其研究方法简化了行为人的假设，忽略了农户适应性决策行为的异质性。现实中，由于农户个体属性、社会经济属性、文化背景、价值观、信仰、经历和所处的自然地理环境差异，其对气候变化风险的态度和适应性行为决策存在动态性和异质性。

10.2.2 气候变化与公共品投资

文献回顾表明，大多数农户通过采取一系列的工程性措施(如维修水渠、增加喷灌和滴灌设施、扩大水井数量和购买水泵)来增加农业适应气候变化的能力和减缓气候变化对农业的负面影响(Chen et al.，2014)。一般情况下，水渠、喷灌、水井和水泵等基础水利设施均为集体所有的资产，那么修建和维护这些灌溉设施，传统情况下由上级政府拨款。然而，在气候变化的背景下，为了提高农户应对气候变化的积极性，可以考虑由政府和农户共同出资来修建和维护灌溉设施。这些公有的"灌溉设施"资源在一定程度上具有"非排他性"和"非竞争性"的特征，也就是说，所有的农户都可以使用公有的"灌溉设施"，即使该农户没有出资。根据经济学中"公共品"的概念和特征，公有"灌溉设施"可视为一种公共品。这样，将气候变化下农户适应性行为决策问题转化为农户对公有"灌溉设施"的投资问题。在一定程度上，对农户公有"灌溉设施"的投资问题的研究，可以揭示出农户应对气候变化的适应性行为决策规律。

在气候变化领域，研究者经常将气候归属于环境公共品，从国家和地区双重视角，基于公共品供给理论和博弈理论来研究不同利益主体在减排和适应之间的博弈。国外，

Finus (2002) 较早基于动态博弈理论来解决国际气候合作问题，即个体理性所带来的"搭便车"现象以及合作的非一致性。另外，de Canio 和 Fremstad (2013) 认为，国家间的气候博弈结果的差异，依赖于博弈论中收益矩阵的结构。而在国内，余光英和祁春节 (2010) 认为，国家单独减排不能达到国际需要的减排量。孔元 (2012) 以国际环境合作 (IEA) 模型为理论基础，通过建立静态和对称 IEA 模型来展开研究，发现环境合作的规模和效果受制于三个核心要素：边际收益、边际成本和博弈形式。石红莲和谷溪 (2013) 基于动态纳什均衡理论，得出中美双方均进行减排才可达到均衡。李占一 (2015) 在分析了全球气候治理中发达国家集团与发展中国家集团之间、各集团内部所存在的多重博弈和重复博弈，以及气候基金中存在的联盟博弈和子集团权力大小的关系后，提出合理分配国家间温室气体减排责任，落实发达国家承诺的资金与技术支持政策建议。

　　气候变化下，日益严重的极端天气事件对小农的生产和生计造成了严重的影响 (World Bank, 2008)，尤其是以灌溉为主的农业区的农户不断遭受干旱的打击 (Morton, 2007; Wheeler and von Braun, 2013)。维修或者增加灌溉设施的数量，自然成为应对气候变化的一条有效路径。正如前面我们所分析的那样，灌溉设施具有"公共品"的特性。Cárdenas 等 (2017) 首次以公共品理论为框架，将农户对灌溉设施的投资问题转化为"公共品投资"问题，并采用实地实验的方法，在中国、泰国、哥伦比亚和尼泊尔四个国家，以水稻种植户为例，来研究其对气候变化的风险态度和适应气候变化的行为。

　　从对上述文献的梳理可以发现，国内外学者更多地关注于气候变化中的减排和合作问题，而对适应性问题的考虑较少。另外，基于实验经济学理论对农户的适应性行为决策进行研究，国内外几乎处于研究的空白区。Falkinger 激励机制是一项来解决公共品供给不足问题的有效机制，由 Falkinger (1996) 年提出。该机制的提出基于税收补贴问题，假定每个既定的收入阶层，如果该阶层中的人对公共品的贡献率偏离了该收入阶层的平均值，那么将受到一定的惩罚或奖励，高于平均值，将获得税收奖励，低于平均值，将受到税收惩罚。Bracht 等 (2008) 研究发现，Falkinger 激励机制相对于其他机制，更加有利于减少气候变化中的"搭便车"问题。

10.3　研　究　目　标

　　农村地区由于缺乏良好的应对气候变化风险的措施、设备和经济基础，其有效地应对气候变化不可能完全依靠自身的能力，必须通过政府提供的政策或者资金扶持 (Lim et al., 2005)。另外，在前期实地调研的基础上，可以发现干旱天气事件发生概率是影响农户做出适应性行为决策的重要因素。因此，研究目标包含两个方面：①未来干旱天气事件概率的差异对农户的公共品投资决策行为的影响以及农户的"搭便车"行为特征；②了解国家差异化的资金补贴政策如何影响农户的"灌溉设施"公共品投资行为决策。

10.4　实验设计

10.4.1　基础理论模型

Falkinger 激励机制常用来解决公共品供给不足问题。该机制与公共品实验理论的基础模型——自愿供给机制（Voluntary Contribution Mechanism，VCM）（Issac，1988）的不同之处在于，该模型考虑了奖惩机制，对于每个既定收入的群体，如果一个人对公共品的贡献率偏离了该收入群体的平均水平，那么他将受到相应的补偿或者惩罚。该机制下，被试者的个人收益函数的具体描述公式如下：

$$Y_i = (y - p_i) + \beta[p_i - (\sum_{j=1}^{n} p_j - p_i)/(n-1)] + \alpha \sum_{j=1}^{n} p_j \tag{10-1}$$

式中，Y_i 为被试者 i 在实验中的总收益，由三部分构成，即投资公共品收益、投资个人物品所获的收益和奖励惩罚；y 为每个被试者拥有的初始的代币数；p_i 为被试者 i 投资公共品的代币数；被试者 i 投资个人物品所获得的收益为 $y - p_i$ 代币；其中，投资公共品的收益又分为直接收益和被试者 i 在实验中所受到的奖励或者惩罚；α 为公共品的边际资本报酬率（Marginal Per Capital Return，MPCR），投资公共品的直接收益为 $\alpha \sum_{j=1}^{n} p_j$；被试者 i 在实验中所受到的奖励或者惩罚表示为 $\beta[p_i - (\sum_{j=1}^{n} p_j - p_i)/(n-1)]$，$\beta$ 为补偿参数。

10.4.2　情景设计

根据实验的目标，本章假设政府所提供的未来干旱天气事件发生概率的信息和政府的资金补贴政策均将影响农户的适应性行为决策。因此，本章研究初始分为两大类实验情景：无政府资金补贴政策实验情景（A）和存在政府资金补贴政策实验情景（B）。然后，考虑到未来5 年干旱事件发生概率的高低，在初始两种实验情景（A、B）的基础上，细分为 6 个具体实验情景，即无政府资金补贴政策低干旱天气事件概率情景（A1）、无政府资金补贴政策高干旱天气事件概率情景（A2）、考虑政府低补贴政策低干旱天气事件概率情景（B11）、考虑政府低补贴政策高干旱天气事件概率情景（B12）、考虑政府高补贴政策低干旱天气事件概率情景（B21）、考虑政府高补贴政策高干旱天气事件概率情景（B22），如表 10-1 所示。

表 10-1　实验情景设置

类别	情景设置
无政府资金补贴政策	低干旱天气事件概率情景（A1）
	高干旱天气事件概率情景（A2）
存在政府资金补贴政策	考虑政府低补贴政策低干旱天气事件概率情景（B11）
	考虑政府低补贴政策高干旱天气事件概率情景（B12）
	考虑政府高补贴政策低干旱天气事件概率情景（B21）
	考虑政府高补贴政策高干旱天气事件概率情景（B22）

10.4.3　个人收益计算

1. 无政府资金补贴政策实验情景(A)

干旱天气事件的频发是气候变化的重要影响之一。因此，本章研究设置 2 个固定参数(α_1、α_2，其中 $\alpha_1 = 0.25$、$\alpha_2 = 0.75$)来表征未来五年干旱天气事件发生的概率，但是其并不计入个人收益的核算公式。个人收益的计算则是采用公共品实验中的 Falkinger 激励机制供给理论进行个人收益核算，因此在不考虑政府资金补贴政策的背景下，被试者每个实验局个人收益可由式(10-1)计算。

2. 存在政府资金补贴政策实验情景(B)

为了更好地应对气候变化的影响，减缓干旱天气事件对农户生产生活的影响，政府将对农户的适应性行为进行一定程度的财政补贴。当考虑政府对农户适应性投资的资金补贴政策(即每个被试者对"灌溉设施"公共品投资补贴)时，假设存在两种实验情景：考虑政府低补贴政策的实验情景(B1)和考虑政府高补贴政策的实验情景(B2)。那么，在考虑政府低补贴政策的实验情景(B1)中，设定政府对被试者投资公共品代币数的补贴系数 $\alpha_1 = 0.25$；在考虑政府高补贴政策的实验情景(B2)中，设定政府对被试者投资公共品代币数的补贴系数 $\alpha_2 = 0.75$。政府对被试者投资公共品代币数的补贴政策，则按照补贴程度的计算方法，计入个人收益核算公式。这种情况下，每个被试者的个人收益由三部分构成，投资公共品收益、投资个人收益和政府的资金补贴之和，即式(10-2)所示：

$$Y_i = (y - p_i) + \beta[p_i - (\sum_{j=1}^{n} p_j - p_i)/(n-1)] + \alpha \sum_{j=1}^{n} p_j + \sigma p_i \tag{10-2}$$

式中，σ 为政府对每个被试者对"灌溉设施"公共品投资的补贴系数，设定 σ 存在两种取值，即 $\sigma_1 = 0.25$、$\sigma_2 = 0.75$ 分别代表低和高补贴政策，其余参数含义同式(10-1)。

10.5　实验结果

10.5.1　实验组织与数据收集

本章基于 Microsoft Visual Studio 2010 软件，采用 C#和 ASP.NET 语言开发了农户适应性行为决策研究实验系统，用于研究不同干旱天气事件发生概率和政府资金补贴政策组合情景下农户的适应性行为决策。通过发放宣传单和发送微信的形式招募被试者，并告知被试者实验开始时间、地点、实验过程持续时间、目的、步骤、个人收益计算方式和奖惩机制等基本信息。为了使实验结果更加接近现实情况，在招募被试者时，只考虑来自农村且家庭具有农耕实践活动背景的学生。本次实验共招募 30 名被试者，包括本科生 20 名、研究生 10 名。实验开始前，被试者被随机地分为 6 组，每组 5 个人，按照事先约定的时间，依次参加 6 个实验局的实验。每个实验局中，被试者按照实验的说明和要求，在规定的时间内，完成 10 次适应性投资行为决策实验。

10.5.2　农户适应性行为决策分析

依据本次实验的奖惩机制设置，每名被试者除了获得固定收益 10 元外，还可以从实验过程中获取收益。实验过程中的收益将按照每名被试者在所有实验局中的个人收益总和来支付报酬。因此，在实验不断推进的过程中，每名被试者都期望能从实验中获取最大的收益。

以第Ⅲ实验组 6 个实验局的 60 期实验的投资行为决策数据为例，具体分析 6 个局下，被试者投资公共品代币数、个人收益和公共品投资平均贡献率的变化趋势和规律，以期发现国家差异化的资金补贴政策和未来干旱天气事件风险概率对农户适应性行为决策的影响。

1. 无政府资金补贴政策实验情景(A)

1) A1-A2 情景被试者投资公共品代币对比分析

图 10-1 描述了无政府资金补贴时，低干旱天气事件概率情景(A1)和高干旱天气事件概率情景(A2)下，被试者投资公共品(抗干旱设施)资金的变化程度。从图 10-1 中可以看出，当未来干旱天气事件发生的概率从 25%增加到 75%时，被试者 2、被试者 3、被试者 5 在每期实验中均明显地做出增加公共品投资的决策，希望借此来应对气候变化对农业的不利影响。在低干旱天气事件概率情景(A1)下，被试者 2、被试者 3、被试者 5 投资公共品的总代币数分别为 26、42、30。相比之下，在高干旱天气事件概率情景(A2)下，被试者 2、被试者 3、被试者 5 投资公共品的总代币数分别增加到 68、79、76。

在该组中除了被试者 1 其他被试者投资公共品的代币数均呈现出增加的趋势。

2) A1-A2 情景被试者个人收益对比分析

图 10-2 描述了无政府资金补贴时，低干旱天气事件概率情景(A1)和高干旱天气事件概率情景(A2)下，被试者在实验局 1 和实验局 2 中每次投资决策后每期个人收益情况。从图 10-2 可以看出，高干旱天气事件概率情景(A2)下，除了被试者 4，其他被试者的个人收益均明显高于低干旱天气事件概率情景(A1)中被试者的个人收益。例如，被试者 1，在高干旱天气事件概率情景(A2)下，每期实验的收益(代币数)大概为 20，而低干旱天气事件概率情景(A1)下，每期实验的收益(代币数)只有 15。这表明，随着实验重复次数的增加，每名被试者均存在一个不断学习的过程，希望通过增加抗干旱设施公共品投资来增加个人收益。

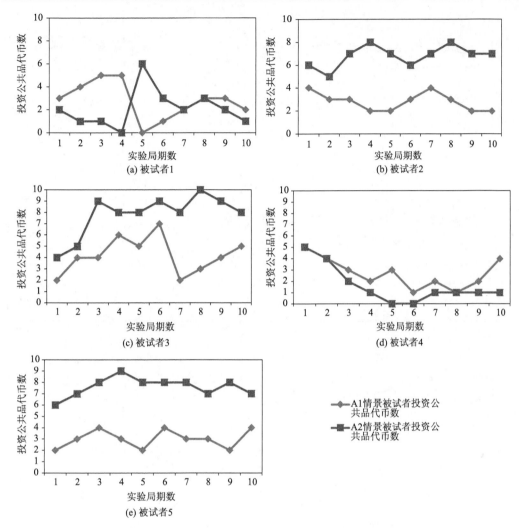

图 10-1　第Ⅲ组 5 名被试者在实验局 1、2 中每期投资公共品代币数对比

3）A1-A2 情景被试者每期公共品投资平均贡献率对比分析

图 10-3 显示了低干旱天气事件概率情景（A1）和高干旱天气事件概率情景（A2）下，被试者在实验局 1 和实验局 2 中每期公共品投资平均贡献率。可以发现，在 A2 情景下，所有被试者对公共品投资的平均贡献率明显高于 A1 情景。A2 情景下，10 期实验中，所有被试者对公共品投资的平均贡献率为 51.8%，而 A1 情景下，平均贡献率只有 31%。可见，当未来干旱天气事件发生概率增加时，被试者均做出增加公共品投资的决定，来提升抵抗风险的能力。另外，干旱天气事件发生概率较高时，被试者"搭便车"行为发生的可能性显著降低。

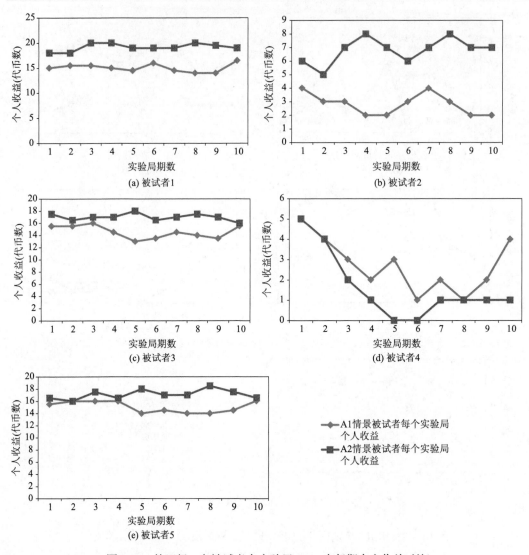

图 10-2　第Ⅲ组 5 名被试者在实验局 1、2 中每期个人收益对比

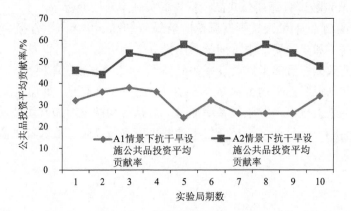

图 10-3　第Ⅲ组 5 名被试者在实验局 1、2 中每期公共品投资平均贡献率

2. 存在政府资金补贴政策实验情景(B)

1) B1 情景分析

A. B11-B12 情景被试者投资公共品代币对比分析

图 10-4 描述了考虑政府低补贴政策时，低干旱天气事件概率情景(B11)和高干旱天气事件概率情景(B12)下，被试者投资公共品(抗干旱设施)资金的变化程度。从图 10-4 中可以看出，当未来干旱事件发生的概率从 25%增加到 75%时，所有被试者在实验中均明显地做出增加公共品投资的决策，与无政府资金补贴政策情景(图 10-1)类似，他们均希望借此来应对气候变化对农业的不利影响。在低干旱天气事件概率情景(B11)下，被试者 1、被试者 2、被试者 3、被试者 4、被试者 5 投资公共品的总代币数分别为 25、36、

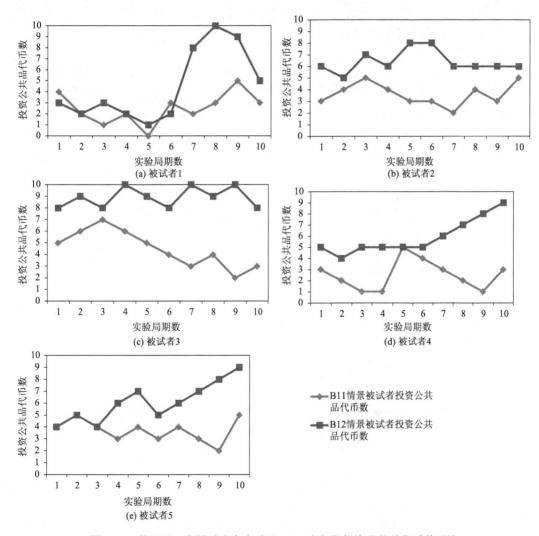

图 10-4　第Ⅲ组 5 名被试者在实验局 3、4 中每期投资公共品代币数对比

45、45、25、37。相比之下，在高干旱天气事件概率情景(B12)下，被试者 1、被试者 2、被试者 3、被试者 4、被试者 5 投资公共品的总代币数分别增加到 45、64、89、59、61。这表明，随着实验重复次数的增加，每名被试者均存在一个不断学习的过程，希望通过增加抗干旱设施公共品投资来增加个人收益。

B. B11-B12 情景被试者投资个人收益对比分析

图 10-5 描述了考虑政府低补贴政策时，低干旱天气事件概率情景(B11)和高干旱天气事件概率情景(B12)下，被试者在实验局 3 和实验局 4 中每次投资决策后每期个人收益情况。从图 10-5 可以看出，高干旱天气事件概率情景(B12)下，所有被试者的个人收益均明显地高于低干旱天气事件概率情景(B11)中被试者的个人收益。在高干旱天气事件概率情景(B12)下，所有被试者每期实验的收益第一期开始下降，从第二期开始，均呈现出波动上升的态势，每期实验的收益(代币数)基本上高于 20。而低干旱天气事件概率情景(B11)下，每期实验的收益只有 15 左右，且呈现出稳定的趋势。

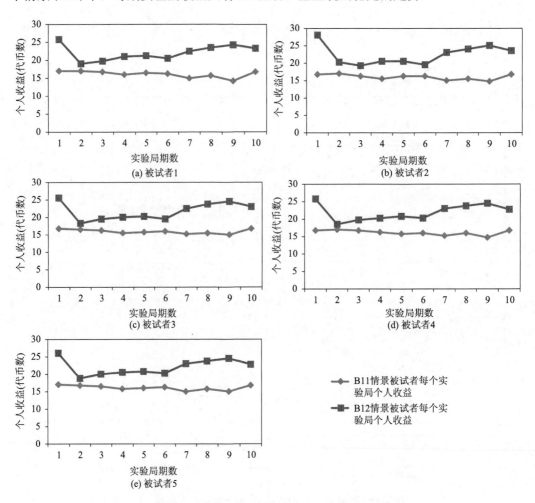

图 10-5　第Ⅲ组 5 名被试者在实验局 3、4 中每期个人收益对比

C. B11-B12 情景被试者每期公共品投资平均贡献率对比分析

图 10-6 显示了考虑政府低补贴政策时，低干旱天气事件概率情景(B11)和高干旱天气事件概率情景(B12)下，被试者在实验局 3 和实验局 4 中每期公共品投资平均贡献率。可以发现，在 B12 情景下，所有被试者对公共品投资的平均贡献率明显高于 B11 情景，且呈现出不断增加的态势。在 B12 情景下，10 期实验中，所有被试者对公共品投资的平均贡献率为 63.6%，而在 B11 情景下，平均贡献率的趋势基本稳定，其平均值为 33.6%。可见，当存在政府低补贴政策时，干旱天气事件发生概率增加，将激励被试者做出增加公共品投资的决定。另外，对比 B11 和 B12 情景下平均贡献率值，高干旱天气事件发生概率情景下，被试者"搭便车"行为发生的可能性显著降低。

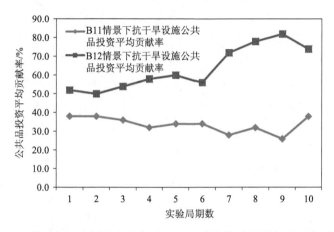

图 10-6　第Ⅲ组 5 名被试者在实验局 3、4 中每期公共品投资平均贡献率

2) B2 情景分析

A. B21-B22 情景被试者投资公共品代币对比分析

图 10-7 描述了考虑政府高补贴政策时，低干旱天气事件概率情景(B21)和高干旱天气事件概率情景(B22)下，被试者投资公共品(抗干旱设施)资金的变化程度。从图 10-7 中可以看出，当政府对公共品的资金补贴率较高时，低干旱天气事件概率情景(B21)和高干旱天气事件概率情景(B22)下，被试者 2、被试者 3 和被试者 4 投资公共品代币数均较多，且差别并不是太大。另外，被试者 1、被试者 3、被试者 4 在个别实验局中出现了将自己的全部代币数 10 均投入抗干旱设施公共品的极端决策。这说明，政府的资金补贴政策在一定程度上激励了被试者做出增加公共品投资的决策，而不论未来干旱天气事件发生概率的高低。而对于被试者 5 而言，低干旱天气事件概率情景(B21)下，其投资公共品的代币数为 45，而高干旱天气事件概率情景(B22)下，其投资公共品代币数增加为 84。这表明，在同样的政府补贴政策的影响下，干旱天气事件概率高低是影响其做出公共品投资决策的主要原因。

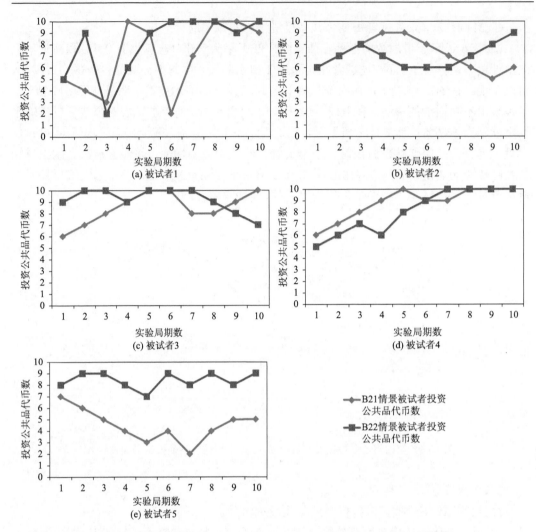

图 10-7　第Ⅲ组 5 名被试者在实验局 5、6 中每期投资公共品代币数对比

B. B21-B22 情景被试者投资个人收益对比分析

图 10-8 描述了考虑政府高补贴政策时，低干旱天气事件概率情景(B21)和高干旱天气事件概率情景(B22)下，被试者在实验局 5 和实验局 6 中每次投资决策后每期个人收益情况。从图 10-8 可以看出，两种不同的干旱天气事件概率情景下，所有被试者的个人收益差别不大，代币数基本上为 20～30。

C. B21-B22 情景被试者每期公共品投资平均贡献率对比分析

图 10-9 显示了考虑政府高补贴政策时，低干旱天气事件概率情景(B21)和高干旱天气事件概率情景(B22)下，被试者在实验局 5 和实验局 6 中每期公共品投资平均贡献率。可以发现，B22 和 B21 情景下，所有被试者每期对公共品投资的平均贡献率呈现出波动变化的状态，在前 3 期，B22 情景下，公共品投资平均贡献率明显高于 B21 情景。4、5 两期 B21 情景下公共品投资平均贡献率高于 B22 情景。从第 6 期开始，虽然两种情景下平均贡献率均处于上升的态势，但是 B22 情景下公共品投资平均贡献率明显高于 B21 情

景。B22 情景下，10 期实验中，所有被试者对公共品投资平均贡献率为 81.4%，而 B21 情景下，平均贡献率的趋势基本稳定，其平均值为 71.6%。另外，对比 B21 和 B22 情景下平均贡献率值，高干旱天气事件发生概率情景下，被试者"搭便车"行为发生的可能性显著降低。

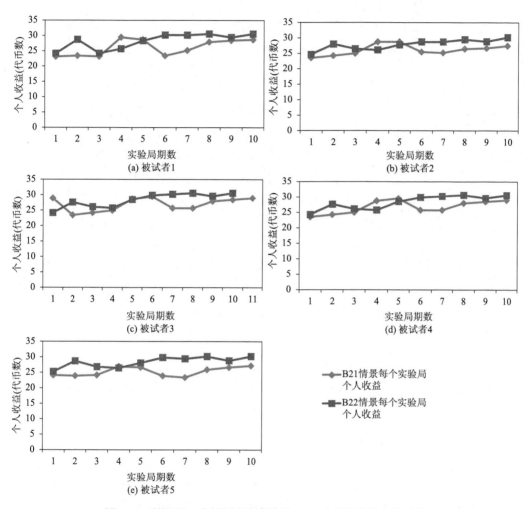

图 10-8　第Ⅲ组 5 名被试者在实验局 5、6 中每期个人收益对比

3) B1-B2 情景被试者每期公共品投资平均贡献率对比分析

图 10-10 显示了存在政府资金补贴政策时，四种不同实验情景（B11、B12、B21、B22）下，实验组Ⅰ的被试者在不同实验局公共品投资平均贡献率的变化趋势。从图 10-10 可以发现，在考虑政府高补贴政策时，B21 和 B22 情景下，被试者总体上做出增加公共品投资的决策，两个实验情景下，其平均贡献率明显地高于政府低补贴政策下的 B11 和 B12 情景。另外，在 B12 情景下，其公共品投资平均贡献率在 10 期实验中呈现出明显的上升态势，从 50%上升到 80%左右。这表明，被试者尝试通过增加抗干旱设施公共品投资来抵御未来干旱事件的影响。而 B11 情景下，被试者对公共品投资的平均贡献率最

低，在 20%～40%。

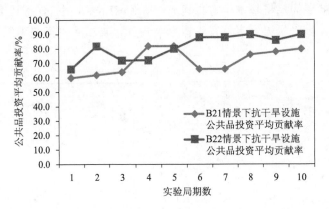

图 10-9　第 I 组 5 名被试者在实验局 5、6 中每期公共品投资平均贡献率

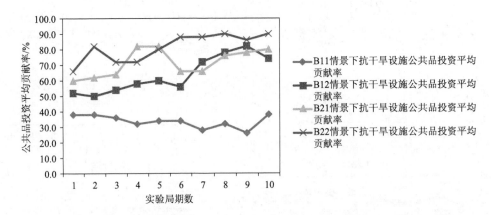

图 10-10　第 I 组 5 名被试者在实验局 3～6 中每期公共品投资平均贡献率对比图

3. 实验情景 A/B 结果对比分析

图 10-11 显示了六种不同的实验情景(A1、A2、B11、B12、B21、B22)下，实验组 I 的被试者在不同实验局公共品投资平均贡献率的变化趋势。从图 10-11 可以发现，6 种不同的实验情景下公共品投资平均贡献率的变动趋势，其大致可以分为三类。第一类，即考虑政府高补贴政策时的(B21、B22)实验情景，其平均贡献率明显地高于其他实验情景。B21 情景下，其平均值为 71.6%。B22 情景下，10 期实验中，所有被试者对公共品投资的平均贡献率为 81.4%。第二类，即高干旱天气事件概率情景下的 B12、A2 实验局，其公共品投资贡献率在 50%左右，这表明无论政府的补贴政策高低，高干旱天气事件概率均会促进其做出增加公共品投资的决定。第三类，即低干旱天气事件概率情景下的 A1、B11 实验局。这说明，低干旱天气事件概率情景下，被试者"搭便车"行为发生的可能性最大。

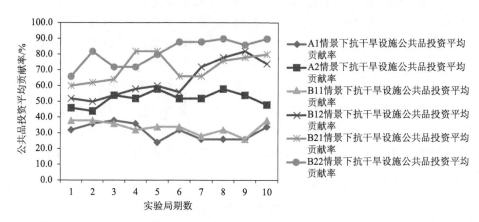

图 10-11　第Ⅰ组 5 名被试者在实验局 1～6 中每期公共品投资平均贡献率对比图

10.6　政　策　建　议

本章以气候变化作为研究背景,以农户应对未来干旱天气的适应性行为决策规律探讨作为研究的聚焦点,基于实验经济学中的"公共品"投资问题的经典模型——Falkinger 激励机制,通过 6 个不同组合情景实验,研究了两个问题:未来五年干旱天气事件概率的差异对农户的公共品投资行为决策的影响;国家差异化的资金补贴政策如何影响农户对"灌溉设施"公共品投资行为决策。所得主要结论如下:

(1)无政府资金补贴政策时,未来高干旱天气事件概率将激发被试者做出增加公共品投资的决策。因为,当被试者发现未来的干旱天气事件概率增加时,他们希望通过增加公共品投资来规避未来气候变化的风险。另外,未来高干旱天气事件概率有利于显著地减少被试者"搭便车"行为发生的可能性。

(2)当考虑政府低补贴政策时,未来高干旱天气事件概率情景(B12)下所有被试者对公共品投资的平均贡献率明显高于未来低干旱天气事件概率情景(B11)下的结果。可见,当考虑政府低补贴政策时,干旱天气事件概率增加,仍是激励被试者做出增加公共品投资决定的主要因素。

(3)当考虑政府高补贴政策时,低干旱天气事件概率情景(B21)和高干旱天气事件概率情景(B22)下,被试者对公共品投资的平均贡献率均较高,且差别不明显。

(4)当考虑政府高补贴政策时(B21、B22)实验情景,其平均贡献率明显地高于其他实验情景。这表明,政府高补贴政策有利于激发被试者做出增加抗干旱设施公共品投资的决策。

(5)被试者是否做出增加抗干旱设施公共品投资的决策与未来干旱天气事件发生的概率的高低和政府资金补贴政策差异呈现出明显的正相关关系。

本章所采用的计算机网络实验方法是一种较新的社会学问题研究方法,具有可控制性和可重复性的特点，较之传统的社会调研、观察、统计等方法具有无法比拟的优势。然而，本章的实验还是一个较初步的实验室研究，与现实情况还存在一定的差距。现实中，农户的适应性行为决策受到其他很多因素的影响。实验后，在与被试者的讨论过程中，被试者提出农户间的讨论合作、信任、信息披露均会影响其适应性行为决策。因此，在后续的研究中，计划运用实地调研和实验室模拟相结合的方法，招募一些具有计算机操作能力的农户作为实验被试对象，采用分层次、分情景的方式，开展多阶段的动态实验，逐次揭露合作、信任和信息披露等因素对农户适应性行为决策的影响，使得实验室的模拟结果更加接近实际，能为国家政策的有效制定提供一定的理论依据。

参 考 文 献

蒋燕兵. 2013. 云南省农户生产行为气候变化适应性研究. 昆明: 云南财经大学.

科学技术部社会发展科技司, 中国 21 世纪议程管理中心. 2011. 适应气候变化国家战略研究. 北京: 科学出版社.

孔元. 2012. 国际环境合作的经济学分析. 天津: 南开大学.

李占一. 2015. 合作博弈视角下的国际环境治理合作: 以莱茵河为例. 系统工程, 33(5): 142-146.

林而达, 杜丹德, 孙芳. 2011. 中国农村发展中的能源、环境及适应气候变化问题. 北京: 科学出版社.

吕亚荣, 陈淑芬. 2010. 农民对气候变化的认知及适应性行为分析. 中国农村经济, (7): 75-86.

石红莲, 谷溪. 2013. 基于完全信息假设下的中美碳排放博弈分析. 亚太经济, (2): 47-52.

孙雪萍, 杨帅, 苏筠. 2014. 基于种植结构调整的农业生产适应性分析——以内蒙古乌兰察布市为例. 自然灾害学报, (3): 33-40.

余光英, 祁春节. 2010. 国际碳减排利益格局: 合作及其博弈机制分析. 中国人口·资源与环境, 20(5): 17-21.

Bahinipati C S, Venkatachalam L. 2015. What drives farmers to adopt farm-level adaptation practices to climate extremes: empirical evidence from Odisha, India. International Journal of Disaster Risk Reduction, 14(4): 347-356.

Bracht J, Figuières C, Ratto M. 2008. Relative performance of two simple incentive mechanisms in a public goods experiment. Journal of Public Economics, 92(s1-2): 54-90.

Cárdenas J C, Janssen M A, Bastakoti R, et al. 2017. Fragility of the provision of local public goods to private and collective risks. Proceedings of the National Academy of Sciences, 114(5): 921-925.

Chen H, Wang J, Huang J. 2014. Policy support, social capital, and farmers' adaptation to drought in China. Global Environmental Change, 24: 193-202.

Claessens L, Antle J M, Stoorvogel J J, et al. 2012. A method for evaluating climate change adaptation strategies for small-scale farmers using survey, experimental and modeled data. Agricultural Systems, (111): 85-95.

de Canio S J, Fremstad A. 2013. Game theory and climate diplomacy. Ecological Economics, 85(2): 177-187.

Deressa T T, Hassan R M, Ringler C, et al. 2009. Determinants of farmers' choice of adaptation methods to climate change in the Nile Basin of Ethiopia. Global Environmental Change, 19(2): 248-255.

Falkinger J. 1996. Efficient private provision of public goods by rewarding deviations from average. Journal of Public Economics, 62(3): 413-422.

Finus M. 2002. Game theory and international environmental cooperation: any practical application? Game Theory & International Environmental Cooperation, (2): 9-104.

Fleischer A, Lichtman I, Mendelsohn R. 2008. Climate change, irrigation, and Israeli agriculture: will warming be harmful? Ecological Economics, 65(3): 508-515.

Gandure S, Walker S, Botha J J. 2013. Farmers' perceptions of adaptation to climate change and water stress in a South African rural community. Environmental Development, 5: 39-53.

Hasson R, Åsa L, Visser M. 2009. Climate change in a public goods game: investment decision in mitigation versus adaptation. Working Papers in Economics, 70(2): 331-338.

Huang J k. 2014. Climate change and agriculture: impact and adaptation. Journal of Integrative Agriculture, 3(4): 657-659.

IPCC. 2007. Climate Change 2007: Impacts, Adaptation and Vulnerability. Working Group II Contribution to the Intergovernmental Panel on Climate Change Fourth Assessment Report Summary for Policy Makers. Cambridge: Cambridge University Press.

Issac W. 1988. Communication and free-riding behavior: the voluntary contributions mechanism. Economic Inquiry, 26(4): 585-608.

Jin J, Gao Y, Wang X, et al. 2015. Farmers' risk preferences and their climate change adaptation strategies in the Yongqiao District, China. Land Use Policy, 47: 365-372.

Lei Y, Wang J A, Yue Y, et al. 2014. How adjustments in land use patterns contribute to drought risk adaptation in a changing climate-A case study in China. Land Use Policy, 36: 577-584.

Li C, Ting Z, Rasaily R G. 2010. Farmer's adaptation to climate risk in the context of China. Agriculture and Agricultural Science Procedia, 1: 116-125.

Lim B, Spanger-Siegfried E, Burton I, et al. 2005. Adaptation Policy Frameworks for Climate Change: Developing Strategies, Policies and Measures. Cambridg: Cambridge University Press.

Morton J F. 2007. The impact of climate change on smallholder and subsistence agriculture. Proceedings of the National Academy of Sciences, 104(50): 19680-19685.

Sjögersten S, Atkin C, Clarke M L, et al. 2013. Responses to climate change and farming policies by rural communities in northern China: a report on field observation and farmers' perception in dryland north Shaanxi and Ningxia. Land Use Policy, 32: 125-133.

Tao F, Zhang Z. 2010. Adaptation of maize production to climate change in North China Plain: quantify the relative contributions of adaptation options. European Journal of Agronomy, 33(2): 103-116.

Udmale P, Ichikawa Y, Manandhar S, et al. 2014. Farmers' perception of drought impacts, local adaptation and administrative mitigation measures in Maharashtra State, India. International Journal of Disaster Risk Reduction, 10: 250-269.

Wang C L, Shen S H, Zhang S Y, et al. 2015. Adaptation of potato production to climate change by optimizing sowing date in the Loess Plateau of central Gansu, China. Journal of Integrative Agriculture, 14(2): 398-409.

Wang Y J, Huang J K, Wang J X. 2014. Household and community assets and farmers' adaptation to extreme weather event: the case of drought in China. Journal of Integrative Agriculture, 13(04): 687-697.

Wheeler T, von Braun J, 2013. Climate change impacts on global food security. Science, 341(6145): 508-513.

World Bank. 2008. World Development Report 2008: Agriculture for Development. Washington DC: World Bank Publications.

第11章 气候变化下河南省农户种植决策适应分析

冬小麦和夏玉米作为河南省主要的粮食作物,近年来受气候变化的影响产量波动较大(崔力等,2010;成林等,2011),且作物产量对生育期不同阶段的响应不同,因此通常选择生育期内关键气候因子,并运用面板非线性回归模型来探讨作物产量对气候变化的敏感性(肖登攀等,2014;Lobell and Costa-Roberts,2011)。

冬小麦越冬期最高气温的升高在一定程度上能够减轻冬季低温冻害对小麦植株的影响。返青期间仍是冷空气活动比较频繁的时期,常常形成"倒春寒"危害冬小麦的生长(唐为安等,2011)。生育期平均气温是冬小麦整个生育期内所需热量资源的保证。灌浆期是冬小麦的需水关键期,灌浆期降水过少,则不能满足其生长需求,造成灌浆期缩短,空瘪粒数增加,冬小麦严重减产(温华洋,2013)。生育期降水是冬小麦生育期内水资源的保证,总降水量的增加或减少都会对冬小麦产量产生显著影响。灌浆期冬小麦植株需要通过光合作用得到大量的营养物质,因此需要较好的日照时间,如果灌浆期间多阴雨寡照天气,则会造成灌浆速率降低,干重下降,从而导致减产。

7~8月正值夏玉米开花授粉阶段,过高的气温容易导致干旱,降低空气、土壤湿度,同时容易导致花丝枯萎开花少、花粉失活死亡等,进而严重影响产量(崔力等,2010)。气温日较差对作物净同化作用起着重要作用,日较差增大,有利于白天光合作用的增加和夜间呼吸作用的减弱,有利于生物量积累,从而提高夏玉米的干粒重(孙宏勇等,2009)。生育期内降水与日照是夏玉米生育期内水资源与光照资源的保证,可以反映整个生育期的变化趋势。

因此,选择以下生育期关键气候因子分析冬小麦产量对气候变化的敏感性:越冬期最高温、返青期最低温、生育期平均气温、灌浆期总降水量、生育期总降水量和灌浆期总日照时数。选择7~8月平均气温、生育期气温日较差、生育期总降水量和生育期总日照时数作为探讨夏玉米产量对气候变化敏感性的关键气候因子。

11.1 河南省主要粮食作物产量对气候因子的敏感性分析

11.1.1 冬小麦产量对生育期气候因子的敏感性分析

利用面板非线性回归模型分析可知,越冬期最高温每升高 1℃,造成河南省冬小麦产量变化幅度为-6%~4%[图 11-1(a)]。在空间上,越冬期最高温每升高 1℃造成冬小麦减产和增产的区域面积分别为43%和57%,冬小麦增产的区域面积大于减产的区域面积,然而越冬期最高温带来的增产的最高值为 3.2%,低于其造成的减产的最高值 6%。从空间来看,越冬期最高温升高带来的冬小麦减产主要集中在豫西和豫南地区,其中,高减产区集中分布在豫西的陕县(现陕州区)、渑池县、宜阳县等 7 个县(市、区),越冬期最

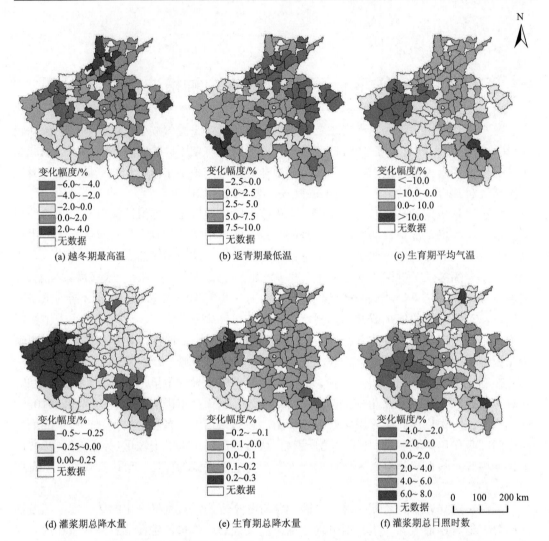

图 11-1　冬小麦产量对气候因子敏感效应的空间分布(生育期气候因子每变化一个单位
产量的变化幅度)

高温每升高 1℃，冬小麦减产幅度在 4%～6%。中减产区集中分布在豫西和豫西南的灵
宝市、卢氏县、淅川县等 12 个县(市、区)，越冬期最高温每升高1℃，冬小麦产量减产
2%～4%。低减产区则散落分布在河南省的西峡县、光山县、确山县等 27 个县(市、区)，
占河南省区域的 25%，越冬期最高温每升高1℃，造成冬小麦减产 2%左右。越冬期最高
温升高带来的冬小麦增产区主要集中分布在豫北、豫东和豫中地区，其中低增产区相对
集中在豫北、豫东地区的滑县、兰考县、通许县等 46 个县(市、区)，冬小麦增产幅度在
2%左右，高增产区分布在豫北的林州市、辉县市、淇县等 11 个县(市、区)，越冬期最
高温每升高1℃，冬小麦产量增产幅度为 2%～4%。

　　返青期最低温每升高 1℃，带来河南省冬小麦产量变动幅度为–2.5%～10%
[图11-1(b)]。在空间上，正向变动和负向变动的区域面积分别占河南省的65.7%和34.3%，

河南省冬小麦增产区域面积大于减产区域，且最高增产幅度高于最高减产幅度，分别为
10%和2.5%。从空间来看，冬小麦减产区主要分布在豫北和豫东的卫辉县、延津县和永
城市等37个县(市、区)，减产幅度在2.5%左右。冬小麦增产区域中以低增产区所占面
积最大，占河南省的50%，在全省范围内均有分布，返青期最低温每升高1℃，带来省
内一半地区的产量增产2.5%左右。冬小麦较低增产区主要分布在新蔡县、平舆县和汝南
县等13个县(市、区)，冬小麦产量波动范围为2.5%~5%。冬小麦较高增产区仅分布在
确山县和宜阳县2个县，冬小麦产量变动幅度为5%~7.5%。冬小麦高增产区集中分布
在豫西南的淅川县和内乡县，冬小麦产量增产幅度较大，在7.5%~10%。

生育期平均气温每升高1℃，冬小麦产量波动幅度较大[图11-1(c)]。在空间上，冬
小麦增产和减产的区域面积分别占河南省的57.4%和42.6%。冬小麦高减产区主要集中
在豫西的卢氏县、洛宁县、宜阳县等12个县(市、区)，冬小麦生育期平均气温每升高1℃，
减产程度较严重，减产幅度在10%以上。冬小麦低减产区主要分布在豫西南的大部、豫
中的部分和豫东的一小部分区域。例如，永城市、夏邑县、桐柏县、新郑市，共有34
个县(市、区)，冬小麦产量减产范围在10%左右。冬小麦低增产区主要分布在豫北、豫
东和豫南地区，占河南省的55.6%，冬小麦产量增产幅度为0%~10%。冬小麦高增产区
则分布在淮滨县和新蔡县，生育期平均气温升高1℃，产量可增产10%以上。

灌浆期总降水量每增加1mm，导致河南省冬小麦产量在-0.5%~0.25%变动
[图11-1(d)]。在空间上，正向和负向变动的区域面积分别占河南省的32.4%和67.6%，
造成冬小麦减产区域范围较大。冬小麦产量增加区域主要集中在豫西地区的35个县(市、
区)，如灵宝市、洛宁县和宜阳县等，灌浆期总降水量每增加1mm，冬小麦产量增产范
围在0.25%左右。冬小麦产量低减产区主要分布在河南省大部分区域，除豫西和豫南部
分地区外均有分布，其冬小麦产量减产幅度在0.25%左右。冬小麦高减产区集中在豫南
地区，如商城县、潢川县和息县等，共15个县(市、区)，冬小麦减产程度在0.25%~0.5%。

生育期总降水量每增加1mm，导致河南省冬小麦产量变化幅度为-0.2%~0.3%
[图11-1(e)]。在空间上，增产和减产的区域面积分别占河南省的31.5%和68.5%，冬小
麦减产的区域面积较大，但冬小麦增产的最高值高于减产的最高值，分别为0.3%和0.2%。
冬小麦增产区域主要集中分布在豫西和豫西南地区，具体来说，低增产区分布在豫西南
的桐柏县、唐河县和新野县等17个县(市、区)，冬小麦增产幅度为0%~0.1%。中增产
区主要集中在豫西的陕县(现陕州区)、灵宝市和卢氏县等14个县(市、区)，生育期总降
水量每增加1mm，冬小麦增产幅度为0.1%~0.2%。冬小麦减产区域中以低减产区所占
面积最大，占河南省的66.7%，主要分布在省内的豫北、豫中、豫东和豫南地区，生育
期总降水量每增加1mm，带来省内66.7%范围的冬小麦减产幅度为0%~0.1%。冬小麦
减产区域中高减产区仅有2个县，为淮滨县和新蔡县，冬小麦减产幅度为0.1%~0.2%。

灌浆期总日照时数每增加1h，导致河南省冬小麦产量在-4.0%~8.0%变动
[图11-1(f)]。在空间上，正向和负向变动的区域面积分别占河南省的53.7%和46.3%，
河南省冬小麦增产区域面积略大于减产区域面积，且增产最高幅度高于减产最高幅度，
分别是8.0%和4.0%。冬小麦减产区主要分布在豫西、豫中和豫东的部分地区，以低减
产区为主。其中，低减产区在豫西、豫中和豫东均有分布，如唐河县、荥阳市和夏邑县，

共 43 个县(市、区)，冬小麦减产幅度为 0%～2%。高减产区则集中在豫西的西峡县、栾川县和嵩县等 7 个县(市、区)，冬小麦减产幅度为 2%～4%。冬小麦增产区域中低增产区所占面积最大，主要分布在豫北、豫东和豫南的部分区域，如南乐县、清丰县、通许县、商城县等 48 个县(市、区)，冬小麦增产幅度在 0%～2%。较低增产区分布在豫北的林州市和卫辉市，豫南的平舆县、新蔡县、正阳县、息县和潢川县，共 7 个县(市、区)，冬小麦增产幅度在 2.0%～4.0%。较高增产区则在渑池县，冬小麦灌浆期总日照时数每增加 1h，产量增加 5.5%。高增产区则在内黄县和淮滨县，冬小麦灌浆期总日照时数每增加 1h，产量分别增加 6.2%和 7.0%。

11.1.2 夏玉米产量对生育期气候因子的敏感性分析

采用面板非线性回归模型分析可知，7～8 月平均气温每升高 1℃，造成河南省内56.5%区域的夏玉米产量增加，43.5%区域的产量减产，对河南省夏玉米产量带来的产量波动幅度主要集中在–10%～10%[图 11-2(a)]。从空间上来看，夏玉米产量减产区以低减产区为主，共 41 个县(市、区)，相对集中分布在豫西地区，豫北、豫南和豫中地区均有小部分区域分布，占河南省面积的 38.9%，产量波动幅度为–10%～0%。夏玉米产量中减产区和高减产区的减产幅度较大，但范围极小，中减产区分布在灵宝市和卢氏县，7～8月平均气温每升高 1℃，分别减产 11.3%和 16.2%。高减产区分布在 4 个县(市、区)，为陕县(现陕州区)、渑池县、义马市和宜阳县，夏玉米分别减产 27.1%、29.8%、24.7%和22.9%。7～8 月平均气温升高导致的夏玉米严重减产区主要集中在豫西山区，原因可能是豫西山区夏季高温带来干旱，而山区的灌溉设施较落后，使得夏玉米的生长发育受限，造成产量减产幅度较大。夏玉米增产区中以低增产区为主，共分布在 53 个县(市、区)，相对集中分布在豫北、豫中和豫南的部分区域，占河南省面积的 49.1%，夏玉米产量波动幅度为 0%～10%。夏玉米产量中增产区和高增产区的增产幅度较大，但范围较小，中增产区分布在 7 个县(市、区)，如濮阳县、兰考县、开封县(现祥符区)、尉氏县、武陟县、新密市和太康县，夏玉米增产幅度在 10%～20%。夏玉米产量高增产区仅有襄城县，7～8 月平均气温每升高 1℃，夏玉米产量增产 21.9%。

夏玉米生育期气温日较差每增加 1℃，造成河南省内 52.8%范围的夏玉米产量增加，47.2%范围的产量减少，且对河南省夏玉米产量带来的产量波动范围主要集中在–10%～10%[图 11-2(b)]。从空间上来看，夏玉米产量减产区中以低减产区为主，共 34 个县(市、区)，散落在河南省内，占河南省面积的 31.5%，产量波动幅度在–10%～0%。夏玉米产量中减产区分布在卢氏县、洛宁县、镇平县、方城县、叶县、临颍县等 10 个县(市、区)，产量减产在 10%～20%。夏玉米产量高减产区则分布在 6 个县(市、区)，为商城县、民权县、新安县、荥阳市、登封市和鲁山县，产量减产幅度在 20%左右。夏玉米增产区中以低增产区为主，共 39 个县(市、区)，在河南省内均有分布，占河南省面积的 36.1%，夏玉米产量波动幅度为 0%～10%。夏玉米产量中增产区和高增产区的增产幅度较大，但范围较小，中增产区分布在 7 个县(市、区)，如淅川县、桐柏县、度淇县、西平县等，夏玉米增产幅度在 10%～20%。夏玉米产量高增产区仅有太康县和范县，7～8 月平均气温每升高 1℃，夏玉米产量分别增产 20.7%和 24.7%。

夏玉米生育期总降水量每增加 1mm，造成河南省内 35.2%范围的夏玉米产量增加，64.8%范围的产量减少[图 11-2(c)]。从空间上来看，夏玉米产量减产区中以低减产区为主，共 44 个县(市、区)，散落在河南省内，占河南省面积的 40.7%，产量波动幅度在 −0.05%～0%。夏玉米产量中减产区分布在固始县、桐柏县、西峡县、栾川县、宜阳县等 16 个县(市、区)，产量减产幅度在 0.05%～0.1%。夏玉米产量高减产区则分布在 10 个县(市、区)，为林州市、辉县市、淇县和浚县等，产量减产幅度在 0.1%～0.15%。夏玉米增产区中以低增产区为主，共 26 个县(市、区)，在河南省内均有分布，占河南省面积的 24.1%，夏玉米产量波动幅度为 0%～0.05%。夏玉米产量中增产区和高增产区分布范围较小，中增产区分布在 4 个县(市、区)，分别是巩义市、登封市、鲁山县和临颍县，夏玉米增产幅度为 0.05%～0.1%。夏玉米产量高增产区仅有商城县、民权县和荥阳市，生育期总降水量每增加 1mm，夏玉米产量分别增产 0.1%、0.125%和 0.127%。

夏玉米生育期总日照时数每增加 1h，造成河南省内 53.7%区域的夏玉米产量增加，46.3%范围的产量减产，对河南省夏玉米产量带来的产量波动幅度主要集中在 −10%～5%[图 11-2(d)]。从空间上来看，夏玉米高减产区主要分布在 4 个县(市、区)，分别是商城县、孟津县、民权县和登封市，减产幅度较大，均在 20%以上。夏玉米较高减产区主要分布在 5 个县(市、区)，分别是卢氏县、镇平县、鲁山县、荥阳市和睢县，夏玉米产量波动幅度为 −20%～−15%。夏玉米中减产区主要分布在 8 个县(市、区)，分别是息县、方城县、镇平县等，产量减产幅度为 10%～15%。夏玉米产量较低减产区主要分布在豫北、豫中和豫东的部分地区，夏玉米产量变化幅度为 −10%～−5%。夏玉米低减产区同样主要分布在豫北、豫中和豫东的部分区域，夏玉米产量变化幅度为 −5%～0%。夏玉米低增产区相对集中分布在豫西和豫南地区，产量变动范围为 0%～5%。夏玉米中增产区相对集中分布在豫北和豫东的部分地区，产量变化范围为 5%～10%。夏玉米高增产区则在全省均有分布，增产幅度为 10%～15%。

11.1.3　冬小麦和夏玉米产量对气候趋势变化的敏感区

1980～2015 年河南省主要粮食作物产量对气候变化趋势的敏感区分布如图 11-3 所示，可以看出，冬小麦和夏玉米对生育期气候因子的敏感区分别占河南省面积的 34.4%和 39.1%。冬小麦产量对气候因子的敏感区主要集中分布在豫西和豫南，夏玉米产量对气候因子的敏感区在河南省范围内均有分布。冬小麦和夏玉米两者对气候因子的公共敏感区则主要集中在豫西大部和豫南地区的少数区域，约占河南省面积的 13%。其原因可能是豫西地区属于暖温带大陆性季风气候，降水较少且年际变化大，农业为灌溉农业，作物全生育期灌溉水源主要靠外来水源，加上灌溉设施较差，作物生长对气候因子的依赖程度较大，更容易受气候变化的影响。

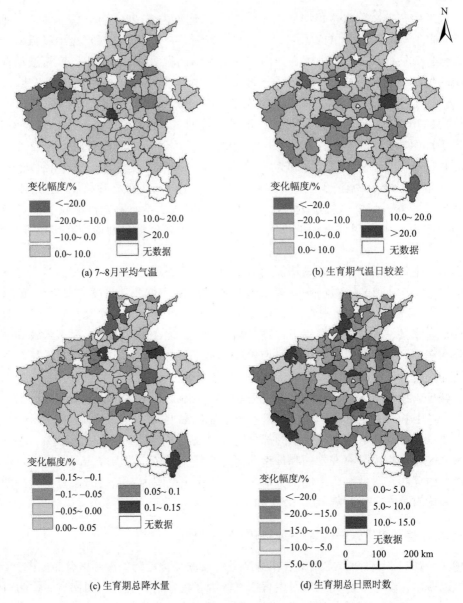

(a) 7~8月平均气温

(b) 生育期气温日较差

(c) 生育期总降水量

(d) 生育期总日照时数

图 11-2　夏玉米产量对气候因子敏感效应的空间分布(生育期气候因子每变化一个单位产量的变化幅度)

　　在剔除了社会经济因素和科学技术进步的条件下，冬小麦产量敏感区中[图11-3(a)]，生育期总降水量造成的敏感区面积最大，约占河南省的31.1%，灌浆期总降水量次之，约占16.7%，其次是生育期平均气温，造成的敏感区面积约占河南省的10%，灌浆期总日照时数造成的敏感区面积约占河南省的4.5%，越冬期最高温造成的敏感区面积约占河南省面积的3.3%，返青期最低温造成的敏感区范围最小，占河南省面积的1.1%。从空间分布来看，生育期总降水量造成的产量敏感区主要分布在豫西和豫南，灌浆期总降水量造成的产量敏感区主要分布在豫西和豫东地区，生育期平均气温造成的产量敏感

区主要集中在豫西地区，灌浆期总日照时数、越冬期最高温和返青期最低温造成的产量
敏感区则分别零星地散落在豫西和豫南地区。

　　同样，在夏玉米产量敏感区中[图 11-3(b)]，生育期总降水量造成的敏感区范围最大，
约占河南省的 20.7%，7～8 月平均气温次之，导致的敏感区约占河南省的 12.6%。生育
期气温日较差和生育期总日照时数造成的敏感区范围最小，均占河南省范围的 9.2%。从
空间分布来看，生育期总降水量造成的敏感区主要分布在豫北和豫东区域，7～8 月平均
气温造成的敏感区在河南省均有零散分布，生育期总日照时数造成的敏感区散落分布在
豫西和豫东地区，生育期气温日较差造成的敏感区则集中分布于豫西地区。

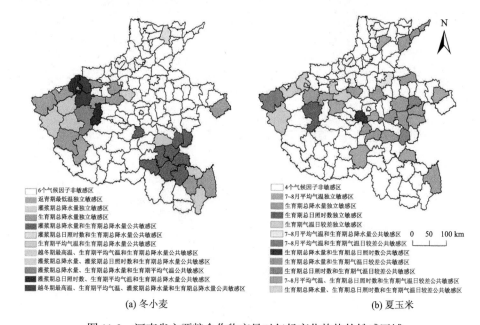

(a) 冬小麦　　　　　　　　　　　　　　　　(b) 夏玉米

图 11-3　河南省主要粮食作物产量对气候变化趋势的敏感区域

11.2　基于敏感区与非敏感区的农户种植适应决策

11.2.1　调查区域农户的基本信息

　　本部分研究主要依托于问卷调查与深度访谈数据，这些数据主要通过农户家庭调查
而得到。农户家庭调查主要采用参与式农村评估法(Participatory Rural Appraisal, PRA)的
半结构访谈(Semi-structured Interview)工具、实地问卷调查等进行入户调查。基于前期预
调查中对农户的访谈，设计了调查问卷，调研问卷内容主要从农户生计资本方面进行指
标设计与选取，并根据研究区实际情况进行了调整(表 11-1)，主要包括农户的人力资本、
社会资本、金融资本、物质资本、自然资本以及农户对气候变化的感知。

　　调查区域的选择是基于前文分析得到的河南省冬小麦和夏玉米产量对气候因子变化
敏感的区域，在敏感区与非敏感区随机选取 14 个村落(图 11-4)，每个村落的规模均在
200 户左右，并于 2017 年 6～10 月对 14 个村落进行了实地调查，每个村落分别随机抽

取 30 户家庭，共 420 户，回收率 100%。有效问卷 389 份，有效率 92.6%，其中敏感区有效问卷 200 份，非敏感区有效问卷 189 份。

表 11-1　农户适应性分析指标体系

变量	测量指标	赋值
人力资本	种植经验	1=少于 5 年；2=5～10 年；3=10～20 年；4=20 年以上
	性别	0=女；1=男
	受教育程度	0=文盲；0.25=小学；0.5=初中；0.75=高中；1=大专及以上
	家庭整体劳动力	0=非劳动力；0.5=半劳动力；1=全劳动力
社会资本	遇到困难提供帮助的人	0=很少；0.25=较少；0.5=一般；0.75=较多；1=很多
金融资本	人均年收入	家庭现金总收入与总人数之比
	非农收入比重	非农收入与家庭现金总收入之比
物质资本	灌溉便利程度	0=非常差；0.25=较差；0.5=一般；0.75=比较好；1=非常好
自然资本	耕地总面积	家庭实际耕种面积
气候变化感知	认为气候发生变化	0=否；1=是

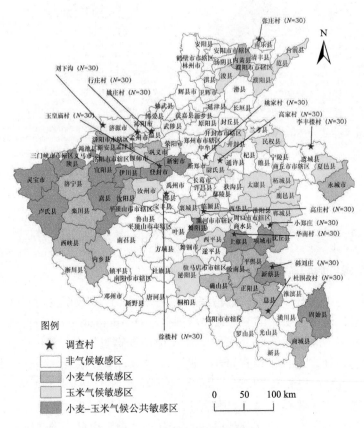

图 11-4　调研样本村示意图

11.2.2　农户对气候变化的感知

由表 11-2 可知，从整体上来说，敏感区和非敏感区中绝大多数农户认为近年来气候发生了变化，且认为气候发生变化的农户分别占比 89.0%和 84.0%，敏感区和非敏感区中认为气候没有发生变化的农户较少，农户比例分别是 7.0%和 9.0%，敏感区和非敏感区中对于气候变化持不确定性态度的农户比例则分别是 4.0%和 7.0%。

表 11-2　受访农户对近年来气候变化的感知

气候是否发生变化	敏感区		非敏感区	
	频数	比例/%	频数	比例/%
是	178	89.0	168	84.0
否	14	7.0	18	9.0
不确定	8	4.0	14	7.0

敏感区与非敏感区农户对气温变化程度的感知具有明显的差异化特征，但总体上来说大多数受访农户都认为气温有明显的升温趋势（表 11-3）。有大约 91.00%的敏感区受访农户认为近 5 年气温与早期气温有相对升高趋势，非敏感区受访农户的相应比例大约为75.66%。敏感区中有 2.00%的受访农户表示气温在降低，非敏感区没有受访农户认为气温在降低，这一研究结果也由此印证了全球气候变暖的科学性。有 3.50%的敏感区受访农户认为气温没有发生变化，而非敏感区受访农户认为气候没有发生变化的比例相对较高，接近 10%。另外，敏感区与非敏感区农户对降水变化的感知情况也存在显著差异（表 11-3），非敏感区多数（69.84%）受访农户认为近 5 年降水减少，而敏感区只有一半（50%）的受访农户认为降水减少，且有 23%的敏感区受访农户认为近 5 年降水增加，另有 18%的敏感区受访农户表示降水没有变化，有 9.52%的非敏感区受访农户表示降水没有变化。

表 11-3　受访农户对近年来气温和降水变化的感知

气温	敏感区		非敏感区		降水	敏感区		非敏感区	
	频数	比例/%	频数	比例/%		频数	比例/%	频数	比例/%
升高	182	91.00	143	75.66	增多	46	23	10	5.29
降低	4	2.00	0	0	减少	100	50	132	69.84
没变化	7	3.50	18	9.52	没变化	36	18	18	9.52
不知道	7	3.50	28	14.81	不知道	18	9	29	15.34
合计	200	100	189	100	合计	200	100	189	100

注：由于数据存在修约情况，所以部分数据求和不为100%。

农户对气候变化的认知情况较为一致，大多数农户表示近年来气候发生了变化，然而对气候变化原因的认识还存在较大争议，分别约有 44.65%的敏感区与 64.15%的非敏感区受访农户认为人类活动是气候变化的主要原因，约有 10.71%的敏感区与 7.55%的非敏感区受访农户认为气候变化是自然环境变化引起的，分别有 44.64% 与 28.3% 的受访农户不能确定气候变化的原因。其原因可能是农户受教育程度普遍较低、相关先进的科学知识和生产信息相对闭塞，同时也在一定程度上印证了气候变化不确定性的本质。

　　至于引起气候变化的具体的原因(图 11-5)，敏感区与非敏感区受访农户对不同因素的贡献程度持有不同的认识。敏感区农户认为汽车增加(41.07%)、工业排放(37.5%)、城市建设(14.29%)、农业污染(12.5%)是气候变化的四大主要原因，而非敏感区农户将气候变化主要归结于工业排放(45.28%)和汽车增加(39.62%)两大因素。敏感区和非敏感区农户对其他影响因素的认识也存在显著差异。

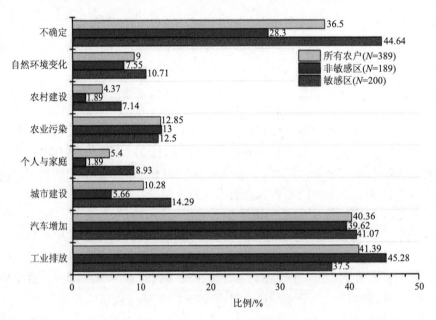

图 11-5　受访农户对气候变化原因的认识

11.2.3　气候变化下农户种植适应行为分析

1. 农户采取的适应措施

　　从农户适应行为的措施选择来看，敏感区和非敏感区中分别有 16% 和 18.87% 的农户没有采取适应措施，没有采取适应措施说明他们不知道该如何适应，且适应成本较高，如高温天气导致的玉米落花较多，即使打药仍不能减弱该现象，导致农户束手无策。并且有一部分农户的年龄较大，受教育程度较低，对气候变化和适应了解较少，且体力、能力较差，对农业生产的态度是顺其自然，任凭气候变化对农业带来损害。但敏感区与非敏感区中采取适应措施的农户比例仍占绝大多数，全体受访农户的气候变化适应策略多样化指数为 2.31，其中，农户选择最多的适应措施是增加灌溉，其次是选择改良的作物品种，再次是增加农药化肥投入，分别有 59.64%、46.53% 和 45.76% 的农户选择了这三种适应措施(图 11-6)。

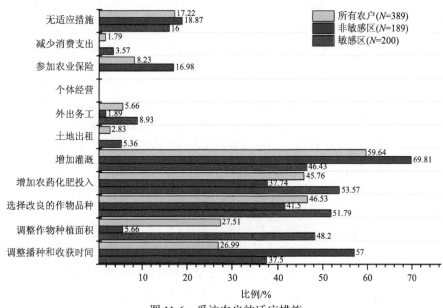

图 11-6　受访农户的适应措施

　　敏感区和非敏感区农户的适应策略多样化指数分别为 2.55 和 2.04，在敏感区农户采取的适应行为措施中，选择增加农药化肥投入的农户最多 (53.57%)，而非敏感区中选择增加灌溉的农户最多 (69.81%)，原因可能是，在我们进行走访调查的过程中，发现敏感区中有些地区的灌溉条件较差，在面对干旱情况时，因灌溉成本较高，大多数农户选择放弃增加灌溉次数，转而选择成本较低的，容易实施的农药化肥投入，以减轻干旱带来的病虫害的增加。其次敏感区 51.79% 的农户选择了改良的作物品种来适应气候变化对粮食作物的影响，非敏感区 57% 的农户通过调整作物的播种和收获时间来适应气候变化。敏感区中适应措施排在第 3 位的是调整作物种植面积，有 48.2% 的敏感区农户选择减少或改种其他作物，如信阳息县的杜围孜村因近年来降水减少，干旱次数增加，同时由于灌溉条件较差，许多农户选择将原来种植的水稻改种更耐旱的旱稻，同时一些地区由于小麦的灌溉需水量较大，选择种植其他需水量较小的经济作物，来减轻气候变化带来的农业收入的损失。非敏感区农户选择的适应行为排在第 3 位的是选择改良的作物品种来适应气候变化，有 41.5% 的受访农户选择购买更好的小麦或玉米种子进行种植，而没有沿用上一年的作物品种，在他们看来改良的作物品种种类较多，选择的机会较多，且成本较低，实施性比较强。敏感区中农户选择的适应行为排在第 4 位的是增加灌溉，有 46.43% 的受访农户选择了该项适应措施，低于非敏感区的 69.81%。非敏感区中排在第 4 位的是增加农药化肥投入，有 37.74% 的受访农户选择了该项适应措施。而以往研究中提及的农户外出务工这一适应措施，在调查过程中发现，敏感区与非敏感区的农户选择外出务工并不是针对气候变化给农业生产带来损失之后做出的选择，其外出务工的根本原因是农业收入已远远不能满足家庭的消费需求，需要从事非农活动来获取更高的收入，这与以往的研究结果略有不同。同时，敏感区中还有个别受访者通过减少消费支出来消极适应气候变化带来的影响，也未见有受访农户选择参加农业保险，而在非敏感区中有 16.98% 的受访者参加了农业保险。土地出租也是选择较少的适应措施，有些农户反映要把土地租出去，但无人愿意租入。

2. 农户选择的适应模式

　　基于农户层面的调查数据可将农户的适应措施归为三类：①扩张型，指农户采取的扩大农业生产的资金投入与生产规模的适应行为，如增加灌溉的次数、增加农药化肥的投入等；②调整型，即农户通过改变传统的农业生产实践活动来减缓气候变化带来的冲击行为的措施，以达到提高农户适应气候变化能力的目的，如调整作物的播种和收获时间、调整作物的播种面积、选择改良的作物品种等；③收缩型，即农户在现有的基础上减少对农业生产活动的资金和劳动投入，或者压缩种植面积和缩小种植规模的策略（王亚茹等，2016）。

　　为了有效应对气候变化，敏感区与非敏感区的农户通常采取多种适应策略，从而形成组合型模式，其中，有 61.46% 的农户采取了组合型模式，主要包括调整+扩张型、调整+扩张+收缩型，有 24.77% 的农户选择了单一型策略，包括调整型和扩张型。在组合型模式中，有 59.63% 的受访农户采取了调整+扩张型的组合模式，其所占比例最大。仅有 1.83% 的受访农户采取了调整+扩张+收缩型的组合模式，这种组合模式采取的比例最小。在单一型适应模式中，采取扩张型模式的农户比例最大，采取调整型模式的农户比例最小，所占比例分别为 23.85% 和 0.92%。由此说明，区域间农户采取的适应模式具有一定的差异化特征（图 11-7）。

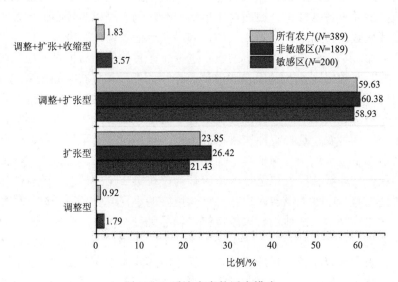

图 11-7　受访农户的适应模式

　　敏感区农户采取适应模式的类型有 4 种，高于非敏感区农户采取的 2 种适应模式。敏感区与非敏感区农户均采取以调整+扩张型为主的适应模式，采取该适应模式的农户比例分别为 58.93% 和 60.38%。排在第二位的是扩张型模式，敏感区与非敏感区农户采取该项模式的比例分别为 21.43% 和 26.42%。而敏感区中还有小部分农户采取了调整+扩张+收缩型适应模式，农户比例为 3.57%，且有 1.79% 的农户采取了调整型的适应模式。

非敏感区中没有农户采取这两种适应模式。在扩张型模式中，敏感区农户更愿意通过增加农药化肥投入来适应气候变化，采取该项措施的农户比例为 53.57%，而非敏感区农户往往更多选择的是增加灌溉，采取该项适应措施的农户比例为 69.81%。

11.2.4　气候变化下农户采取适应行为的影响因素分析

1. 农户采取适应措施的影响因素分析

本部分选择农户拥有的生计资产及其对气候变化的感知作为解释变量，来探究影响农户采取种植适应行为的动力因素，具体变量见表 11-4。对于是否采取适应措施，农户的反应只有两种，即选择或不选择，因此，可以采用二元 Logistic 模型，分析敏感区与非敏感区农户在气候变化下采取适应措施的影响因素。从表 11-5 回归的结果来看，模型整体拟合程度较好。各变量具体分析如下：

表 11-4　模型解释变量描述

变量		赋值	均值	标准差
人力资本	种植经验	1=少于 5 年；2=5~10 年；3=10~20 年；4=20 年以上	3.80	0.67
	性别	0=女；1=男	0.43	0.50
	受教育程度	0=文盲；0.25=小学；0.5=初中；0.75=高中；1=大专及以上	0.30	0.24
	家庭整体劳动力	0=非劳动力；0.5=半劳动力；1=全劳动力	2.19	1.03
社会资本	遇到困难提供帮助的人数	0=很少；0.25=较少；0.5=一般；0.75=较多；1=很多	0.57	0.22
金融资本	人均年收入	家庭现金总收入与总人数之比	13666.65	8684.25
	非农收入比重	非农收入与家庭现金总收入之比	72%	70%
物质资本	灌溉便利程度	0=非常差；0.25=较差；0.5=一般；0.75=比较好；1=非常好	0.57	0.29
自然资本	耕地总面积	家庭实际耕种面积	7.16	4.89
气候变化感知	认为气候发生变化	0=否；1=是	0.89	0.31

表 11-5　农户是否采取适应措施的影响因素分析

变量	敏感区				非敏感区			
	B	S.E.	Wald	Exp(B)	B	S.E.	Wald	Exp(B)
种植经验	−0.249	0.935	0.071	0.779	−1.545	1.137	1.847	0.213
性别	1.227	1.455	0.711	3.410	0.578[*]	0.634	0.829	1.782
受教育程度	0.542[*]	1.153	0.815	1.719	−0.592	2.125	0.078	0.553
家庭整体劳动力	0.552	1.099	0.253	1.737	0.219	0.448	0.239	1.245
遇到困难提供帮助的人数	0.403[*]	2.772	0.021	1.496	0.681[*]	1.369	0.504	1.975
人均年收入	0.001	0.000	0.133	1.000	0.000	0.000	1.700	1.000
非农收入比重	−1.308	5.482	0.057	0.27	−1.675[*]	1.620	1.069	0.187
灌溉便利程度	−3.703	2.282	2.633	0.025	−0.018	0.187	0.010	0.982

续表

变量	敏感区				非敏感区			
	B	S.E.	Wald	Exp(B)	B	S.E.	Wald	Exp(B)
耕地总面积	0.040	0.180	0.050	1.041	1.374	2.807	0.240	3.953
认为气候发生变化	0.604**	3.650	2.525	1.956	0.079	1.135	0.005	1.082
常数	2.827	5.437	0.270	16.899	−1.740	3.535	0.242	0.176
−2 Log likelihood	23.751				28.213			
Cox & Snell R^2	0.808				0.419			
Nagelkerke R^2	0.754				0.608			

注：B、S.E.、Wald 和 Exp(B)分别表示估计系数、标准误差、沃尔德检验和优势比。***、**、*分别表示在 1%、5%、10%水平上显著。"−2 Log likelihood"越小，表示模型显著性水平越高。"Cox & Snell R^2"与"Nagelkerke R^2"越接近 1，表示模型的拟合优度越高，即模型解释能力越强。下同。

敏感区农户在采取适应措施时受到农户受教育程度、遇到困难提供帮助的人数和认为气候发生变化共三个因素的显著影响。而非敏感区农户在采取适应措施时受到性别、遇到困难提供帮助的人数和非农收入比重共三个因素的显著影响。

具体来看，一是受教育程度增加了敏感区农户采取适应措施的可能性，受教育程度越高的农户，其选择采取适应措施的概率越大，并且受教育程度每提高 1 个单位，敏感区农户采取适应措施的概率就提高 71.9%。因为农户受教育程度越高，对农业生产知识的掌握能力越强，越能认识到气候变化给农业生产造成的不利影响，因此更愿意采取相关适应措施来适应气候变化。

遇到困难提供帮助的人数，即社会资本是影响敏感区农户采取适应措施的关键因素。社会资本越丰富，敏感区农户采取适应措施的概率就越高，即农户在遇到困难时提供帮助的人数每增加 1 个单位，其采取适应措施的概率就提高 49.6%。

认为气候发生变化对敏感区农户采取适应措施具有重要的正向影响。农户越能清晰地感知到气候的变化，其采取适应措施的概率就越大。感知到气候变化的农户采取适应措施的概率比没有感知到气候变化的农户要提高 95.6%。

二是非敏感区农户的性别对农户采取适应措施具有重要影响。受访者为男性的农户比女性更容易采取适应措施，其采取适应措施的概率比女性农户高 78.2%。这可能是因为男性比女性更愿意去接触新知识和新技能，其对农业生产的了解更为详细，故采取适应措施减缓气候带来的不利影响的概率更大。

同样，与敏感区相似的是，遇到困难提供帮助的人数，即社会资本亦是影响非敏感区农户采取适应措施的关键因素。社会资本越丰富，非敏感区农户采取适应措施的概率就越高，即农户在遇到困难提供帮助的人数每增加 1 个单位，其采取适应措施的概率就提高 97.5%。

非农收入比重是影响非敏感区农户采取适应措施的一个重要的阻碍因素。非敏感区农户非农收入比重越高，采取适应措施的意愿越低。非农收入比重每提高一个单位，采取适应措施的概率相应降低 81.3%。这可能是因为非农就业逐渐成为农户最重要的收入来源，农户生计非农化趋势越来越明显，选择以非农活动为主，兼种植粮食作物的可能性增加。同样在调研活动中发现，一些非农收入比重高的农户对农业生产采取放任不管的态度，认为只依靠种地收入难以维持家庭的基本开支，许多农户粗放经营耕地或者降低种植规模，并在农闲时甚至常年外出打工补贴家用。

政府部门同样影响着农户是否决定采取适应措施，但在调查过程中发现，所有受访农户均表示当地政府部门并未出台任何政策来鼓励农户积极适应气候变化，因此无法判定政府部门在农户适应行为中的作用，故在进行影响因素分析时剔除了这一因素。

2. 农户选择适应模式的影响因素分析

为了深入揭示农户适应模式选择背后的关键因素，将前文的 4 种适应模式归类为"以扩张型为主"和"以调整+扩张组合型为主"的适应模式两类，对于每一种适应模式，农户的反应只有两种，即选择或不选择，因此，采用二元 Logistics 模型对农户适应模式选择的影响因素进行分析。

1)"以调整+扩张组合型为主"的适应模式

由表 11-6 可知，从模型整体校验效果来看，-2Log likelihood 值较小，说明模型的显著性水平较高，同时，Cox & Snell R^2 值均大于 0.300，而 Nagelkerke R^2 值均大于 0.500，说明模型的拟合优度较高。

表 11-6　农户选择"以调整+扩张组合型为主"适应模式的影响因素分析

变量	敏感区				非敏感区			
	B	S.E.	Wald	Exp(B)	B	S.E.	Wald	Exp(B)
种植经验	0.750	0.634	1.400	2.118	0.685*	0.479	2.048	1.984
性别	-1.875	1.227	2.338	0.153	0.431	0.612	0.496	1.539
受教育程度	1.121	2.755	0.165	3.067	0.613**	2.047	0.090	1.846
家庭整体劳动力	0.324	0.800	0.164	1.383	-0.961	1.259	0.583	0.382
遇到困难提供帮助的人数	0.198	1.906	0.011	1.219	0.283	0.188	2.271	1.327
人均年收入	0.000	0.000	3.432	1.000	0.000	0.000	3.207	1.000
非农收入比重	-3.425	2.429	1.988	0.033	0.119	0.700	1.367	1.126
灌溉便利程度	$-6.838*$	3.583	3.643	0.001	-4.508	4.301	1.098	0.011
耕地总面积	$-0.407**$	0.181	5.030	0.666	0.291*	0.187	2.420	1.338
认为气候发生变化	-1.081	3.062	0.125	0.339	0.675**	0.488	1.916	1.964
常数	2.964	4.449	0.444	19.370	1.965	4.767	0.170	7.134
-2Log likelihood	30.152				33.715			
Cox & Snell R^2	0.465				0.380			
Nagelkerke R^2	0.637				0.530			

从模型回归结果来看，对于"以调整+扩张组合型为主"的适应模式，在不同区域，农户选择的影响因素不同，灌溉便利程度、耕地总面积是影响敏感区农户选择"以调整+扩张组合型为主"适应模式的显著因素。而农户种植经验、受教育程度、耕地总面积以及认为气候发生变化是影响非敏感区农户选择"以调整+扩张组合型为主"适应模式

的显著因素。其中，耕地总面积，即农户的自然资本是敏感区与非敏感区农户选取"以调整+扩张组合型为主"适应模式的共同影响因素。

敏感区中灌溉便利程度和耕地总面积对农户选择"以调整+扩张组合型为主"的适应模式起着阻碍作用，灌溉便利程度每增1个档次，耕地面积每增加1亩，敏感区农户选择"以调整+扩张组合型为主"的适应模式的概率会分别降低99.9%和33.4%。其原因可能是耕地的灌溉设施越完善，农户可能越容易应对气候变化带来的影响，如干旱、高温等，有些农户只需要增加灌溉的次数就可应对这些影响。同时，在调研过程中发现，一些农户的耕地离水井的距离较近，其灌溉的次数要多于耕地离水井距离远的农户，而耕地离水井距离较远的农户认为增加灌溉次数不划算，会增加农业生产的成本，因此更多的是选择改良的作物品种，将需水量较大的作物替换为一些更为耐旱的作物来适应气候变化。同样，在调研过程中了解到，拥有耕地较多的农户认为调整作物的种植面积，或者种植新的作物的成本会高于增加灌溉次数、增加农药化肥投入等扩张措施，且风险较大，因此这些农户会两三家一起修建水井来改善灌溉条件，以此降低投入的风险。

非敏感区农户的种植经验增加了其选择"以调整+扩张组合型为主"的适应模式的可能性。非敏感区农户种植经验每增加1个单位，其选择该模式的概率会提高98.4%。农户的受教育程度是非敏感区农户选择"以调整+扩张组合型为主"的适应模式的重要影响因素，受教育程度越高的农户，其选择该项适应策略类型的概率就会越大，农户随着受教育程度的提高，对农业生产知识的掌握能力越强，越能接触到多种类型的适应措施。农户的受教育程度每提高1个档次，其选择该项适应模式的概率就会提高84.6%。耕地总面积是影响非敏感区农户选择"以调整+扩张组合型为主"适应模式的一个重要因素。耕地面积每增加1亩，农户选择该项适应模式的概率提高33.8%，这与敏感区耕地面积对农户选择该项适应模式起着相反的作用。究其原因，可以发现，非敏感区拥有较多耕地面积的农户种植作物的类型较多，不仅种植冬小麦和夏玉米，黄豆和花生的种植比例也较高，有大多数农户用种植黄豆来代替种植玉米。农户认为气候发生变化同样是影响非敏感区农户选择"以调整+扩张组合型为主"的适应模式的一个关键因素，认为气候发生变化的农户比没有感知到气候变化的农户选择该项适应模式的概率高96.4%。

2）"以扩张型为主"的适应模式

由表11-7可知，从模型整体校验效果来看，–2Log likelihood 值较小，说明模型的显著性水平较高，同时，Cox & Snell R^2 值均大于 0.300，而 Nagelkerke R^2 值均大于 0.600，说明模型的拟合优度较高。从模型回归结果来看，对于"以扩张型为主"的适应模式，在不同区域的农户其选择的影响因素不同。

非农收入比重和耕地总面积是影响敏感区农户选择"以扩张型为主"适应模式的显著性因素。其中，非农收入比重每提高一个档次，农户选择"以扩张型为主"适应模式的概率会降低95.9%。耕地总面积每增加1亩，农户选择"以扩张型为主"适应模式的概率会降低29.3%。

非农收入比重和耕地总面积是影响非敏感区农户选择"以扩张型为主"适应模式的显著性因素。其中，非农收入比重具有显著的负向影响，说明农户非农收入每提高1个单位，农户选择"以扩张型为主"适应模式的概率降低 99.8%。耕地总面积具有显著的负向影响，其回归系数为–0.555，说明随着耕地面积每增加 1 亩，农户选择"以扩张型为主"适应模式的概率会降低 42.6%。

总体来看，金融资本和自然资本是阻碍敏感区与非敏感区农户选择"以扩张型为主"适应模式的影响因素。非农收入比重越大的农户，其生计非农化趋势越明显，并且随着农业生产边际效益的降低，大多数农户选择减少农业生产的投入，并缩小农业生产的规模，将非农就业活动作为主要的谋生手段。耕地总面积越多的农户，其不再种植单一作物，或仅仅增加灌溉次数，而是增加作物种植类型和数量，来增加农业方面的收入。

表 11-7　农户选择"以扩张型为主"适应模式的影响因素分析

变量	敏感区				非敏感区			
	B	S.E.	Wald	Exp(B)	B	S.E.	Wald	Exp(B)
种植经验	0.359	0.420	0.731	1.432	0.904	1.211	0.557	2.471
性别	0.277	1.081	0.066	1.320	–2.601	1.706	2.325	0.074
受教育程度	0.595	2.703	0.048	1.812	–1.676	4.179	0.161	0.187
家庭整体劳动力	0.770	0.504	2.337	2.160	0.752	0.751	1.003	2.121
遇到困难提供帮助的人数	–3.723	2.166	2.956	0.024	–0.182	5.240	0.001	0.834
人均年收入	0.000	0.000	0.378	1.000	0.000	0.000	5.843	1.000
非农收入比重	–3.184**	1.548	4.232	0.041	–6.058*	3.542	2.925	0.002
灌溉便利程度	0.334	1.867	0.032	1.396	1.183	4.013	0.087	3.264
耕地总面积	–0.347*	0.168	4.290	0.707	–0.555*	0.293	3.590	0.574
认为气候发生变化	0.600	1.826	0.108	1.822	–1.473	1.968	0.560	0.229
常数	1.483	2.701	0.302	4.407	–7.185	6.466	1.235	0.001
–2Log likelihood	30.368				25.325			
Cox & Snell R^2	0.356				0.490			
Nagelkerke R^2	0.648				0.683			

11.3　研　究　结　论

（1）冬小麦产量对越冬期最高温、返青期最低温、生育期平均气温和灌浆期总日照时数的敏感效应为正效应，而对灌浆期总降水量、生育期总降水量的敏感效应为负效应。冬小麦产量对生育期平均气温的敏感效应最强，对生育期总降水量的敏感效应均最弱。

（2）夏玉米产量对 7～8 月平均气温、生育期气温日较差和生育期总日照时数的敏感效应为正效应，而对生育期总降水量的敏感效应为负效应。夏玉米产量对 7～8 月平均气温的敏感效应最强，对生育期总降水量的敏感性最弱。

（3）气候变化下冬小麦和夏玉米产量的敏感区在空间上的分布虽然有重叠区，但不完全一致。冬小麦产量对气候因子的敏感区主要集中分布在豫西和豫南，夏玉米产量对气候因子的敏感区在河南省范围内均有分布。冬小麦和夏玉米两者对气候因子的公共敏感区域则主要集中在豫西大部和豫南地区的少数区域，约占河南省面积的13%。同时，夏玉米产量的敏感区面积略大于冬小麦，即夏玉米产量的敏感区面积占河南省省域面积的39.1%，冬小麦则是34.4%。

(4) 从整体上来说，敏感区和非敏感区中绝大多数农户认为近年来气候发生了变化，且认为气候发生变化的农户比例分别是89.0%和84.0%。敏感区和非敏感区中认为气候没有发生变化的农户较少，农户比例分别是7.0%和9.0%，敏感区和非敏感区中对于气候变化持不确定性态度的农户比例则分别是4.0%和7.0%。

(5) 敏感区与非敏感区农户的气候变化适应策略多样化指数分别为2.55和2.04。敏感区与非敏感区农户采取适应措施的差异性主要体现在采取增加农药化肥投入和增加灌溉的顺序，敏感区农户优先采取增加农药化肥投入，第四位采取增加灌溉，而非敏感区农户与之相反。其原因可能是，其一，敏感区中豫西和豫南地区的灌溉成本较高；其二，敏感区农户的人均年收入要低于非敏感区农户，在增加灌溉时更容易受其较低经济收入的限制。人力资本、社会资本和农户对气候变化的感知积极促进了敏感区农户采取适应措施，同样，人力资本和社会资本提高了非敏感区农户采取适应措施的概率，但金融资本中非农收入比重对非敏感区农户采取适应措施起到了阻碍作用。

(6) 全体受访农户中以选择调整+扩张型组合适应模式的农户最多，以选择调整型适应模式的农户最少。敏感区与非敏感区农户中均以选择调整+扩张型组合适应模式的农户最多，其次是扩张型模式。灌溉便利程度和耕地总面积对敏感区农户选择"以调整+扩张组合型为主"的适应模式具有显著的阻碍作用，农户种植经验、受教育程度、耕地总面积和认为气候发生变化对非敏感区农户选择"以调整+扩张组合型为主"的适应模式具有显著的促进作用。非农收入比重和耕地总面积是敏感区与非敏感区农户选择"以扩张型为主"的适应模式的显著阻力因素。

参 考 文 献

成林, 刘荣花, 马志红. 2011. 增温对河南省冬小麦产量的影响分析. 中国生态农业学报, 19(4): 854-859.

崔力, 王春玲, 李改琴, 等. 2010. 濮阳市夏玉米产量与气象因子的关系分析. 中国农学通报, 26(16): 341-344.

孙宏勇, 张喜英, 陈素英, 等. 2009. 气象因子变化对华北平原夏玉米产量的影响. 中国农业气象, 30(2): 215-218.

唐为安, 田红, 陈晓艺, 等. 2011. 气候变暖背景下安徽省冬小麦产量对气候要素变化的响应. 自然资源学报, 26(1): 66-78.

王亚茹, 赵雪雁, 张钦, 等. 2016. 高寒生态脆弱区农户的气候变化适应策略评价——以甘南高原为例. 地理研究, 37 (7): 2392-2402.

温华洋, 田红, 唐为安, 等. 2013. 安徽省冰雹气候特征及其致灾因子危险性区划. 中国农业气象, 34(1): 88-93.

肖登攀, 陶福禄, 沈彦俊, 等. 2014. 华北平原冬小麦对过去 30 年气候变化响应的敏感性研究. 中国生态农业学报, 22 (4): 430-438.

Lobell D B, Costa-Roberts J. 2011. Climate trends and global crop production since 1980. Science, 333 (6042): 616-620.

第 12 章 气候变化下河南省农户灌溉适应决策分析

　　水资源是农业生产最重要的支撑和保证，同时也是限制农业发展的重要因素。全球气候变暖导致了全球范围内降水量与降水模式的变化(Kahsay and Hansen，2016)，也加剧了降水、蒸散、径流、渗漏等农田水文要素的演变，中国降水量自 20 世纪 70 年代以来总体呈减少趋势，蒸发量整体呈显著下降趋势(秦大河等，2005)，降水量和蒸发量的波动对地表径流和地下水的影响，致使对作物的补给量改变，导致灌溉需水量发生变化(杨宇等，2016)，农业水资源短缺问题也逐渐显现。农户是气候变化事件直接影响的利益相关者和采取适应性措施的实践者(祁新华等，2017)，作为灌溉活动的主体，农户对于气候的判断和反应较大地影响其灌溉行为(雒丽等，2016)，研究其适应性行为具有重要意义。

　　选取河南省年平均气温、年最高气温、日照时数、降水总量、降水天数和相对湿度 6 个气候要素表征气候变化，分析气候变化对冬小麦和夏玉米灌溉需水量的影响。在不同贡献率等级区域选取农户进行农户适应性研究，研究农户应对气候变化的灌溉适应策略及其影响因素。

12.1 河南省作物灌溉需水量的时空分布

　　用全省 19 个气象站点和 17 个农业站点的降水数据和作物需水量数据，在 ArcGIS 中用普通克里金法对河南省各个站点的多年平均值进行空间插值，并运用分区统计的方法得到河南省粮食作物多年平均作物需水量和多年平均灌溉需水量的空间分布图。根据河南省的整体数值，得到 1980～2015 年主要作物需水量和灌溉需水量的时间变化。

12.1.1 夏玉米作物需水量和灌溉需水量的时空分析

　　河南省夏玉米全生育期需水量 250～450mm，从东南向西北逐渐增加。由于降水量的空间格局呈现南高北低，而需水量的空间格局呈现西北高、东南低，所以造成了河南省夏玉米灌溉需水量自西北向东南递减，高值区位于西北部的焦作市、济源市等研究单元，灌溉需水量为 270～300mm；低值区位于东部和南部的周口市、南阳市东部地区等研究单元，灌溉需水量为 240～245mm，总体差异不大。其中，信阳市位于河南省的南部，其降水量较多，蒸发量也较高，造成信阳市较其西北部研究单元的灌溉需水量较高(图 12-1)。从时间上看，夏玉米作物需水量和灌溉需水量的变化趋势总体一致，均呈下降趋势，但由于不同年份之间差异较大，所以夏玉米作物需水量和灌溉需水量呈现波动变化，最高值在 1981 年，最低值在 2003 年(图 12-2)。

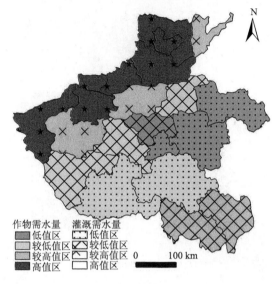

图 12-1　夏玉米作物需水量和灌溉需水量的空间分布

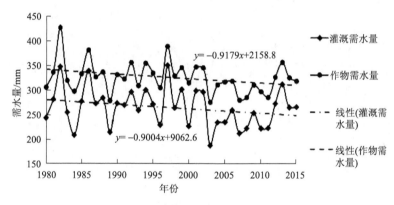

图 12-2　夏玉米作物需水量和灌溉需水量的时间变化

12.1.2　冬小麦作物需水量和灌溉需水量的时空分析

冬小麦生育期较长，从 10 月到次年 5 月，河南省冬小麦全生育期需水量 280～500mm，从南向北波动增加。降水量的空间格局呈南高北低，而需水量的空间格局呈北高南低，造成河南省冬小麦灌溉需水量自北向南减少，其中，北部的濮阳市是冬小麦作物需水量高值区，是灌溉需水量较高值区，灌溉需水量为 404mm；商丘市和周口市冬小麦作物需水量和灌溉需水量均较低，灌溉需水量为 320～334mm(图 12-3)。从时间上看，冬小麦生育期作物需水量和灌溉需水量的变化趋势总体一致，呈上升趋势，说明其生育期所需的水量越来越多(图 12-4)。

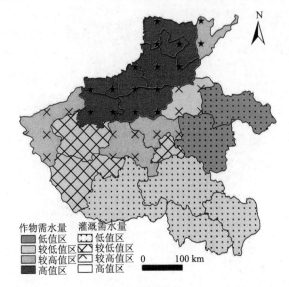

图 12-3　冬小麦作物需水量和灌溉需水量的空间分布

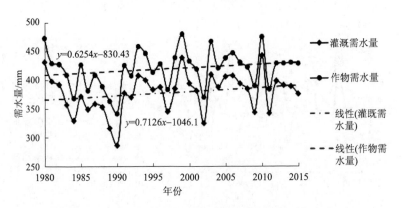

图 12-4　冬小麦作物需水量和灌溉需水量的时间变化

12.2　气候变化对作物灌溉需水量的影响

12.2.1　气候因子对作物灌溉需水量贡献率的描述统计

　　从气候因子变异系数、气候因子变率、气候因子弹性系数和贡献率 4 个方面分析气候因子对作物灌溉需水量的影响（表 12-1）。气候因子变异系数是标准差除以平均数；气候因子变率指各个气候要素的变化速度；气候因子弹性系数是 EViews 计算出来的弹性系数；贡献率即方法中提出的计算方法计算所得。

　　气候因子在研究时段内的变化对作物灌溉需水量产生一定的影响，为了评价气候因子变化对作物灌溉需水量的贡献程度，采用因子贡献率分析法定量分析 36 年各个气候因子对灌溉需水量的贡献程度。各气候因子贡献率分析结果见表 12-1。气候因子变率分析结果显示，除冬小麦生育期的相对湿度为−0.068%外，其他均为正值，说明冬小麦生育期的相对湿度在研究时段内呈下降趋势，而其他气候因子呈增加态势。

表 12-1　作物生育期气候因子对灌溉需水量贡献率

	气候因子	气候因子变异系数	气候因子变率/%	气候因子弹性系数	贡献率
冬小麦生育期	热量类要素 最高气温	0.052	0.124	−0.285	−0.127
	平均气温	0.071	0.133	0.149	0.071
	日照时数	0.078	0.472	−0.067	−0.113
	降水类要素 降水总量	0.206	5.247	−0.145	−2.71
	降水天数	0.148	0.732	−0.263	−0.689
	相对湿度	0.062	−0.068	0.515	−0.125
夏玉米生育期	热量类要素 最高气温	0.023	0.561	−4.409	−1.055
	平均气温	0.022	0.861	3.316	1.218
	日照时数	0.133	0.17	0.85	0.062
	降水类要素 降水总量	0.238	4.005	−0.152	−0.26
	降水天数	0.141	0.858	0.273	0.1
	相对湿度	0.038	0.252	−2.88	−0.309

冬小麦生育期内平均气温的贡献率为正值，最高气温、日照时数、降水总量、降水天数和相对湿度的贡献率为负值。这说明，研究时段内平均气温的增加促使冬小麦灌溉需水量的增加，而相对湿度、最高气温、日照时数、降水总量和降水天数的增加促使冬小麦灌溉需水量的减少。定量分析表明，各气候因子对其灌溉需水量贡献率最大的是降水总量，主要是因为研究时段内其变率较大；其次为降水天数；最高气温、日照时数和相对湿度的贡献率相近；贡献率最小的是平均气温。

夏玉米生育期内平均气温、日照时数和降水天数的贡献率为正值，最高气温、降水总量和相对湿度的贡献率为负值。这说明，研究时段内平均气温、日照时数和降水天数的增加促使夏玉米灌溉需水量的增加，而最高气温、降水总量和相对湿度的增加促使夏玉米灌溉需水量的减少。定量分析表明，各气候因子对其灌溉需水量贡献率相差较大，最大的是平均气温，其次为最高气温，主要是因为这两个气候因子的弹性系数相对较大，而其研究时段内的变率也不是最小；接下来为相对湿度、降水总量和降水天数，虽然降水总量研究时段内的变率最大，但其弹性系数最小；贡献率最小的是日照时数。

12.2.2　气候因子对作物灌溉需水量贡献率的空间分布

1. 冬小麦

用因子贡献率分析法分析冬小麦生育期内各个月份气候因子多年平均值对其灌溉需水量多年平均值的影响，并以 0 为分界线，将贡献率分为正贡献率和负贡献率，正负贡献率根据其最大值平均分为两部分，得到四个贡献率等级：高正贡献率、低正贡献率、低负贡献率和高负贡献率。在 ArcGIS 中进行可视化处理，得到图 12-5 和图 12-6。

由图 12-5(a1)～图 12-5(a8)可得，10 月最高气温对冬小麦灌溉需水量的贡献率呈现南高北低，其中正贡献率的研究单元仅在西南部的三门峡市、南阳市西部地区和东部地区；11 月最高气温的贡献率均为正值，其中高正贡献率的研究单元沿三门峡市、济源市到商丘市呈带状环绕在中北部地区，南部地区信阳市东部地区也属于高正贡献率；12 月最高气温仅有东部的商丘市、周口市，西部的三门峡市属于高正贡献率，剩余研究单元均属于低正贡献率；1 月最高气温不同贡献率研究单元分布较分散，其中南部地区仅有正贡献率的研究单元，中部地区仅有负贡献率的研究单元；2 月最高气温与 5 月最高气温对冬小麦灌溉需水量贡献率的空间分布一致，仅有东部地区的商丘市和西部地区的三门峡市属于高正贡献率，剩余研究单元均属于低正贡献率；3 月最高气温的贡献率以负贡献率为主，其中仅有北部的安阳市、鹤壁市和新乡市属于正贡献率，负贡献率的研究单元呈现出东高西低的空间格局；4 月最高气温的空间格局与 3 月相反，仅有北部的安阳市、鹤壁市和新乡市属于负贡献率，正贡献率的研究单元呈现出西南高东北低的空间格局。

由图 12-5(b1)～图 12-5(b8)可得，10 月平均气温对冬小麦灌溉需水量的贡献率仅有西部地区的三门峡市和洛阳市北部地区为高贡献率，剩余研究单元均为低贡献率；11 月平均气温的高贡献率区域仅有北部的安阳市和西部的洛阳市北部地区；12 月平均气温的高贡献率有中部和西部的 4 个研究单元，低贡献率的研究单元呈现西南正、东北负的格局；1 月平均气温不同贡献率的空间分布较分散，其中高贡献率的研究单元集中在豫西地区的济源市、三门峡市和洛阳市北部地区；2 月平均气温大都为低正贡献率，其中 4 个高贡献率的研究单元均分布在北部地区，呈现北高南低的格局；3 月平均气温大都为低负贡献率，在北部和西部地区零散分布有高正贡献率、低正贡献率和高负贡献率的研究单元；4 月平均气温的贡献率呈现北正、南正、中间负的格局，其中高贡献率的研究单元为西部地区的焦作市和洛阳市北部地区；5 月平均气温的研究单元大都为低正贡献率，其中 2 个负贡献率的研究单元分布在西部地区。

由图 12-5(c1)～图 12-5(c8)可得，10 月日照时数对冬小麦灌溉需水量的贡献率除三门峡市为高正贡献率外，剩余均为负贡献率，高负贡献率从西北部的焦作市、新乡市向东南部的商丘市、周口市呈条带状分布；11 月日照时数的贡献率空间分布较分散，其中中北部地区仅分布有低负贡献率；12 月日照时数对冬小麦灌溉需水量的贡献率均为正值，其中高贡献率分布在西部的三门峡市和东部的商丘市、周口市；1 月日照时数的贡献率呈现北负南正的空间格局，其中高正贡献率分布在东南部，高负贡献率分布在北部地区；2 月日照时数仅有三门峡市为高正贡献率，剩余研究单元均为低正贡献率；3 月日照时数仅有南阳市西部地区为高正贡献率，剩余均为负贡献率，其中高贡献率的研究单元呈条带状分布在河南省中部地区；4 月日照时数的空间分布为北负南正；5 月日照时数的空间分布与 4 月相反，呈北正南负的格局。

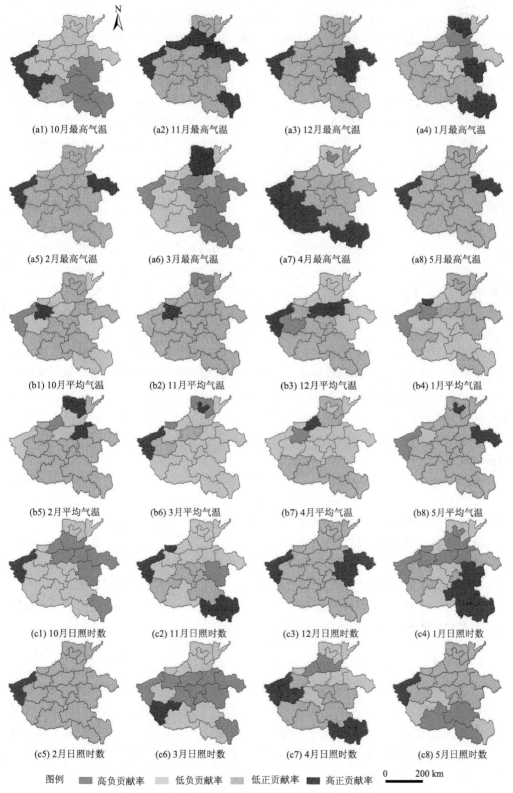

(a1) 10月最高气温　　(a2) 11月最高气温　　(a3) 12月最高气温　　(a4) 1月最高气温

(a5) 2月最高气温　　(a6) 3月最高气温　　(a7) 4月最高气温　　(a8) 5月最高气温

(b1) 10月平均气温　　(b2) 11月平均气温　　(b3) 12月平均气温　　(b4) 1月平均气温

(b5) 2月平均气温　　(b6) 3月平均气温　　(b7) 4月平均气温　　(b8) 5月平均气温

(c1) 10月日照时数　　(c2) 11月日照时数　　(c3) 12月日照时数　　(c4) 1月日照时数

(c5) 2月日照时数　　(c6) 3月日照时数　　(c7) 4月日照时数　　(c8) 5月日照时数

图例　■ 高负贡献率　■ 低负贡献率　■ 低正贡献率　■ 高正贡献率　　0　200 km

图 12-5　冬小麦各月份热量类要素贡献率的空间分布

由图 12-6(a1)~图 12-6(a8)可得，10 月降水总量对冬小麦灌溉需水量的贡献率呈现中间高、南北两端低的空间格局，其中高负和高正贡献率的研究单元分别是新乡市和开封市；11 月降水总量除周口市和信阳市东部地区为高贡献率外，剩余研究单元均为低负贡献率；12 月降水总量的贡献率均为负值，其中东部的开封市、商丘市和南部的驻马店市 3 个研究单元为高负贡献率；1 月降水总量的高贡献率研究单元集中在北部和西部地区，剩余均为低负贡献率的研究单元，其中仅有济源市是高正贡献率；2 月降水总量的贡献率总体表现为西北正、东南负，其中唯一的高负贡献率的研究单元也位于西北部的焦作市；3 月降水总量仅在北部和中部有 4 个研究单元属于高负贡献率，剩余研究单元均属低负贡献率；4 月降水总量的贡献率均为正，仅有西部的三门峡市为高正贡献率；5 月降水总量的贡献率呈现出东北高、西南低的空间格局，其中高正贡献率的研究单元仅有北部的鹤壁市、新乡市和开封市，剩余均为负贡献率。

由图 12-6(b1)~图 12-6(b8)可得，10 月降水天数对冬小麦灌溉需水量的贡献率，除北部和西部的 4 个研究单元外，剩余均为正值，其中，高贡献率的研究单元从北到南贯穿河南省中部；11 月降水天数呈现东南正、西北负的格局，其中高负贡献率分布在河南省的西北边界；12 月降水天数的贡献率除中部的郑州市为高负贡献率外，剩余均为低负贡献率；1 月降水天数的正贡献率研究单元集中在北部和中西部地区，高贡献率研究单元仅有北部的鹤壁市和东部的商丘市、周口市；2 月降水天数除三门峡市和郑州市为高负贡献率外，剩余研究单元均为低负贡献率；3 月降水天数的正贡献率呈条状分布在河南省中部的洛阳市南部地区、平顶山市、许昌市、漯河市和周口市；4 月降水天数的贡献率基本分布为北高南低，其中信阳市东部地区也属于高负贡献率；5 月降水天数的正贡献率呈团块状分布于中南部地区，其中的漯河市、驻马店市和信阳市西部地区均属于高正贡献率。

由图 12-6(c1)~图 12-6(c8)可得，10 月相对湿度对冬小麦灌溉需水量的高贡献率研究单元集中分布在西部地区的济源市、焦作市、三门峡市和洛阳市南部地区北部地区，呈现西高东低的格局；11 月相对湿度的空间布局分布较分散，主要是低负贡献率，其中高贡献率的研究单元集中在西部和南部地区；12 月、1 月、2 月和 5 月的相对湿度空间布局相似，仅有三门峡为高贡献率研究单元，剩余均为低贡献率，而 1 月相对湿度的贡献率全省均为正值，剩余月份全省均为负值；3 月相对湿度的负贡献率研究单元仅分布在西北部地区，剩余研究单元为正贡献率；4 月相对湿度呈现西北正、东南负的空间格局，高贡献率的研究单元分布在西部和南部地区。

2. 夏玉米

用因子贡献率分析法分析夏玉米生育期内各个月份气候因子多年平均值对其灌溉需水量多年平均值的影响，并以 0 为分界线，将贡献率分为正贡献率和负贡献率，正负贡献率根据其最大值平均分为两部分，得到四个贡献率等级：高正贡献率、低正贡献率、低负贡献率和高负贡献率。在 ArcGIS 中进行可视化处理，得到图 12-7 和图 12-8。

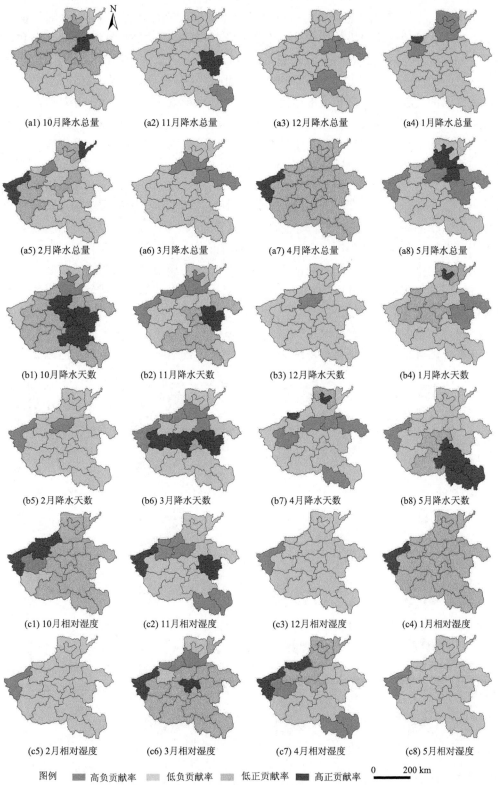

(a1) 10月降水总量　　(a2) 11月降水总量　　(a3) 12月降水总量　　(a4) 1月降水总量

(a5) 2月降水总量　　(a6) 3月降水总量　　(a7) 4月降水总量　　(a8) 5月降水总量

(b1) 10月降水天数　　(b2) 11月降水天数　　(b3) 12月降水天数　　(b4) 1月降水天数

(b5) 2月降水天数　　(b6) 3月降水天数　　(b7) 4月降水天数　　(b8) 5月降水天数

(c1) 10月相对湿度　　(c2) 11月相对湿度　　(c3) 12月相对湿度　　(c4) 1月相对湿度

(c5) 2月相对湿度　　(c6) 3月相对湿度　　(c7) 4月相对湿度　　(c8) 5月相对湿度

图例　　■ 高负贡献率　　■ 低负贡献率　　■ 低正贡献率　　■ 高正贡献率　　0 ── 200 km

图 12-6　冬小麦各月份降水类要素贡献率的空间分布

　　从图 12-7 可以看出，热量类要素对夏玉米灌溉需水量的贡献率基本为正值，说明夏玉米灌溉需水量的变化趋势与热量类要素的变化趋势一致。从最高气温看[图 12-7(a1)～图 12-7(a4)]，6 月最高气温对夏玉米灌溉需水量的贡献率呈现中西部高、周围较低的格局，仅有西部地区的济源市、焦作市和洛阳市北部地区 3 个研究单元的贡献率为负；7 月最高气温的贡献率在中部和南部地区较低，其他区域为高正贡献率；8 月最高气温的贡献率仅有中南部的漯河市和驻马店市 2 个研究单元为低正贡献率；9 月最高气温的贡献率呈现北正南负的空间格局，其中信阳市东部地区和信阳市西部地区分别属于高负贡献率和低负贡献率。

　　从平均气温看[图 12-7(b1)～图 12-7(b4)]，6 月平均气温对夏玉米灌溉需水量的贡献率呈北负南正，中间高、南北低的格局，其中被负贡献率包围的有濮阳市和商丘市 2 个高正贡献率的研究单元；7 月平均气温的贡献率东西高，剩余地方均为低正贡献率；8 月平均气温的贡献率以开封市、许昌市、平顶山市和南阳市西部地区为界限，呈现西北高、东南低的格局；9 月平均气温的贡献率仅有北部的濮阳市、西北的三门峡市、洛阳市南部地区和南阳市西部地区为正贡献率，剩余均为负贡献率，且高负贡献率的研究单元呈团状分布于中北部地区。

　　从日照时数看[图 12-7(c1)～图 12-7(c4)]，6 月日照时数对夏玉米灌溉需水量的贡献率在北部、西部地区高，还有东部地区的商丘市和南部地区的信阳市东部地区 2 个研究

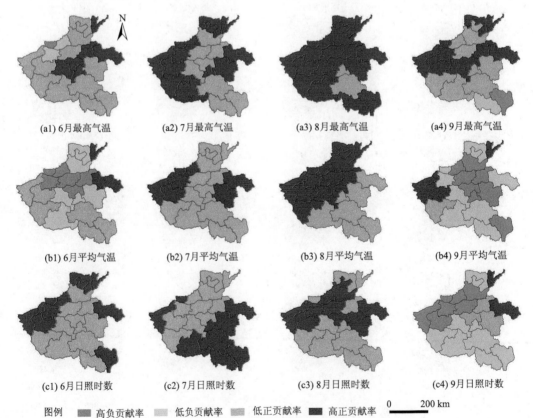

(a1) 6月最高气温　　(a2) 7月最高气温　　(a3) 8月最高气温　　(a4) 9月最高气温

(b1) 6月平均气温　　(b2) 7月平均气温　　(b3) 8月平均气温　　(b4) 9月平均气温

(c1) 6月日照时数　　(c2) 7月日照时数　　(c3) 8月日照时数　　(c4) 9月日照时数

图例　■ 高负贡献率　■ 低负贡献率　■ 低正贡献率　■ 高正贡献率

图 12-7　夏玉米各月份热量类要素贡献率的空间分布

单元属于高正贡献率，剩余研究单元均属于低正贡献率；7 月日照时数的贡献率以商丘市、周口市、漯河市、驻马店市和信阳市东部地区为界限，东南高、西北低，西北地区还有济源市和三门峡市 2 个研究单元属于高正贡献率；8 月日照时数的贡献率以三门峡市、洛阳市、漯河市、周口市为界限，北部高、南部低；9 月日照时数的正贡献率集中于东部地区和北部的濮阳市，剩余大部分研究单元是负贡献率，其中高负贡献率呈片状分布于河南省西北部。

从图 12-8(a1)～图 12-8(a4)可得，降水类要素对夏玉米灌溉需水量的贡献率大部分为负贡献率，说明随着气候变化，夏玉米灌溉需水量呈相反的变化趋势。从降水总量看，6 月降水总量对夏玉米灌溉需水量的高贡献率呈块状分布于东部地区；7 月降水总量的高贡献率研究单元分布在驻马店市、平顶山市和洛阳市南部地区以北，呈现北高南低的空间格局；8 月降水总量高贡献率的研究单元集中于北部、东部地区，还有西部地区的三门峡市和洛阳市南部地区，呈现东北高、中西部低的空间格局；9 月降水总量仅有信阳市西部地区 1 个研究单元为高正贡献率，负贡献率的研究单元呈现东北高、西南低的格局。

从降水天数看[图 12-8(b1)～图 12-8(b4)]，6 月降水天数对夏玉米灌溉需水量的贡献率为正的研究单元集中在西部地区，北部的安阳市、鹤壁市属于高负贡献率，贡献率从北部、西部向东南递减；7 月降水天数的贡献率除西部的济源市、焦作市和洛阳市北部地区属于高负贡献率外，剩余研究单元均为低负贡献率；8 月降水天数贡献率为高的研究单元集中在东部和北部地区，呈现东部高、中西部低的格局；9 月降水天数高贡献率的研究单元集中在中东部地区，呈现半包围的格局。

从相对湿度看[图 12-8(c1)～图 12-8(c4)]，6 月相对湿度对夏玉米灌溉需水量高贡献率的研究单元集中在西部、南部地区，北部地区仅有安阳市 1 个研究单元；7 月相对湿度的研究单元大都属于低正贡献率，高贡献率的研究单元在北部和西部共有 5 个研究单元；8 月相对湿度各等级贡献率分布较分散，其中，正贡献率的研究单元集中在中西部地区，北部的安阳市和鹤壁市、南部的信阳市东部地区和信阳市西部地区也属于正贡献率；9 月相对湿度的贡献率以三门峡市、洛阳市南部地区、郑州市、开封市和商丘市一线及其以北地区为高负贡献率，以南地区则属于低负贡献率，整体呈北高南低的空间格局。

3. 贡献率等级划分

基于冬小麦、夏玉米生育期农业气候因子对其灌溉需水量的贡献率，运用空间叠加分析法分别得到气候变化对冬小麦、夏玉米灌溉需水量的贡献率，在 ArcGIS 中分类统计得到贡献率等级的研究区域，结果见图 12-9。气候变化对冬小麦灌溉需水量的影响结果中，焦作市和开封市属于高正贡献率，郑州市属于高负贡献率，说明气候变化对焦作市、开封市和郑州市冬小麦灌溉需水量影响较大；信阳市东部地区和鹤壁市等 8 个研究单元属于低正贡献率，濮阳市和安阳市等 10 个研究单元属于低负贡献率。气候变化对夏玉米灌溉需水量影响的研究单元中，呈高正贡献率的有南阳市西部地区 1 个研究单元，呈高负贡献率的研究单元有新乡市，说明气候变化对南阳市西部地区和新乡市夏玉米灌溉需水量的影响最大；濮阳市、焦作市等 7 个研究单元属于低正贡献率，南阳市东部地区、开封市等 12 个研究单元属于低负贡献率。

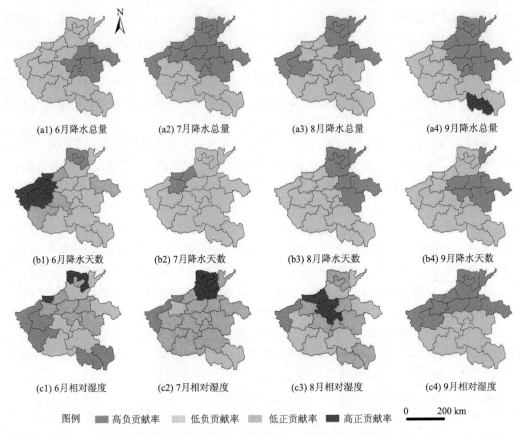

(a1) 6月降水总量　　　(a2) 7月降水总量　　　(a3) 8月降水总量　　　(a4) 9月降水总量

(b1) 6月降水天数　　　(b2) 7月降水天数　　　(b3) 8月降水天数　　　(b4) 9月降水天数

(c1) 6月相对湿度　　　(c2) 7月相对湿度　　　(c3) 8月相对湿度　　　(c4) 9月相对湿度

图例　　■ 高负贡献率　　■ 低负贡献率　　■ 低正贡献率　　■ 高正贡献率　　0 ▬▬ 200 km

图 12-8　夏玉米各月份降水类要素贡献率的空间分布

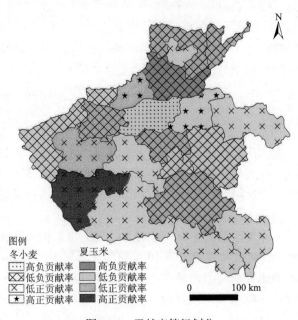

图 12-9　贡献率等级划分

12.2.3　未来气候变化下河南省作物灌溉需水量的时空分布

1. 未来作物灌溉需水量的时间变化

基于《第三次气候变化国家评估报告》中使用的 CMIP5 模式模拟的三种情景（RCP2.6、RCP4.5、RCP8.5）中 2011~2100 年年平均气温和年平均降水总量数据,分析其对河南省未来作物灌溉需水量的影响。在此以 1980~2005 年为基准,分析 2011~2040 年、2041~2070 年和 2071~2100 年河南省夏玉米和冬小麦灌溉需水变化量及空间特征。

表 12-2　CMIP5 模式下河南省未来气候变化情景

年份	RCP2.6 情景		RCP4.5 情景		RCP8.5 情景	
	年平均气温/℃	年平均降水总量/mm	年平均气温/℃	年平均降水总量/mm	年平均气温/℃	年平均降水总量/mm
2011~2040 年	+0.8~1	+14.76~42.28	+0.8~1	+14.76~28.52	+1~1.2	+1~28.52
2041~2070 年	+1.2~1.4	+14.76~42.28	+1.8~2	+28.52~69.8	+2.4~2.8	+56.04~83.56
2071~2100 年	+1.2~1.4	+42.28~56.04	+2~2.4	+56.04~83.56	+4~4.5	+69.8~138.6

注：表中"+"表示相对于 1980~2005 年的增加值。

未来不同气温、降水变化情景下,粮食作物灌溉需水量均较 1980~2005 年有所增加,且随时间推移增幅总体呈增加趋势(表 12-3)。RCP2.6 情景下,夏玉米 2011~2040 年灌溉需水量增加 11.52~21.94 mm,2041~2070 年增加 21.46~31.88 mm,2071~2100 年增加 18.73~26.43 mm；冬小麦在三个时间段灌溉需水量增加幅度(分别为 36.74~47.07 mm、54.76~65.09 mm 和 56.08~65.75 mm)均大于夏玉米。此外,灌溉需水量也随着 RCPs 的增加而增加,且随着 RCPs 的增加,三个时间段(2011~2040 年、2041~2070 年和 2071~2100 年)间灌溉需水量增幅差异扩大。在 RCP8.5(较高的基线排放情景)下,三个时间段夏玉米灌溉需水量增幅分别为 19.21~29.63 mm、43.12~58.51 mm 和 71.99~98.05 mm,冬小麦则分别达到 45.09~55.02 mm、110.79~130.12 mm 和 183.51~209.33 mm。

表 12-3　不同气候情景下灌溉需水的变化量　　　　(单位：mm)

作物类型	年份	RCP2.6	RCP4.5	RCP8.5
冬小麦	2011~2040 年	+36.74~47.07	+36.74~46.41	+45.09~55.02
	2041~2070 年	+54.76~65.09	+82.44~93.43	+110.79~130.12
	2071~2100 年	+56.08~65.75	+92.77~112.11	+183.51~209.33
夏玉米	2011~2040 年	+11.52~21.94	+16.96~21.94	+19.21~29.63
	2041~2070 年	+21.46~31.88	+30.93~44.07	+43.12~58.51
	2071~2100 年	+18.73~26.43	+33.17~48.57	+71.99~98.05

2. 未来作物灌溉需水量的空间分布

从空间分布上看，无论在哪种情景下，河南省冬小麦灌溉需水变化量都有正有负，变化量为正的研究单元主要集中在豫北、豫西地区，变化量为负的研究单元分布较广，低值区集中在豫中地区，总体呈现中间低、四周高的空间格局(图 12-10)。冬小麦灌溉需水量呈现增加趋势的主要有豫北地区的安阳市、鹤壁市、新乡市，豫西地区的三门峡市、洛阳市北部地区、洛阳市南部地区和豫南地区的信阳市西部地区，其中鹤壁市和新乡市的灌溉需水量在 RCP8.5 情景的 2071～2100 年相对于 1980～2005 年增量超过 60mm。许昌市和漯河市是冬小麦灌溉需水量下降最为明显的研究单元，在 RCP8.5 情景的 2071～2100 年相对于 1980～2005 年将减少 200mm 以上。

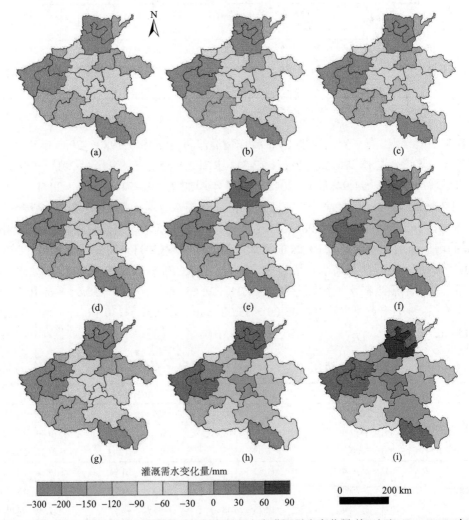

灌溉需水变化量/mm

−300　−200　−150　−120　−90　−60　−30　0　30　60　90

0　　　　　200 km

图 12-10　RCPs 情景下不同时期预估的河南省冬小麦灌溉需水变化量(相对于 1980～2005 年)

(a) RCP2.6 情景 2011～2040 年；(b) RCP2.6 情景 2041～2070 年；(c) RCP2.6 情景 2071～2100 年；(d) RCP4.5 情景 2011～2040 年；(e) RCP4.5 情景 2041～2070 年；(f) RCP4.5 情景 2071～2100 年；(g) RCP8.5 情景 2011～2040 年；(h) RCP8.5 情景 2041～2070 年；(i) RCP8.5 情景 2071～2100 年

　　RCPs 不同情景下，河南省夏玉米未来灌溉需水量将表现为不同程度的增加，灌溉需水变化量总体呈现北低南高、中间低四周高的空间格局（图 12-11）。其中，济源市、新乡市、商丘市和漯河市在不同情景下夏玉米灌溉需水变化量均较低，尤其是济源市的灌溉需水变化量相对于 1980～2005 年均小于 25mm，说明济源市的夏玉米灌溉需水量增加幅度较小，基本保持不变；增加量较大的有焦作市、洛阳市南部地区、信阳市东部地区等，特别是信阳市东部地区不同情景下灌溉需水增幅最大（>150mm），在 RCP8.5 情景下的 2041～2070 年和 2071～2100 年相对于 1980～2005 年，增加量达到 400mm 以上。

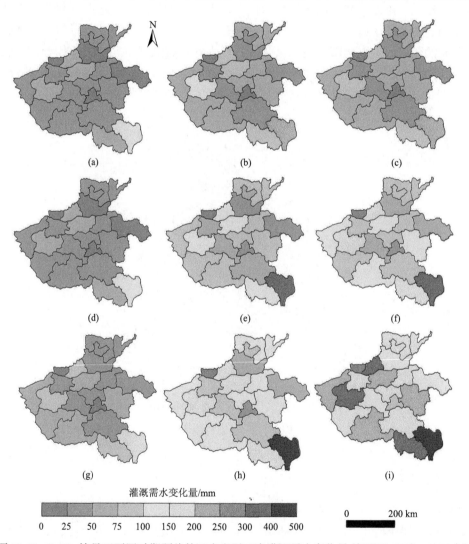

图 12-11　RCPs 情景下不同时期预估的河南省夏玉米灌溉需水变化量（相对于 1980～2005 年）

(a) RCP2.6 情景 2011～2040 年；(b) RCP2.6 情景 2041～2070 年；(c) RCP2.6 情景 2071～2100 年；(d) RCP4.5 情景 2011～2040 年；(e) RCP4.5 情景 2041～2070 年；(f) RCP4.5 情景 2071～2100 年；(g) RCP8.5 情景 2011～2040 年；(h) RCP8.5 情景 2041～2070 年；(i) RCP8.5 情景 2071～2100 年

12.3　基于作物灌溉需水量的农户感知决策适应

12.3.1　研究村落及样本属性

1. 研究村落概况

依据研究结果，每个贡献率等级区域选择一个代表性村庄，由于山地和丘陵地区的农业灌溉设施较落后，灌溉田地较少，选取以平原为主。其中，选取郑州市中牟县的姚家村作为高负贡献率研究单元的代表；选取开封市龙亭区水稻乡单砦村作为高正贡献率研究单元的代表；选取濮阳市南乐县张庄村作为低负贡献率研究单元的代表；选取信阳市息县杜围孜村作为低正贡献率研究单元的代表(图 12-12)。对比分析高贡献率与低贡献率、正贡献率与负贡献率区域农户对气候变化的感知程度和适应策略。

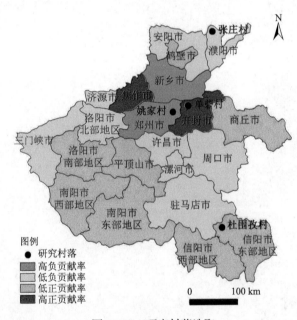

图 12-12　研究村落选取

2. 样本属性

调查问卷的数据主要来源于对农户的调查，在调查前，会对调研员进行培训，并根据实际情况调整问卷内容。问卷包括三个部分：①受调查农户的基本情况，包括被调查者的年龄、性别、受教育程度等个人基本情况和家庭总人口、劳动力、收入、拥有耕地和林地等信息；②气候变化对农户的影响及其感知，包括农户对气候要素(最高气温、平均气温、日照时数、降水总量、降水天数、相对湿度)的感知情况，了解气候的渠道、引起气候变化的原因等方面；③农户应对气候变化的一些灌溉适应策略，主要包括应对气候变化的策略和应对旱涝灾害的策略。调查问卷于 2017 年 6～10 月在杜围孜村、张庄村、姚家村和单砦村进行入户调研，所有问卷均是调查员与调查对象面对面完成的，每份问卷调查持续时间超过 20min。根据每个代表村选取 50%左右农户的计划，杜围孜村选取 108 户(有效问卷 98 份，有效率 90.74%)，张庄村选取 100 户(有效问卷 85 份，有效率 85%)，姚家村选取 92 户(有效问卷 70 份，有效率 76.09%)，单砦村选取 95 户(有效问卷 89 份，有效率 93.68%)，调查样本的属性如表 12-4 所示。

表 12-4　不同贡献率级别农户的样本属性

贡献率类别	具体调查村落	被调查者年龄/岁	家庭规模/(人/户)	被调查者受教育程度/%				耕地面积/(亩/户)
				文盲	小学	初中	高中及以上	
高负贡献率	姚家村	52.72	4.28	20	22.86	42.86	14.28	5.87
高正贡献率	单砦村	60	6.38	47.19	22.47	24.72	5.62	5.25
低负贡献率	张庄村	54.04	2.74	43.54	35.29	14.11	7.06	4.41
低正贡献率	杜围孜村	59.59	5.09	39.80	47.96	5.10	7.14	11.51

12.3.2　农户对气候的感知程度

1. 农户对气候变化影响的感知

问卷统计结果显示，不同贡献率等级的农户因为所处环境不同，对气候变化的感知程度也有所不同，从气候变化本身、了解气候的途径、气候变化的原因等方面分析农户对气候变化的感知程度(表 12-5)。

听过气候变化的农户较少，没有达到预期值，可能是由于农户对一些专业术语的感知不强，其中负贡献率区域(姚家村和张庄村)听过气候变化的农户高于正贡献率区域(单砦村和杜围孜村)。高负贡献率区域的农户更关心气候变化，而高正贡献率区域的农户不是很关心气候变化，可能与其种植的作物种类有关，种植经济作物的农户比种植粮食作物的农户更关心天气状况；从正负贡献率看，负贡献率区域的农户比正贡献率区域的农户更关心气候变化。从了解气候变化的途径看，大部分农户都会看天气预报，不同贡献率区域农户均会看天气预报，了解天气状况，其中高贡献率区域(单砦村和姚家村)的农户比低贡献率区域(张庄村和杜围孜村)更经常看天气预报。对洪涝感知明显的农户为零，所以仅对气温、降水和干旱赋值分析，大部分农户认为气温是变化最明显的气候要素，负贡献率区域认为降水、干旱变化较大的农户较少，对气温变化较为敏感；正贡献率区域的农户对三者的感知均较明显，其中低正贡献率区域的农户认为干旱对其影响不容忽视。

从气候变化的原因和对农业影响的感知分析，50%左右的农户可以感知气候变化的原因，其中高正贡献率区域感知气候变化原因的农户占比最高，有 66%的农户可以感知气候变化的原因，高负贡献率最低，有 49%的农户可以感知气候变化的原因，农户普遍认为引起气候变化的主要原因有工业排放、汽车增加、城市建设等，剩余农户认为气候变化是自然规律，不知道引起气候变化的原因。超过一半的农户认为气候变化对农业有影响，气候变化会使作物播种和收获时间改变、土壤肥力下降、病虫害增加、水资源短缺、干旱频发等，水资源短缺、干旱频发是气候变化对农业影响最大的方面，从高低贡献率看，高贡献率区域的农户可以更好地感知气候变化对农业的影响，低贡献率区域农户的感知较弱，低负贡献率区域农户对气候变化对农业的影响的感知最弱，可能是因为其地处低贡献率地区，气候变化对其影响较弱。

表 12-5　农户对气候变化感知结果的平均值

	赋值	高负贡献率	高正贡献率	低负贡献率	低正贡献率
是否听过气候变化	是=1，否=0	0.64	0.12	0.35	0.42
是否关心气候变化	是=1，否=0	0.86	0.05	0.39	0.56
是否看天气预报	是=1，否=0	0.91	0.88	0.74	0.87
气候变化中感知最明显的要素	干旱=3，降水=2，气温=1	1.56	1.63	1.35	1.93
是否感知引起气候变化的原因	是=1，否=0	0.49	0.66	0.63	0.51
气候变化对农业是否有影响	是=1，否=0	0.86	1	0.61	0.88

2. 农户对具体气候要素的感知

对于农户而言，气温和降水变化与农户关系较为密切，分析农户对平均气温、日照时数、降水总量和降水天数 4 个主要气候要素变化的感知程度（表 12-6）。对比分析农户感知的气候变化趋势与当地近 40 年气象数据的变化，结果显示，大多数农户都可以正确感知平均气温、降水总量和降水天数的变化，但仅有少数农户可以正确感知日照时数的变化。

表 12-6　河南省农户对当地气候要素的感知　　　　　　（单位：%）

气候要素	贡献率类别	实际变化	气候要素变化				灌溉用水变化		
			增加	没变化	下降	没感觉	增加	不变	减少
平均气温	高负贡献率	↑	84.29	5.71	0	10	72.86	27.14	0
	高正贡献率	↑	100	0	0	0	52.81	47.19	0
	低负贡献率	↑	51.76	21.18	0	27.06	43.53	56.47	0
	低正贡献率	↑	86.74	3.06	1.02	9.18	73.47	26.53	0
日照时数	高负贡献率	↓	5.71	51.43	0	42.86	18.57	81.43	0
	高正贡献率	↓	0	24.72	0	75.28	96.63	3.37	0
	低负贡献率	↓	0	48.24	8.24	43.52	10.59	89.41	0
	低正贡献率	↓	30.61	20.41	1.02	47.96	31.63	68.37	0
降水总量	高负贡献率	↓	0	5.71	87.15	7.14	85.71	14.29	0
	高正贡献率	↓	0	0	100	0	62.92	37.08	0
	低负贡献率	↓	12.94	17.65	51.76	17.65	42.35	55.3	2.35
	低正贡献率	↓	5.1	12.24	61.23	21.43	73.47	20.41	6.12

气候要素	贡献率类别	实际变化	气候要素变化				灌溉用水变化		
			增加	没变化	下降	没感觉	增加	不变	减少
降	高负贡献率	↓	0	2.85	87.15	10	84.29	15.71	0
水	高正贡献率	↓	0	0	89.89	10.11	75.28	24.72	0
天	低负贡献率	↓	0	30.59	48.23	21.18	23.53	76.47	0
数	低正贡献率	↓	5.1	13.27	56.12	25.51	66.33	30.06	3.61

平均气温 1980~2015 年在研究区域表现为增加趋势,高贡献率区域农户比低贡献率区域农户更能感知平均气温的变化,也更能调节灌溉以应对平均气温变化。高正贡献率区域 100%农户可以准确地感知平均气温变化,并且 52.81%的农户会相应地调节灌溉,有 47.19%的农户不会改变灌溉用水,可能是由于生计方式不是以农业为主;高负贡献率区域有 84.29%的村落也可以明显感知平均气温变化,但有 5.71%的农户认为平均气温没有变化,对平均气温变化的感知较弱,有超过 70%的农户会增加灌溉以应对气候变暖的不利影响;低负贡献率区域仅有 51.76%的农户可以正确感知平均气温变化,有 27.06%的农户对平均气温变化没有感觉,较低的正确感知率也造成较低的适应,仅有 43.53%的农户会做出增加灌溉应对平均气温变化;低正贡献率区域有 86.74%的农户可以正确感知平均气温变化,同时也会相应调整灌溉,但也有 1.02%的农户认为平均气温在下降,对平均气温存在错误感知。

日照时数 1980~2015 年在研究区域表现为下降趋势,大部分农户无法正确感知日照时数变化,同时也不会调节灌溉。高负贡献率区域有 5.71%农户错误感知日照时数变化,认为日照时数呈增加趋势,94.29%农户认为没变化或者没感觉,对日照时数的感知较弱,同时也仅有 18.57%农户会调节灌溉;高正贡献率区域的所有农户均没感知到日照时数变化,但 96.63%的农户会增加灌溉,可能是因为其他气候要素的变化影响了农户的判断选择;低负贡献率区域有 8.24%的农户可以正确感知日照时数变化,剩余农户认为日照时数没变化或没感觉,其中有 10.59%的农户会增加灌溉,剩余农户均不会改变灌溉用水;低正贡献率区域有 30.61%农户错误感知日照时数变化,1.02%可以正确感知日照时数变化,同时 31.63%农户会增加灌溉适应日照时数变化。

降水总量 1980~2015 年在研究区域表现为下降趋势,大部分农户可以正确感知降水总量变化,认为其呈下降趋势,低贡献率区域农户对降水总量感知较低,可能是因为降水总量年际波动较大,变化趋势不容易准确感知。从气候要素变化看,高正贡献率区域的农户更能正确感知降水总量变化,低负贡献率和低正贡献率区域分别有 12.94%和 5.1%农户错误感知降水总量变化,认为其呈增加趋势;从灌溉用水变化看,高负贡献率区域有更多的农户会调节灌溉以应对降水量变化,低负贡献率区域农户超过半数的农户不会改变灌溉用水,低负贡献率和低正贡献率区域分别有 2.35%和 6.12%的农户会减少灌溉用水。

降水天数 1980~2015 年在研究区域表现为下降趋势,大部分农户可以正确感知降水天数变化,认为其呈下降趋势,低贡献率区域农户对降水天数的感知较高贡献率低。从气候要素变化看,高贡献率区域超过 85%的农户认为降水天数呈下降趋势,低贡献率区域一半以上的农户认为降水天数不变或对其没感觉,其中低正贡献率区域有 5.1%的农户认为降水天数呈增加趋势;从灌溉用水变化看,大部分农户会增加灌溉,但低负贡献率区域 76.47%的农户不会改变灌溉用水,仅有 23.53%的农户会增加灌溉,低正贡献率有 3.61%的农户会减少灌溉以适应降水天数变化。

12.3.3 农户灌溉适应策略及影响因素

1. 指标选取

从多方面考虑,选取人力资本、自然资本、社会资本和金融资本 4 个主要方面分析影响农户灌溉适应策略的因素,人力资本主要反映农户的特征、知识、技能等,本节研究选取年龄、性别、受教育程度和家庭总人口 4 个替代指标;自然资本指生产和生活的物资设备,本节研究选取耕地面积、灌溉方式、水利设施是否优越 3 个替代指标;社会资本主要反映农户拥有社会资源以及是否有获取社会帮助的能力,本节研究选取农户间是否互相帮助、用水困难程度和灌溉井来源 3 个替代指标,而金融资本主要反映农户获取和支配资金的能力,本节研究选取农户的生计方式作为替代指标;因变量为农户是否调节灌溉适应气候变化,各指标的赋值方式如表 12-7 所示。用二元 Logistic 回归分析探讨农户灌溉适应策略的影响因素(表 12-7)。

表 12-7　影响因素的指标选取

	代理指标	代理指标赋值
因变量	农户是否调节灌溉	是=1,否=0
	年龄	66 岁及以上=5,56~65 岁=4,46~55 岁=3,36~45 岁=2,35 岁及以下=1
人力资本	性别	男=1,女=0
	受教育程度	高中及以上=3,初中=2,小学=1,没上过学=0
	家庭总人口	实际人口数
	耕地面积	实际耕地面积
自然资本	灌溉方式	滴灌/喷灌=3,机井=2,水渠=1,不灌溉=0
	水利设施是否优越	是=1,否=0
	农户间是否互相帮助	是=1,否=0
社会资本	用水困难程度	非常容易=5,比较容易=4,一般=3,比较困难=2,非常困难=1
	灌溉井来源	政府=2,自家=1,不灌溉=0
金融资本	生计方式	农业兼业户=2,纯农户=1

（自变量）

2. 影响高低贡献率区域农户的因素

影响高贡献率区域农户是否调节灌溉的主要因素有:受教育程度为"没上过学"、耕地面积和农户间是否互相帮助 3 个因素(表 12-8)。影响低贡献率区域农户是否调节灌溉的主要因素有家庭总人口、耕地面积和农户间是否互相帮助 3 个因素。其中，高贡献率区域受教育程度为"没上过学"的农户对是否调节灌溉行为在 0.1 水平上显著，可能是因为在农村生活的基本为中老年人，这一代人的文化程度不高，使得其不能用技术手段及时获取天气状况来调整灌溉；低贡献率区域农户家庭总人口对是否调节灌溉行为在 0.05 水平上显著，可能是因为农村的粮食来源主要是自家土地，人口多的家庭需要更多的粮食，会采取调节灌溉的适应行为。

高贡献率和低贡献率区域耕地面积对是否调节灌溉行为均非常显著(0.01 水平上显著)，可能是因为当下农村土地流转现象较明显，拥有耕地面积较多的农户，更关注气候变化，较其他农户重视作物产量；高贡献率和低贡献率区域农户间是否互相帮助对是否调节灌溉行为在 0.05 和 0.1 水平上显著，高贡献率区域农户间互相帮助会促使农户调节灌溉，低贡献率区域农户间互相帮助对农户采取调节灌溉措施有反向作用。

表 12-8　高低贡献率农户灌溉适应行为影响因素结果分析

资本	变量	高贡献率		低贡献率	
		系数	P 值	系数	P 值
人力资本	性别	−2.024	0.113	0.501	0.336
	35 岁及以下	−2.424	0.262	−1.335	0.381
	36～45 岁	−2.841	0.217	0.076	1.000
年龄	46～55 岁	−1.507	0.391	0.370	0.533
	56～65 岁	1.704	0.351	0.111	0.861
	66 岁及以上	1.951	0.384	1.274	0.826
	没上过学	−4.355	0.096*	−0.384	0.689
受教育程度	小学	−0.728	0.767	0.226	0.804
	初中	−2.683	0.182	0.806	0.432
	高中及以上	0.512	0.296	0.742	0.511
	家庭总人口	0.111	0.717	0.333	0.030**
自然资本	耕地面积	0.819	0.008***	0.160	0.001***
	灌溉方式	17.547	0.985	0.476	0.289
	水利设施是否优越	0.899	0.651	1.349	0.127
社会资本	农户间是否互相帮助	3.133	0.028**	−2.097	0.069*
	用水困难程度	−1.351	0.249	−0.660	0.171
	灌溉井来源	−13.717	1.000	−10.214	0.851
金融资本	生计方式	−2.002	0.255	2.077	0.455
	常量	0.851	0.885	4.060	0.107
	Log likelihood	39.074		133.065	
	卡方	11.052		10.304	

注：*、**、***分别表示在 0.1、0.05、0.01 水平上显著，下同。

3. 影响正负贡献率区域农户的因素

正贡献率和负贡献率区域灌溉适应行为的影响因素不同，性别、耕地面积、农户间是否互相帮助和生计方式 4 个影响因素对正贡献率村落农户灌溉适应行为的影响较大；"35 岁及以下""66 岁及以上"农户和家庭总人口 3 个影响因素对负贡献率区域农户灌溉适应行为的影响较大(表 12-9)。

表 12-9　正负贡献率农户灌溉适应行为影响因素结果分析

资本	变量		正贡献率		负贡献率	
			系数	P 值	系数	P 值
	性别		0.948	0.092*	0.390	0.603
人力资本	年龄	35 岁及以下	−19.824	1.000	−4.027	0.041**
		36~45 岁	−2.073	0.162	−1.680	0.316
		46~55 岁	0.693	0.308	1.760	0.267
		56~65 岁	0.323	0.603	0.826	0.538
		66 岁及以上	0.429	0.490	1.135	0.014**
	受教育程度	没上过学	0.158	0.885	−1.353	0.448
		小学	0.300	0.778	−2.138	0.208
		初中	−2.319	0.156	−1.146	0.446
		高中及以上	0.635	0.322	0.981	0.609
	家庭总人口		0.123	0.422	0.527	0.094*
自然资本	耕地面积		0.137	0.004***	0.136	0.359
	灌溉方式		20.997	1.000	18.526	1.000
	水利设施是否优越		1.167	0.225	0.937	0.356
社会资本	农户间是否互相帮助		−2.277	0.088*	−0.773	0.383
	用水困难程度		−0.754	0.127	0.246	0.758
	灌溉井来源		−19.966	0.913	−20.851	1.000
金融资本	生计方式		−1.514	0.066*	−1.538	0.269
	常量		5.039	0.082	1.860	0.615
	Log likelihood		98.235		57.111	
	卡方		6.006		6.738	

性别对正贡献率区域农户灌溉适应行为呈显著水平(0.1 水平上显著)，说明男性比女性更愿意调整灌溉以应对气候变化，可能是因为农村男性比女性更关注天气变化，技术性更强；耕地面积对正贡献率区域农户灌溉适应行为呈非常显著水平(0.01 水平上显著)，说明拥有耕地面积多的农户更会调节灌溉，可能是因为农户的耕地越多，对粮食产量的要求更大，会注重灌溉用水的调节；农户间是否互相帮助和生计方式对正贡献率区域农户灌溉适应行为呈显著水平(0.1 水平上显著)，说明农户间互相帮助对农户调节灌溉有反向作用，纯农户会比农业兼业户愿意调整灌溉，可能是因为农业兼业户的生活不依赖农

业，对农业的重视程度不高。

年龄对负贡献率区域农户的影响较大，其中"35 岁及以下"和"66 岁及以上"两个年龄段的农户对灌溉适应行为在 0.05 水平上显著，并且"35 岁及以下"农户不会因为气候变化而调节灌溉，而"66 岁及以上"农户会根据气候变化调节灌溉，可能是因为老年人的务农经验丰富，会根据多年经验调节灌溉；家庭总人口对负贡献率农户灌溉适应行为在 0.1 水平上显著，说明家庭人口越多，越会调节灌溉以应对气候变化。

12.3.4　未来气候变化情景下农户灌溉适应选择分析

1. 不同贡献率区域冬小麦未来灌溉需水量

高正贡献率区域的冬小麦未来灌溉需水量呈减少趋势，不同情景下 2011～2100 年减少幅度在 30～200mm，其中焦作市的减少幅度较大，开封市的减少幅度较小。高负贡献率的郑州市冬小麦未来灌溉需水量呈减少趋势，而新乡市的冬小麦未来灌溉需水量呈增加趋势，增加幅度在 30～90mm。低正贡献率区域的冬小麦未来灌溉需水量有增有减，位于豫北和豫西地区的研究单元呈增加趋势，增加幅度较小，而位于豫东和豫南地区的研究单元呈减少趋势，减少趋势较明显。低负贡献率区域的冬小麦未来灌溉需水量主要为减少趋势，仅有洛阳市南部地区的冬小麦灌溉需水量呈增加趋势（图 12-13）。

2. 不同贡献率区域夏玉米未来灌溉需水量

不同贡献率区域的夏玉米未来灌溉需水量均呈增加趋势，高正贡献率区域的增加幅度较小，除 RCP8.5 情景 2071～2100 年外，增加幅度为 75～200mm。高负贡献率区域的冬小麦未来灌溉需水量增加幅度也较小，增幅为 75～250mm。低正贡献率区域的冬小麦未来灌溉需水量增加幅度较大，尤其是信阳市东部地区的增幅为 200～500mm。低负贡献率区域的冬小麦未来灌溉需水量增加幅度较小，总体增幅为 0～250mm，尤其是济源市的增幅不超过 50mm（图 12-14）。

12.3.5　未来农户的灌溉适应策略

1. 扩张型灌溉适应策略

扩张型灌溉适应策略主要包括扩大农业的灌溉投资规模。第一，增加灌溉面积、增加灌溉次数等，未来农户要针对作物生育期进行灌溉，在需要灌溉的阶段要实行水少多次的灌溉方式，提高水资源的利用率。第二，实行大规模种植，租借土地实现土地流转，相应地，可以增加成本投入，如通过自己打机井、采用滴灌/喷灌等方式，减少气候变化对灌溉的影响。

2. 调节型灌溉适应策略

调节型灌溉适应策略主要包括采取不同灌溉适应措施来适应气候变化。第一，提高灌溉效率，针对作物不同生育期进行灌溉。例如，冬小麦需要在 12 月、次年的 5～6 月增加灌溉，而在次年 3 月不能灌溉。第二，调节作物播种面积，未来农户要根据本地的

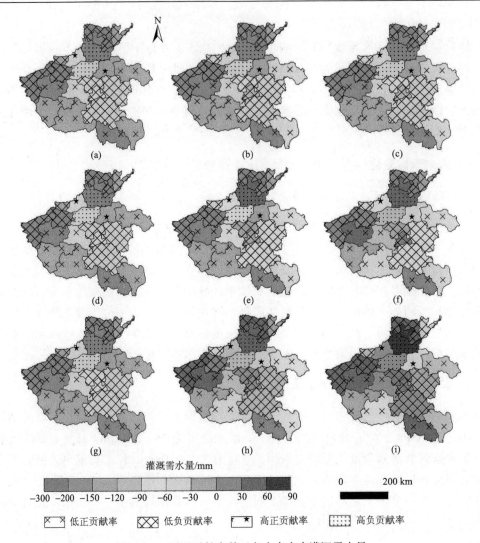

图 12-13　不同贡献率单元冬小麦未来灌溉需水量

(a) RCP2.6 情景 2011～2040 年；(b) RCP2.6 情景 2041～2070 年；(c) RCP2.6 情景 2071～2100 年；(d) RCP4.5 情景 2011～2040 年；(e) RCP4.5 情景 2041～2070 年；(f) RCP4.5 情景 2071～2100 年；(g) RCP8.5 情景 2011～2040 年；(h) RCP8.5 情景 2041～2070 年；(i) RCP8.5 情景 2071～2100 年

气候特点适当调节作物播种面积。例如，降水量较小、作物灌溉需水量大的地区的农户要适当少种灌溉需水量大的作物，多种一些耐旱作物；而降水量大的地区可以选择种植灌溉需水量大的作物。

3. 收缩型灌溉适应策略

收缩型灌溉适应策略主要包括减少灌溉投资和规模的策略。未来农户可以采取的收缩型灌溉适应策略主要有出租/借出土地，其是一种规避风险的适应策略，农户可以出租/借出土地来减少耕地面积，减少灌溉用水。

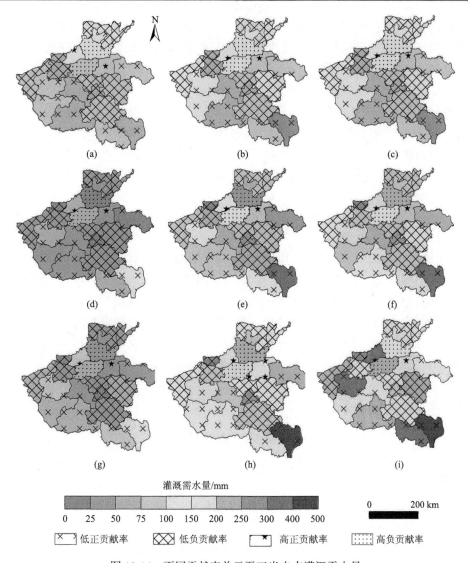

图 12-14　不同贡献率单元夏玉米未来灌溉需水量

(a) RCP2.6 情景 2011~2040 年；(b) RCP2.6 情景 2041~2070 年；(c) RCP2.6 情景 2071~2100 年；(d) RCP4.5 情景 2011~
2040 年；(e) RCP4.5 情景 2041~2070 年；(f) RCP4.5 情景 2071~2100 年；(g) RCP8.5 情景 2011~2040 年；(h) RCP8.5 情
景 2041~2070 年；(i) RCP8.5 情景 2071~2100 年

12.4　研　究　结　论

(1) 河南省冬小麦的作物需水量和灌溉需水量呈增加趋势,对灌溉的依赖程度由北向
南递减；夏玉米的作物需水量和灌溉需水量呈下降趋势,对灌溉的依赖程度由东南向西
北递增。分作物看,热量类要素对冬小麦灌溉需水量的影响呈现南部、北部高的格局,
降水类要素对冬小麦灌溉需水量的影响呈现中部、北部高的格局；对于夏玉米,热量类
要素对其灌溉需水量的影响呈现西部、中部高的格局,降水类要素对其灌溉需水量的影
响呈现北部、东部高的格局。综合分析各农业气候资源对冬小麦和夏玉米灌溉需水量的

影响，将研究区域划分为不同贡献率等级，高正贡献率和高负贡献率区域分布在河南省中部和北部地区；低正贡献率区域主要分布在河南省西部和南部地区；低负贡献率主要分布在北部、西部和东部地区。

（2）从农户的感知程度看，高负贡献率区域农户更关心气候变化，而高正贡献率区域农户对气候变化原因的感知较强。在具体气候要素上，农户对平均气温的感知最强，绝大多数农户认为平均气温呈上升趋势，并且会依据气温变化调节灌溉用水；对降水总量和降水天数的感知次之，大多数农户认为降水总量和降水天数呈下降趋势，与实际情况一致，并会相应地调节灌溉用水；对日照时数的感知较弱，大多数农户认为日照时数没变化。

（3）从农户的灌溉适应策略看，农户更愿意采取扩张型策略（增加灌溉）和调节型策略（选用改良种子、改变化肥使用）。对于农户是否调节灌溉，受各种因素的影响，其中自然资本（耕地面积）和社会资本（农户间是否互相帮助）的影响最大。受教育程度为"没上过学"、耕地面积和农户间是否互相帮助影响高贡献率区域农户的灌溉行为；家庭总人口、耕地面积和农户间是否互相帮助影响低贡献率区域农户的灌溉行为。对正贡献率区域农户灌溉行为有影响的是性别、耕地面积、农户间是否互相帮助和生计方式；对负贡献率区域农户灌溉行为有影响的是年龄是"35岁及以下""66岁及以上"和家庭总人口。

（4）未来气候情景下，河南省粮食作物灌溉需水量总体表现为增加趋势，夏玉米灌溉需水量在不同贡献率区域均为增加趋势，而冬小麦灌溉需水量有增有减。基于此，农户未来应采取"扩张型+调节型"的适应策略，更好地应对气候变化。

参 考 文 献

雒丽, 赵雪雁, 王亚茹, 等. 2016. 石羊河流域农户对气候变化的感知及其影响因素. 中国沙漠, 36(4): 1171-1181.

祁新华, 杨颖, 金星星, 等. 2017. 农户对气候变化的感知与生计适应——基于中部与东部村庄的调查对比. 生态学报, 37(1): 286-293.

秦大河, 丁一汇, 苏纪兰, 等. 2005. 中国气候与环境演变评估(I): 中国气候与环境变化及未来趋势. 气候变化研究进展, (1): 4-9.

杨宇, 王金霞, 黄季焜. 2016. 农户灌溉适应行为及对单产的影响: 华北平原应对严重干旱事件的实证研究. 资源科学, 38(5): 900-908.

Kahsay G A, Hansen L G. 2016. The effect of climate change and adaptation policy on agricultural production in Eastern Africa. Ecological Economics, 121: 54-64.